Hesse/Schrader **Der Pilotentest**

Hesse/Schrader

# Der Pilotentest

Die optimale Vorbereitung
auf den härtesten Einstellungstest

Unter besonderer Mitarbeit
von Carsten Roelecke

Eichborn.

## Die Autoren

*Jürgen Hesse,*
Jg. 1951, Diplom-Psychologe im Büro für Berufsstrategie, Geschäftsführer der Telefonseelsorge Berlin.

*Hans Christian Schrader,*
Jg. 1952, Diplom-Psychologe im Krankenhaus Am Urban (Abt. Psychotherapie/Psychosomatik) in Berlin.

*Carsten Roelecke,*
Jg. 1974, Studium der Pädagogik und Informationstechnischen Grundbildung in der Lehrerausbildung in Bremen.

Div. gemeinsame Veröffentlichungen von Hesse/Schrader, u. a.: Testtraining 2000plus; Testaufgaben – Das Übungsprogramm; Die perfekte Bewerbungsmappe; Neue Bewerbungsstrategien für Hochschulabsolventen; Assessment Center; Die Neurosen der Chefs; Optimale Bewerbungsunterlagen; Das erfolgreiche Vorstellungsgespräch; Arbeitszeugnisse; Mehr Geld durch erfolgreiche Gehaltsverhandlungen (alle im Eichborn Verlag).

*Anschrift der Autoren Hesse/Schrader*

Büro für Berufsstrategie
Oranienburger Straße 4–5
10178 Berlin
Tel. 030/28 88 57-0
Fax 030/28 88 57-36
www.berufsstrategie.de
www.testtraining-spezial.de

*Kontaktaufnahme für Fragen, Anregungen und Ergänzungen zum Pilotentest*

Internet www.pilotentest.de
E-Mail autoren@pilotentest.de

Wir danken Sebastian Rösch für die wertvolle Unterstützung.

Die Deutsche Bibliothek – CIP-Einheitsaufnahme

**Hesse, Jürgen:**
Der Pilotentest: die optimale Vorbereitung auf den härtesten Einstellungstest/Jürgen Hesse; Hans Christian Schrader. - Aktualisierte und erw. Neuausg. -
Frankfurt am Main: Eichborn, 2002
ISBN 3-8218-3923-6

4 02

Umschlaggestaltung, Layout und Satz: Petra Wagner, Hamburg
Lektorat: Ulrich Ritter, Thorsten Schulte, Ann-Kathrin Schwarz
Druck und Bindung: Fuldaer Verlagsagentur, Fulda
ISBN 3-8218-3923-6

Verlagsverzeichnis schickt gern:
Eichborn Verlag, Kaiserstraße 66, D-60329 Frankfurt am Main
www.eichborn.de

# Inhalt

## Die Firmenqualifikation



## Die Tests bei den Austrian Airlines

## Testberichte



## Bearbeitungshilfen und weiterführende Informationen

# Vorwort

## zur 4., aktualisierten Auflage

Lieber Leser,

vor Ihnen liegt die neuste Ausgabe des Pilotentests mit neuen Tests des Deutschen Zentrums für Luft- und Raumfahrt (DLR) und der Austrian Airlines Group (AUA) sowie zahlreichen neuen Testaufgaben und Trainingshilfen*.

In der vorliegenden Überarbeitung werden erstmals Persönlichkeitstests und Assessment Center behandelt. Haben Sie sich schon mal Gedanken gemacht, wie Sie auf andere wirken? Genau diese Frage wollen wir mit Ihnen beantworten. Hinzugekommen sind außerdem neue Tests, wie z.B. der Multiple-Task-Coordination-Test (MTC), der Akustiktest und weitere Techniktests. Auch viele kleine Änderungen in den Tests werden berücksichtigt.

Interessant ist, dass Sie beim DLR mittlerweile am Ende Ihrer Berufsgrunduntersuchung angeben und unterschreiben müssen, ob und wie Sie sich vorbereitet haben. Dabei wird auch gezielt nach diesem Buch und der dazugehörigen CD-ROM gefragt. Wir raten Ihnen dringend davon ab, zuzugeben, dass Sie sich mit unseren Materialien vorbereitet haben. Jede (zugegebene) Vorbereitung wird man Ihnen anrechnen und von Ihrem Gesamtresultat abziehen.

Alle Neuerungen, die nicht mehr den Weg in diese Auflage gefunden haben, finden Sie unter *www.pilotentest.de.* Diese Webseite bietet Ihnen außerdem aktuelle Hinweise zu (neuen) Tests. Darüber hinaus gibt es dort eine Sammlung von häufig gestellten Fragen (FAQs) und Bewerberberichte über aktuell absolvierte Testreihen. Die Besitzer unseres interaktiven Trainingsprogramms auf CD-ROM haben auf der Kontaktseite die Möglichkeit, sich bei uns registrieren zu lassen.

---

* Da bis zum Redaktionsschluss dieser Ausgabe noch nicht endgültig geklärt war, ob die Swissair in irgendeiner Form weiter existieren wird, haben wir hier keine Hinweise auf die Swissair gegeben. Von aktuellen Änderungen können Sie ggf. auf unserer Webseite *www.pilotentest.de* erfahren.

An dieser Stelle möchten wir Sie darauf hinweisen, dass das DLR über einen Testpool verfügt. Das bedeutet, dass Ihnen nie alle in diesem Buch vorgestellten Tests begegnen werden. Das DLR trifft immer wieder eine Auswahl von Tests, sodass es durchaus sein kann, dass ein bestimmter Test auch mal eine ganze Zeit lang gar nicht getestet wird. In diesem Buch finden Sie alle uns zurzeit bekannten Tests. Damit wir immer aktuell sein können, lautet unsere Bitte an Sie, uns etwaige Änderungen kurz mitzuteilen. Schreiben Sie uns per Post oder schicken Sie eine E-Mail. Genau wie Sie von den Aufzeichnungen anderer mit diesem Buch profitieren, sollte dies auch Bewerbern nach Ihnen möglich sein.

*Nun wünschen wir Ihnen bei der Lektüre*
*und der Arbeit mit diesem Buch viel Erfolg!*

# Einleitung

## Zu diesem Buch

Willkommen beim »Pilotentest«, dem Testtraining für die Einstellungstests des Deutschen Zentrums für Luft- und Raumfahrt (DLR). Dieses Buch wird Ihnen helfen, sich intensiv auf den gängigen Einstellungstest für fliegerische Berufe vorzubereiten. Dabei ist es egal, ob Sie Pilot, Fluglotse, Bordmechaniker oder Flugdienstberater werden wollen, ob Sie sich bei einem privaten Unternehmen beworben haben oder Ihren Flug-Traumberuf bei der Polizei, dem Bundesgrenzschutz oder der Bundeswehr erlernen möchten – die Testhürden beim DLR müssen Sie in jedem Fall absolvieren.

Die Tests des DLR gelten bundesweit als die schwierigsten Einstellungstests überhaupt. Eine Durchfallquote von 90 Prozent spricht eine deutliche Sprache. Was sind das für Tests, deren Inhalt so streng geheim gehalten wird? Was sind das für Tests, für die die Teilnehmer alles in allem bis zu 500 € (Kosten für Unterkunft und Verpflegung – darum muss man sich allerdings selbst kümmern – bereits eingerechnet) bezahlen, um am Ende oft doch nur um eine Erfahrung reicher geworden zu sein?

Der Pilotentest wird Ihnen genau diese Fragen beantworten. Ermöglicht haben das die akribischen Aufzeichnungen einiger Testkandidaten, die diese dann freundlicherweise dem *Büro für Berufsstrategie* in Berlin zur Verfügung gestellt haben. Ihnen allen sei an dieser Stelle unser herzlicher Dank ausgesprochen.

Der Pilotentest zeigt, wie man sich am besten auf die einzelnen Testeinheiten vorbereitet. Zunächst gibt es jeweils eine kurze Beschreibung des einzelnen Testverfahrens. Auf Grund des außergewöhnlichen Schwierigkeitsgrades einiger Tests haben wir Ihnen dann – wo möglich – eine reiche Auswahl an Übungsaufgaben gestellt. Die Beispiele sind so aufgebaut, dass Sie sich Ihren individuellen Test selbst zusammenstellen können. Sie bestimmen das Lerntempo. Bedenken Sie aber, dass beim DLR allein für den so genannten Vortest eine reine Testbearbeitungszeit von insgesamt circa 9 Stunden, verteilt auf eineinhalb Tage, auf Sie zukommt!

Haben Sie diesen ersten Test, die Berufsgrunduntersuchung (BU) bei der Lufthansa bzw. den Vortest bei der DFS, geschafft, so dürfen Sie stolz auf sich sein, gehören Sie doch zu den ausgewählten 10 Prozent aller Bewerber, die nochmals zum DLR reisen und an der 3- bis 4-tägigen Firmenqualifikation (FQ), dem Haupttest, teilnehmen dürfen.

Und sollte es trotz guter Vorbereitung nicht geklappt haben, so denken Sie daran: Wir sind nicht auf der Welt, um so zu sein, wie andere uns haben wollen.

*Wir wünschen Ihnen von ganzem Herzen viel Erfolg!*

## Allgemeines zu den Tests

Die Tests beginnen meist mittags gegen 13.00 Uhr beim Deutschen Zentrum für Luft- und Raumfahrt (DLR) in Hamburg. In der Regel erfolgt eine kurze Einweisung, es wird ein Überblick über die Aktivitäten des DLR gegeben, Formalitäten werden erledigt (Anwesenheit, eventuelle Fahrtkostenerstattung usw.) und nicht zuletzt wird auch die Frage geklärt, ob alle Teilnehmer in guter gesundheitlicher Verfassung sind, da die Tests nicht wiederholt werden können. Nicht zu vergessen ist auch die Frage nach eventuellem Medikamenten- oder Drogenmissbrauch. Dann sollte man sich lieber gleich bei den Psychologen des DLR melden ...

Alle Tests laufen am PC ab. Als Eingabegeräte für Ihre Lösungen haben Sie einen Touchscreen zur Verfügung, ein bis zwei Joysticks sowie die obligatorische Maus. Den Joystick sollen Sie dabei mit der rechten Hand führen, die Maus oder den zweiten Joystick mit links (darauf wird Wert gelegt!). Ein sicherer Umgang mit der Tastatur eines Computers ist also ebenso empfehlenswert wie der sichere Umgang mit Maus und Joystick. Die Joysticks werden übrigens in der Regel als sehr empfindlich beschrieben. Vielleicht stellen Sie Ihren beim Üben schon mal entsprechend ein? Beachten Sie bitte, dass Sie nur zwischen den Computeranweisungen vor dem Test und dem eigentlichen Teststart Fragen stellen können. Sollte ein PC einmal nicht richtig funktionieren – auch das kommt nicht selten vor – melden Sie sich bitte sofort beim Testleiter. Sie können sicher sein, dass es sich hierbei um keinen Test handelt (dann müsste dies zur Vergleichbarkeit einmal bei allen Teilnehmern passieren), sondern nur um einen technischen Defekt.

Nehmen Sie sich zu den Tests genügend zu essen und zu trinken mit. Beim DLR selbst gibt es zwar Automaten, deren Inhalt aber weder gesund noch günstig ist. Einen kleinen Fußmarsch entfernt finden Freunde des Fastfood eine Wurstbude. Achten Sie auf leichte Kost und eventuell etwas Traubenzucker während der Tests. Vermeiden Sie in der Mittagspause und am Morgen des zweiten Tages im Hotel eine »Nahrungsmittelnarkose«. Das DLR bevorzugt ausgeruhte und stressresistente Persönlichkeiten, die zu jeder Tageszeit ein Maximum an Leistung erbringen können.

## Kurz, aber wichtig

Nutzen Sie die Möglichkeiten, die Ihnen dieses Buch bietet. Kopieren Sie sich daraus Testvorlagen und üben Sie diese einzeln. Fühlen Sie sich fit, so bitten Sie einen Helfer, Ihnen Ihr persönliches Testprogramm zusammenzustellen. Viele der Graphiken bieten sich als Kopiervorlage an. Die Reihenfolge der einzelnen Tests wird beim DLR variabel gehandhabt und kann daher von Ihnen beliebig geändert werden. Die Dauer einer Testeinheit darf ruhig 2–3 Stunden inklusive Pausen betragen. Das entspricht ungefähr dem, was später auf Sie zukommt. Die Lösungen zu den jeweiligen Übungsaufgaben finden Sie am Ende des Buches (siehe Seite 267 ff.).

Beim visuellen Merkfähigkeitstest (siehe Seite 48 ff.) und dem Simultan-Arbeitstest (siehe Seite 65 ff.) können Sie unter Umständen zum Üben Ihren Computer benutzen. Scannen Sie gegebenenfalls die Graphiken in Ihren Rechner ein und reihen Sie sie in einem Präsentationsprogramm, z.B. Microsoft PowerPoint® oder Corel Show®, aneinander. Lassen Sie die fertigen Präsentationen im vorgegebenen Zeitraster ablaufen und versuchen Sie, den Test zu lösen. Versierte Computerbenutzer können beim Simultan-Arbeitstest auch die zugehörigen Flugnummern mit Hilfe eines Soundblasters aufnehmen und während des Tests abspielen.

Wer diesen Aufwand scheut, kann natürlich auch unsere CD-ROM *Der Pilotentest. Das interaktive Trainingsprogramm* über den Buchhandel beziehen. Dort finden Sie 12 Tests, die denen des DLR nachempfunden sind, und mit denen Sie sich noch besser vorbereiten können.

# Die Berufsgrunduntersuchung

## Persönlichkeitstests

### Biographische Fragebögen

»Wir haben hier noch einige Fragen an Sie. Bitte füllen Sie doch gleich mal unseren Fragebogen aus ...« Was aussieht wie die letzten Formalitäten vor einem endgültigen Ausbildungsvertrag, ist hier nichts anderes als der Beginn eines Persönlichkeitstests, der Beginn der Tests beim DLR ...

Der erste Persönlichkeitstest startet bereits bei Ihnen zu Hause, indem man Sie bittet, folgende Fragen stichpunktartig vorab zu beantworten und dann zum Test mitzubringen:

- Wodurch wurden Sie zu Ihrem jetzigen Berufswunsch angeregt?
- An welchen anderen Berufen/Tätigkeiten sind Sie interessiert?
- Welches waren die wesentlichen Aspekte Ihrer Jugendentwicklung?
- Wie denken Sie heute über Ihre Schul-/Ausbildungszeit, über Mitschüler, Lehrer, Kollegen, Vorgesetzte?
- Welche Rollen haben bzw. hatten Sie in Schule, Ausbildung, Beruf, Vereinen oder anderen Gruppen inne?
- Was waren besondere Ereignisse, Anerkennungen, Misserfolge in Ihrem Werdegang?
- Welches sind Ihre wichtigsten Freizeitbeschäftigungen, Interessen, Hobbys?
- Welche Unfälle oder schweren Krankheiten hatten Sie bisher?
- Welche persönlichen Eigenschaften betrachten Sie als Ihre Stärken, welche als Ihre Schwächen?
- Wie haben Sie sich auf diese Untersuchung vorbereitet?

Überlegen Sie in Ruhe, was Sie auf diese Fragen antworten wollen. Immer wieder werden wir auf die Frage mit den persönlichen Stärken und Schwächen angesprochen. Was sind Ihre? Wir empfehlen Ihnen, sich selbst Ihre persönlichen Schwächen einzugestehen – auch das ist eine Ihrer Stärken! Sie erkennen Ihre Schwächen, registrieren Sie bewusst und arbeiten daran, sie zu minimieren. Wenn Sie gar nicht mehr weiter wissen, und auch nur dann, empfehlen wir Ihnen, allgemeine Schwächen von sich preiszugeben, die aber für den Beruf eines Piloten oder Fluglotsen völlig unbedeutend sind. Vielleicht sind Sie in der Hausarbeit nicht gut und fahren auch kurze Strecken immer wieder mit dem Auto …? Sicherlich fallen Ihnen noch eine Menge mehr Dinge ein, die man durchaus als persönliche Schwäche bezeichnen kann. Bedenken Sie aber immer: Nicht übertreiben! Außerdem sollten Sie sich von Ihren Antworten auf dem Fragebogen eine Kopie machen, damit Sie im Interview nicht plötzlich erzählen, Sie waren von Ihrem Mathelehrer immer begeistert, obwohl in Ihrem Fragebogen steht, dass doch der Physiklehrer so klasse unterrichtet hat …

Für die Kandidaten, die schon einmal beim DLR für einen anderen Beruf getestet worden sind, gibt es noch ein paar zusätzliche Fragen:

- Was waren für Sie besondere Ereignisse, Anerkennungen, Misserfolge seit Ihrem letzten Test beim DLR?
- Welches waren für Sie bedeutsame Erfahrungen in Ihrer fliegerischen bzw. sonstigen beruflichen Ausbildung seit Ihrer Untersuchung beim DLR?
- Wie sieht Ihre aktuelle Lebenssituation aus?
- Welche persönlichen Eigenschaften betrachten Sie vom heutigen Standpunkt aus als Ihre Stärken, welche als Ihre Schwächen?

Recht beliebt sind auch umfangreiche Personalfragebögen, die oftmals vorab verschickt werden, so z.B. von der Deutschen Flugsicherung (DFS). Dort bekommen Sie als Erstes einen dicken Stapel Papier nach Hause gesandt, den Sie vorab beantworten dürfen. Erst nach diesem ersten Test wird entschieden, ob man Sie zu den weiteren Tests einlädt.

Hier ein Auszug aus den 106 Fragen der DFS:

*Fragen zur Person*
- Geschlecht
- Alter

*Arbeits- und Berufserfahrung*
- Anzahl der bisherigen Jobs
- Dauer des längsten Beschäftigungsverhältnisses
- Führungspositionen

- Erfahrungen mit PCs/EDV
- Gesichtspunkte der Berufsfindung
- Häufigkeit der Änderung der Berufswünsche ab dem 14. Lebensjahr
- Erfahrungen in der Schulzeit
- Lieblingsfächer in der Schule
- Unangenehmste Fächer in der Schule
- Bewertung der Schulausbildung
- Hobbys
- Führerschein vorhanden
- Punkte beim Kraftfahrtbundesamt in Flensburg

*Elternhaus/Familie*

- Anzahl der Geschwister
- Verweildauer am jetzigen Wohnort
- Rat der Eltern bei der Berufswahl
- Gesundheitszustand
- Zufriedenheit mit den eigenen Schulleistungen/Kontakt mit Schulfreunden
- Besondere Posten in der Schulzeit
- Gründe für schlechte Noten in der Schule
- Arbeitseifer bei wichtigen Dingen

*Berufswahl*

- Gründe für die Bewerbung bei der DFS

*Aktivitäten und Interessen*

- bevorzugte Sportarten
- Häufigkeit sportlicher Aktivitäten
- Erfahrungen mit dem Internet
- Interesse an Computerspielen
- Sonstige Freizeitaktivitäten
- Kleidungsstil

*Erfahrungen in Arbeits- und Ausbildungsverhältnissen*

- Einstellung zu Verantwortung
- Bisheriges Tragen von Verantwortung
- Umgang mit Verantwortung
- Verhältnis zu Mitarbeitern und Vorgesetzten
- Positive Arbeitserfahrungen
- Negative Arbeitserfahrungen

- Bevorzugte Arbeitsweisen
- Verhalten nach Misserfolgen
- Einschätzung des eigenen Selbstvertrauens
- Gründe für die Berufswahl
- Nicht bestandene Prüfungen

*Sonstige Fragen*
- Bearbeitung des Fragebogens
- Hilfe bei der Bearbeitung des Fragebogens
- Bewertung des Fragebogens
- Einschätzung, ob man nach der Beantwortung noch zum Test eingeladen wird

Diese Vorab-Persönlichkeitstests in der Verkleidung eines scheinbar harmlosen Fragebogens stellen juristisch gesehen einen unzulässigen Eingriff in die per Grundgesetz geschützte Privatsphäre dar. Egal welcher Arbeitgeber sie einsetzt – wir als Autoren können ein solches Vorgehen nicht gutheißen.

Um Ihnen die Beantwortung solcher Fragen zu erleichtern, möchten wir uns im folgenden Abschnitt ausführlich mit einem Persönlichkeitstest beschäftigen.

## Persönlichkeits-Einstiegstest: 66 Persönlichkeitsentscheidungen

Nachfolgend finden Sie 66 Aussagen, die sich auf Ihre Interessen, Neigungen und Einstellungen beziehen. Bei vielen Aussagen kann man unterschiedlicher Meinung sein: Der eine denkt, Geld mache nicht glücklich, der andere ist gegenteiliger Ansicht. Manche Menschen sind im persönlichen Umgang zurückhaltender, andere nicht. Manch einer fühlt sich stark und selbstbewusst, ein anderer ist voller Selbstzweifel. Eine »richtige« Antwort auf die jetzt folgenden Aussagen gibt es nicht. Jeder Mensch hat schließlich das Recht auf seine eigene Meinung, basierend auf seinen Erfahrungen.

Wir möchten nun Ihre Meinung zu einer Reihe von Aussagen erfahren. Zu jeder Aussage gibt es drei Antwortmöglichkeiten. Dazu ein Beispiel:

Ich treibe gerne Sport.

a) stimmt
b) teils-teils
c) stimmt nicht

Kreuzen Sie bitte die Antwort an, die Ihrer Meinung am ehesten entspricht. Wichtig: Grübeln Sie nicht lange darüber nach, wie eine Aussage zu verstehen ist und was sie bedeuten könnte. Geben Sie Ihre Antwort ganz spontan; mehr als 15–20 Minuten Zeit sollten Sie für diesen Test nicht benötigen.

Nicht alle Aussagen enthalten alle Einzelheiten, die man eigentlich wissen müsste, um eine gute Entscheidungsgrundlage zu haben. Machen Sie sich also nicht zu viele Gedanken, z.B. wenn Sie außer Fußball andere Sportarten nicht mögen und auch nicht ausüben. Wenn Sie nun einmal gerne Fußball spielen und das gelegentlich tun, kreuzen Sie ruhig a) an (»stimmt«).

Manchmal können Sie sich vielleicht nicht ganz eindeutig entscheiden, und so liegt Ihre persönliche Einstellung zu dieser Aussage (Sport gerne zu treiben) irgendwo »dazwischen«. Dann kreuzen Sie b) (»teils-teils«) an. Das sollten Sie aber bitte nur dann tun, wenn es Ihnen wirklich unmöglich erscheint, sich zwischen den anderen beiden Antwortmöglichkeiten zu entscheiden.

Bitte bearbeiten Sie jede Aussage. Manche mag Ihnen etwas sehr persönlich erscheinen, aber es geht hier nicht um einzelne Antworten, sondern nur um das Gesamtbild.

1. Gleiches Gehalt vorausgesetzt, wäre ich lieber …
   a) Chemiker im Labor
   b) unsicher
   c) Manager im Hotel

2. Ich halte viel von dem Satz »Erst die Arbeit, dann das Vergnügen«.
   a) stimmt
   b) teils-teils
   c) stimmt nicht

3. Ich arbeite lieber …
   a) mit Zahlen und Statistiken
   b) unsicher
   c) mit Menschen zusammen

4. Karriere ist nicht alles im Leben.
   a) stimmt
   b) teils-teils
   c) stimmt nicht

5. Ich vermeide es, mich mit Leuten herumzustreiten.
   a) ja
   b) manchmal
   c) nein

→

6. Wenn Leute mit der Moral argumentieren, regt mich das auf.
   a) stimmt
   b) teils-teils
   c) stimmt nicht

7. In unserer Wirtschaftsordnung sollte im Prinzip alles so bleiben, wie es ist.
   a) stimmt
   b) teils-teils
   c) stimmt nicht

8. Lieber ein ganz sicherer Arbeitsplatz mit festem, aber kleinerem Gehalt als das Gegenteil.
   a) stimmt
   b) teils-teils
   c) stimmt nicht

9. Wenn andere die Köpfe zusammenstecken und tuscheln, denke ich, dass sie schlecht über mich reden könnten.
   a) stimmt
   b) teils-teils
   c) stimmt nicht

10. Ich denke, dass ich Herausforderungen mutig begegne.
    a) ja, meistens
    b) manchmal
    c) sehr selten

11. Mit einer schweren Erkältung im Bett liegend, ...
    a) versuche ich, die Zeit als eine Art Urlaub zu genießen
    b) teils-teils
    c) mache ich mir Gedanken über die versäumte Arbeit

12. Ich fühle mich öfter einsam.
    a) stimmt
    b) teils-teils
    c) stimmt nicht

13. Nachts habe ich bisweilen schlechte Träume.
    a) stimmt
    b) teils-teils
    c) stimmt nicht

14. Ich lese lieber ein gutes Buch, als mich mit anderen angeregt zu unterhalten.
    a) stimmt
    b) teils-teils
    c) stimmt nicht

15. Wenn andere erfolgreich sind, kann ich sie schon ein bisschen beneiden.
    a) stimmt
    b) teils-teils
    c) stimmt nicht

16. Wenn jemand es verdient, kann ich sehr spöttisch sein.
    a) im Allgemeinen
    b) manchmal
    c) nie

17. Wenn jemand besonders freundlich zu mir ist, frage ich mich schnell, warum – und was möglicherweise dahinter steckt.
    a) stimmt
    b) teils-teils
    c) stimmt nicht

18. Auch kleinere Experimente können ein schwer kalkulierbares Risiko beinhalten.
    a) stimmt meistens
    b) teils-teils
    c) stimmt selten

19. Ich glaube nicht, dass mir jemand wirklich Schwierigkeiten wünscht.
    a) stimmt
    b) teils-teils
    c) stimmt nicht

20. Jemandem, der mein Vertrauen enttäuscht, …
    a) bin ich sehr böse
    b) teils-teils
    c) kann ich recht schnell wieder verzeihen

→

21. Ich habe Qualitäten, die mich vielen anderen überlegen machen.
   a) stimmt
   b) unsicher
   c) stimmt nicht

22. Es ist mir unangenehm, andere in Verlegenheit zu bringen.
   a) stimmt
   b) teils-teils
   c) stimmt nicht

23. Ich möchte im Leben vorankommen.
   a) stimmt
   b) teils-teils
   c) stimmt nicht

24. Wenn ich mit mehreren Menschen im Fahrstuhl fahre, beschleicht mich ein unangenehmes Gefühl.
   a) stimmt
   b) teils-teils
   c) stimmt nicht

25. Wenn ich zu Bett gehe, kann ich gut einschlafen.
   a) stimmt
   b) teils-teils
   c) stimmt nicht

26. Es passiert mir häufiger, dass ich die Arbeit anderer kritisiere.
   a) stimmt
   b) teils-teils
   c) stimmt nicht

27. Die Welt braucht zur Orientierung mehr ...
   a) Beständigkeit und Verlässlichkeit
   b) unsicher
   c) Ideale und Utopien

28. Nur aus Angst vor Strafe verhalten sich die meisten Menschen korrekt.
   a) stimmt
   b) teils-teils
   c) stimmt nicht

29. Als Kind war ich selten anderer Meinung als meine Eltern.
   a) stimmt
   b) teils-teils
   c) stimmt nicht

30. Im Straßenverkehr lasse ich mich nicht unterkriegen.
   a) stimmt
   b) teils-teils
   c) stimmt nicht

31. Jemanden, der schlecht über mich redet, …
   a) lasse ich links liegen
   b) unsicher
   c) versuche ich zu ertappen und zur Rede zu stellen

32. Oft fällt es mir schwer, angefangene Arbeiten auch zu vollenden.
   a) stimmt
   b) teils-teils
   c) stimmt nicht

33. Es macht mir Spaß, mit anderen Leuten zu reden.
   a) stimmt
   b) teils-teils
   c) stimmt nicht

34. Bei gleichem Gehalt wäre ich lieber …
   a) Lehrer
   b) unsicher
   c) Förster

35. Bei mir läuft manches schief.
   a) oft
   b) manchmal
   c) selten

36. Tagträumereien kenne ich bei mir nicht.
   a) stimmt
   b) teils-teils
   c) stimmt nicht

→

37. Ziele, die ich mir gesetzt habe, erreiche ich fast immer.
   a) stimmt
   b) teils-teils
   c) stimmt nicht

38. Bei gleicher Arbeitszeit und gleichem Gehalt wäre ich in einem guten Restaurant lieber ...
   a) Kellner
   b) unsicher
   c) Koch

39. In einer Fabrik wäre ich gerne verantwortlich für ...
   a) den Maschinenpark
   b) unsicher
   c) die Personalabteilung

40. Das ganze Jahr über freue ich mich auf den Urlaub.
   a) stimmt
   b) teils-teils
   c) stimmt nicht

41. Lieber schreibe ich in einer schwierigen Situation einen Brief, als ein Telefonat zu führen.
   a) stimmt
   b) teils-teils
   c) stimmt nicht

42. Am liebsten gehe ich in allen Dingen meine eigenen Wege.
   a) stimmt
   b) teils-teils
   c) stimmt nicht

43. Wer viel lächelt, meint es oft nicht gut.
   a) stimmt
   b) teils-teils
   c) stimmt nicht

44. Ein unaufgeräumter Schreibtisch stellt für mich und meinen Ordnungssinn eine Herausforderung dar.
   a) stimmt
   b) teils-teils
   c) stimmt nicht

45. Einen besonderen, ausgefallenen Wunsch zu äußern fällt mir schwer.
   a) stimmt
   b) teils-teils
   c) stimmt nicht

46. Das Sprichwort »Lieber der Spatz in der Hand als die Taube auf dem Dach« ist für meine Einstellung zum Leben …
   a) zutreffend
   b) unsicher
   c) unzutreffend

47. Wenn Leute freundlich zu mir sind, habe ich den Verdacht, dass sie hinter meinem Rücken schlecht über mich reden.
   a) stimmt
   b) teils-teils
   c) stimmt nicht

48. Wenn mir im Restaurant das Essen nicht schmeckt, fällt es mir schwer, beim Kellner zu reklamieren.
   a) stimmt
   b) teils-teils
   c) stimmt nicht

49. Das Sprichwort »Was der Bauer nicht kennt, das isst er nicht«, gilt für mich.
   a) stimmt
   b) teils-teils
   c) stimmt nicht

50. Ich bin lieber dafür, dass man bei Problemlösungen …
   a) auf bewährte Methoden zurückgreift
   b) teils-teils
   c) neue Wege und Vorschläge ausprobiert

51. Bei einer wichtigen Arbeit lasse ich mich nicht gerne unterbrechen.
   a) stimmt
   b) teils-teils
   c) stimmt nicht

→

52. Wenn ich eine große Geldsumme für wohltätige Zwecke zur Verfügung hätte, würde ich …
   a) lieber den vollen Betrag der Kirche geben
   b) jedem die Hälfte
   c) den vollen Betrag für die Wissenschaft spenden

53. Wenn das Wetter sich verändert, spüre ich Auswirkungen auf meine Arbeitsleistung und Stimmung.
   a) zutreffend
   b) gelegentlich
   c) unzutreffend

54. Ich bin lieber für mich allein als mit anderen zusammen.
   a) stimmt
   b) teils-teils
   c) stimmt nicht

55. Ich bin selten krank.
   a) stimmt
   b) teils-teils
   c) stimmt nicht

56. Oft denke ich über Möglichkeiten nach, wie man die Gesellschaft verändern müsste, damit alles besser funktioniert.
   a) stimmt
   b) teils-teils
   c) stimmt nicht

57. Wenn ich im Kaufhaus nicht so bedient werde, wie ich es für angemessen halte, lasse ich – wenn nötig – den Abteilungsleiter rufen.
   a) stimmt
   b) teils-teils
   c) stimmt nicht

58. Hätte ich mein Leben noch einmal vor mir, würde ich …
   a) es ganz anders planen
   b) weiß nicht
   c) es mir ziemlich genauso wünschen

59. Ich bin für eine gewissenhafte Planung und Organisation bei der Arbeit.
   a) stimmt
   b) teils-teils
   c) stimmt nicht

60. Ich neige zu Stimmungsschwankungen.
   a) stimmt
   b) gelegentlich
   c) stimmt nicht

61. Mir geht im Leben manches daneben.
   a) selten
   b) manchmal
   c) oft

62. Oftmals leide ich unter einem Gefühl des Alleinseins.
   a) stimmt
   b) teils-teils
   c) stimmt nicht

63. Der berufliche Aufstieg ist nicht das Wichtigste im Leben.
   a) stimmt
   b) teils-teils
   c) stimmt nicht

64. Ich streite nicht gern mit anderen Menschen.
   a) stimmt
   b) teils-teils
   c) stimmt nicht

65. Öfter kann ich an den Leistungen anderer kein gutes Haar lassen.
   a) stimmt
   b) teils-teils
   c) stimmt nicht

66. Am System der sozialen Marktwirtschaft gibt es viel zu reformieren.
   a) stimmt
   b) teils-teils
   c) stimmt nicht

Geschafft! – Sie sind sicher schon auf Ihr »persönliches« Ergebnis gespannt …

**Auswertung siehe Seite 267–278**

## Persönlichkeitstests überstehen

Persönlichkeitstest-Verfahren zu durchschauen und zu wissen, was auf einen zukommt und worauf es ankommt, ist das Gebot der Bewerbungsstunde. Diese Kunst ist erlernbar.

Entscheidend ist zunächst, Persönlichkeitstest-Verfahren als solche zu erkennen. Zweitens ist es wichtig zu wissen, wer und vor allem wie man ist, also die eigene Persönlichkeit, die eigenen Charaktermerkmale möglichst gut zu kennen. Drittens ist es unbedingt notwendig, in Erfahrung zu bringen, was die andere Seite (die Assessment-Center-Beobachter, der Arbeitgeber) für Persönlichkeitsmerkmale erwartet bzw. wünscht. Und viertens muss es einem gelingen – leichter gesagt, als getan – das Übermitteln dieser Merkmale glaubhaft zu gestalten.

Es ist schwer, generelle Empfehlungen für das Bearbeiten von Persönlichkeitstests auszusprechen, aber achten Sie darauf, die Fragen nicht zu extrem in eine Richtung anzukreuzen. Es geht um die »richtige Mischung« aus folgenden drei Komponenten:

1. Wie stellt sich der Arbeitgeber den idealen Bewerber für diesen Ausbildungsplatz vor?
2. Wie glauben Sie, wirklich zu sein?
3. Ausweichen auf die »Teils-teils«-Position.

Eigentlich sind – aus juristischer Sicht – die hier vorgestellten Persönlichkeitstests ein absolut unzulässiger Eingriff in Ihre per Gesetz geschützte Privatsphäre. Das Bundesarbeitsgericht billigt jedem Bewerber bei unzulässigen Fragen im Bewerbungsverfahren ein Notwehrrecht auf Lüge zu. Sie dürfen also Ihre Phantasie spielen lassen. Es kann hier nicht um die wahrheitsgemäße Beantwortung von unzulässigen, die Persönlichkeits- und Privatsphäre durchbrechenden Fragen gehen.

Entscheidend bleibt die Aufgabe für Sie, sich auf diese Persönlichkeitstest-Verfahren gut vorzubereiten und sich vorher genau zu überlegen, was Sie von sich preisgeben wollen und was nicht.

# Schriftlicher Englischtest

Der schriftliche Englischtest gliedert sich in zwei Teile. Im ersten müssen Sie Synonyme bzw. inhaltlich verwandte Wörter zu circa 30 Vokabeln finden. Das Ausgangswort und die angebotenen Lösungen sind alle in Englisch. Deutsche Übersetzungen gibt es nicht. Im zweiten Teil bekommen Sie einen Englisch-Grammatiktest vorgelegt. Dieser besteht aus Sätzen, in denen jeweils eine Vokabel fehlt. Aus den angebotenen Lösungen sollen Sie diese Vokabel herausfinden und grammatikalisch richtig ergänzen. Das Niveau der beiden Testteile ist unterschiedlich. Der erste Teil wird im Allgemeinen als sehr schwer empfunden, der zweite Teil erreicht nur das Niveau der 9. Klasse in der Schule.

Zum Üben haben wir Ihnen für den ersten Teil Vokabeln entsprechend dem Leistungsstand der 12. Klasse eines Gymnasiums herausgesucht. Wir empfehlen dringend, besonders diesen Testteil intensiv zu üben. Eventuelle Wortneuschöpfungen/Falschschreibungen sind bewusst eingebaut und sollten Sie nicht weiter irritieren. Wir haben aus Rückmeldungen erfahren, dass sich selbst Teilnehmer mit Englisch als Leistungskurs beim ersten Testteil überfordert fühlten. Für den zweiten Teil sollte Ihre Schulbildung ausreichen.

Versuchen Sie nun, die folgende Aufgabe zu bearbeiten. Sie arbeiten im Übrigen bei diesem Test nicht unter Zeitdruck, die Bearbeitungszeit ist vollkommen ausreichend.

## *Übungsaufgaben*

*1. Teil*

Aufgabenstellung:
»Choose the word which fits best to the first one.«

| | | | |
|---|---|---|---|
| 1. aft | a) afore | b) backward | c) bevel |
| 2. ajar | a) closed | b) half open | c) open |
| 3. ascertain | a) find | b) investigate | c) determine |
| 4. impervious | a) impenetrable | b) impermanent | c) impertinent |
| 5. defiant | a) defery | b) defunct | c) defy |
| 6. angry | a) angina | b) angle | c) furious |
| 7. gravy | a) graveyard | b) grease | c) sauce |
| 8. succeed | a) suicide | b) success | c) follow |
| 9. suit | a) dress | b) suite | c) sweet |
| 10. reimburse | a) indemnify | b) return | c) hand back |

→

| | | | |
|---|---|---|---|
| 11. to think | a) to believe | b) to suspect | c) to remark |
| 12. pretty | a) weird | b) tremble | c) graceful |
| 13. to invade | a) to inhabit | b) to join | c) to conquer |
| 14. to habit | a) to rabbit | b) to settle | c) to chase |
| 15. security | a) separate | b) safety | c) vice versa |
| 16. sufficient | a) enough | b) plenty | c) nod |
| 17. fault | a) mistake | b) pile | c) resemble |
| 18. much | a) mutch | b) less | c) plenty |
| 19. hostile | a) revenge | b) unfriendly | c) forgive |
| 20. brief | a) concise | b) skill | c) praise |
| 21. fervent | a) ardent | b) riot | c) unite |
| 22. hazardous | a) noisy | b) dangerous | c) scream |
| 23. immense | a) false | b) tremendous | c) decay |
| 24. valour | a) retreat | b) scarpe | c) courage |
| 25. fantastic | a) imaginary | b) repudiate | c) hidden |
| 26. attractive | a) rough | b) affirm | c) magnetic |
| 27. odd | a) certain | b) rise | c) strange |
| 28. redundant | a) superfluous | b) birthday | c) valour |
| 29. tiny | a) gigantic | b) minute | c) bless |
| 30. perhaps | a) dry | b) possibly | c) ardent |
| 31. clemency | a) accomplish | b) raise | c) mercy |
| 32. proclaim | a) declare | b) concise | c) primitive |
| 33. increase | a) intensify | b) reckless | c) mixed |
| 34. exhibit | a) lessen | b) theory | c) display |
| 35. inevitable | a) unavoidable | b) happy | c) cruelty |
| 36. mainly | a) optimistic | b) chiefly | c) silent |
| 37. scare | a) scream | b) frighten | c) split |
| 38. quickly | a) energetic | b) rapidly | c) strange |
| 39. reproach | a) scold | b) row | c) forged |
| 40. rude | a) prohibition | b) corporal | c) impolite |
| 41. settle | a) tie | b) loosen | c) fix |
| 42. decay | a) deterioration | b) valour | c) borrow |
| 43. honest | a) fill | b) sincere | c) uncertain |
| 44. tremendous | a) enormous | b) wait | c) scold |
| 45. enormous | a) authentic | b) gigantic | c) portentous |
| 46. mobile | a) worthless | b) reck | c) changeable |
| 47. abandon | a) forsake | b) deterioration | c) reproach |
| 48. authentic | a) apathic | b) genuine | c) toil |
| 49. annul | a) physical | b) split | c) abolish |
| 50. riotous | a) violent | b) noisy | c) helpful |
| 51. nomadic | a) migratory | b) alien | c) different |

| Ausgangswort | Synonyme | Deutsche Übersetzung |
|---|---|---|
| novel | new | neu |
| obtainable | achievable | erreichbar |
| origin | source | Quelle/Ursprung |
| original | first | ursprünglich/original/zuerst |
| predictable | calculable, assessable | vorhersagbar |
| prosperous | flourishing | gutgehend |
| retractable | withdrawable | einziehbar |
| ridiculous | absurd | lächerlich |
| splendently | brilliantly | glänzend |
| unprotected | defenceless | ungeschützt |

*2. Teil*

Aufgabenstellung:
»Fill in the missing word or phrase.«

1. They flew from Berlin … London.
   a) at b) to c) for d) by
2. Julie has gone to the airport, … she?
   a) hasn't b) was c) hadn't d) doesn't
3. It's Jane's birthday. She … 21 years old.
   a) will b) will be c) becomes d) grows
4. I can help you, … you wait for a moment.
   a) when b) if c) because d) before
5. Betty tells the untruth, she …
   a) lays b) lies c) leis d) lais
6. When do I … a letter from you?
   a) become b) get c) got d) have
7. A: »Excuse me, I'm sorry.« B: »Never …«
   a) ever b) again c) mind d) you
8. A twin-engine DC-3 was … over the town.
   a) going b) winging c) crossing d) sailing
9. The night before the big game, do anything that will take your … the coming challenge.
   a) mind off b) hand off c) foot off d) dress off

→

10. We have to … a visit to aunt Mary.
a) do b) see c) enjoy d) pay

11. … my books lay on the floor.
a) Every b) Any c) All d) Most

12. There is … work to do.
a) a lot of b) plenty of c) a great number of d) little

13. Yesterday he drove a … miles.
a) many b) few c) much d) little

14. He has … money than his brother.
a) little b) more c) most d) many

15. … of my friends could read the text.
a) None b) Each c) Every d) Few

16. We … living in Bremen since 1974.
a) are b) was c) have been d) will not

17. A … coffee can be nice, but too much of it may be bad for you.
a) few b) many c) little d) less

18. We … a good holiday – the weather was very bad.
a) had not b) didn't have c) did have d) didn't had

19. We don't have … apples.
a) any b) some c) no d) an

20. Where … yesterday?
a) were you b) was you c) you were d) you was

21. Sebastian wrote to …
a) they b) my c) he d) us

22. Olivia is … home.
a) on b) in c) at d) for

23. … clever idea.
a) What b) So c) What a d) How

24. I … meat.
a) not eat b) eat not c) don't eat d) do'nt eat

25. How … times have you seen the film?
a) much b) many c) a lot of d) a great number of

**Lösungen siehe Seite 279**

## Akustischer Englischtest

Dies ist der zweite Englischtest, den das DLR seinen Bewerbern abfordert. Wer schon beim ersten, schriftlichen Test ein gutes Resultat erzielt hat, wird auch mit diesem Test keine Probleme haben.

Der Test gliedert sich in insgesamt vier Teile:

1. Als Erstes werden Ihnen über Kopfhörer Zahlen auf Englisch vorgelesen. Diese sollen Sie dann in einen Antwortbogen eintragen.
2. Danach werden Ihnen – auch über Kopfhörer – englische Vokabeln vorgelesen, die Sie ins Deutsche übersetzen sollen. Es genügt jeweils eine Bedeutung der entsprechenden Vokabel. Wie schon beim schriftlichen Englischtest ist solides Schulwissen von Vorteil.
3. Nun werden Ihnen noch einmal Wörter auf Englisch vorgelesen, zu denen Ihnen, ebenfalls auf Englisch, eine Auswahl potenzieller Synonyme bzw. inhaltlich verwandter Wörter angeboten wird. Den Ihrer Meinung nach richtigen zugehörigen Lösungsbuchstaben a, b oder c müssen Sie auf einem Extrablatt notieren. Die Wörter sind im Übrigen identisch mit den im ersten Teil des schriftlichen Englischtests aufgeführten (siehe Seite 29 ff.).
4. Eine weitere, aber nicht immer vorkommende Variante ist es, Ihnen Wörter auf Englisch zu nennen, zu denen Sie das Gegenteil finden sollen – natürlich das englische. Ein Beispiel: Man liest Ihnen das Wort »failure« vor. Danach werden Ihnen folgende Lösungsmöglichkeiten angeboten:

   a) disaster    b) fail    c) success    d) loss

   Lösung: c

   Das Ihrer Meinung nach richtige Wort müssen Sie auf Ihrem Antwortformular im PC markieren.

Versuchen Sie nun, die folgenden Übungsaufgaben zu lösen. Damit Sie nicht immer einen Helfer bemühen und sich umständlich die Lösung notieren müssen, haben wir Ihnen die Aufgaben in Tabellenform mit Lösungsfeld zusammengestellt. Können Sie auf einen Helfer zurückgreifen, so sollte dieser Ihnen die jeweiligen Wörter/Zahlen vorlesen, die Sie dann auf einem Extrablatt notieren. Wenn Sie alleine arbeiten, versuchen Sie, so schnell wie möglich zu sein. Auch der Helfer sollte Ihnen lediglich genug Zeit geben, die Lösungen aufzuschreiben, aber ein konstantes Tempo beibehalten. Es versteht sich von selbst, dass die Zeit zum Notieren der Zahlen und richtigen Lösungen a, b oder c kürzer bemessen sein muss als zum Übersetzen der Wörter ins Deutsche.

## *Übungsaufgaben*

### *1. Teil*

| Auf englisch genannte Zahlen | Zahlenwert |
|---|---|
| twenty-three | |
| one thousand | |
| twenty-nine | |
| seventy-eight | |
| one hundred and fourty-four | |
| two thousand one hundred and eight | |
| nine hundred and ninety-nine | |
| sixty-five | |
| two million four hundred | |
| twenty thousand nine hundred and nine | |
| ten | |
| seventy-one | |
| two hundred and fourty-three | |
| thirteen | |
| twenty | |
| eighty-six | |
| three hundred and twenty-one | |
| four hundred and fourty-two | |
| five hundred and nine | |
| twelve | |

### *2. Teil*

| Auf englisch genannte Wörter | Deutsche Übersetzung |
|---|---|
| car | Auto |
| feet | Füße |
| clearance | Freigabe |
| altitude | Flughöhe |
| arrival | Ankunft |
| descent | Sinken |
| emergency | Notfall |
| runway | Startbahn |
| alarm | Alarm |
| jittery | rappelig |

| Auf englisch genannte Wörter | Deutsche Übersetzung |
|---|---|
| counterpoise | Gegengewicht |
| icebound | eingefroren |
| rehearse | |
| early | früh |
| spread | ausbreiten |
| zero | Null |
| permit | erlauben |
| interest | Interesse |
| bullet | Kugel |
| lover | Geliebter |

| Auf englisch genannte Wörter | Deutsche Übersetzung |
|---|---|
| stairs | Treppen |
| hawk | Falke ~~Adler~~ |
| encouragement | Ermutigung |
| locker | Schließfach |
| weird | |
| untidy | dreckig |
| message | Nachricht |
| graceful | hübsch |
| relief | |
| naughty | |
| epicure | |
| eiderdown | Daunendecke |
| plump | |
| rule | Regel |
| fate | Schicksal |
| fortune | Zukunft |
| slight | |
| victim | Opfer |
| score | |
| event | |
| among | zwischen |
| subject | |
| framework | |
| pin | |
| ill | |
| smooth | |
| task | |
| yard | |
| barn | |
| flag | |
| chat | |
| deaf | taub |
| evidence | |
| deny | |

| Auf englisch genannte Wörter | Deutsche Übersetzung |
|---|---|
| recently | |
| acquire | |
| pretend | |
| overcrowded | |
| savage | |
| citizen | |
| astonish | |
| examine | |
| abroad | |
| delay | |
| several | |
| plentiful | |
| excited | |
| enraged | |
| immediately | |
| eventually | |
| indeed | |
| courage | |
| influence | |
| survive | |
| regret | |
| reinforce | |
| gap | |
| schedule | |
| successor | |
| seldom | |
| obey | |
| nevertheless | |
| stamp | |
| pure | |
| adjust | |
| delight | |
| peanut | |
| invite | |

*3. Teil*

Siehe bitte 1. Teil des schriftlichen Englischtests auf den Seiten 29–32.

**Lösungen siehe Seite 279–281**

## a,b,q-Test

Auch beim Pilotentest werden – wie bei vielen anderen Einstellungstests – Aufgaben gestellt, von denen sich die Anwender versprechen, etwas über das allgemeine Konzentrations- und Leistungsvermögen des Probanden zu erfahren. Ob und wieweit dies anhand des nachfolgenden Testverfahrens möglich ist, darf diskutiert werden. Beliebt bei den Testern ist das Prüfen von abgeschriebenen Adressen auf Richtigkeit oder das dreißig- oder mehrminütige Addieren und Subtrahieren von Zahlenreihen.

Beim DLR wird den Teilnehmern ein Blatt mit 42 Reihen zu je 40 Buchstaben vorgelegt. Alle a, b und q sollen waagerecht markiert werden. Es empfiehlt sich unbedingt, diesen Test vorher zu üben, damit er in der vorgegebenen Zeit zu schaffen ist. Lassen Sie sich gegebenenfalls von einem Helfer noch zusätzliche Buchstabenreihen erstellen. Mit einem Textverarbeitungssystem ist dies auf dem Computer eine Sache von einer Viertelstunde. Sie werden sehen, je öfter Sie diesen Test üben, desto schneller und besser werden Sie.

Für diejenigen, die sich fragen, wie man bei diesem Test 100 Prozent erreicht, ein Trick: Bekommen Sie diesen Test schriftlich vorgelegt, so nehmen Sie ein Lineal und ziehen von links nach rechts einen geraden, waagerechten Strich durch alle Buchstaben. Damit haben sie alle a, b und q wie in der Aufgabenstellung gefordert markiert. Am PC drücken Sie einfach immer den Knopf, mit dem Sie die Buchstaben markieren sollen, bzw. markieren einfach alle Buchstaben. Aller Freude über 100 Prozent zum Trotz: Unter Umständen wird man Sie nach dem Hintergrund Ihres Handelns fragen. Dann sollten Sie sich auf die Aufgabenstellung berufen, denn in der stand nicht, dass die anderen Buchstaben *nicht* markiert werden durften ... (Achtung! Steht in der Aufgabenstellung, dass *nur* alle a, b und q markiert werden sollen, so ist dieses Verfahren natürlich nicht zulässig!)

Für alle Leser, die die althergebrachte Bearbeitungsmethode nutzen wollen, haben wir 42 Buchstabenreihen zusammengestellt, bei denen Sie nun bitte in den nächsten 8 Minuten alle a, b und q (und nur die!) mit einem geraden, waagerechten Strich markieren:

### *Übungsaufgaben*

1. o i z a d f h z b t i q p f r t w q p p h a f q d e h j o e d c b d b h b d z
2. u k l k b z p b q t h j f e q p o b h t q b d s a ö p ü ä g b a q z q u h f a
3. n c g j b a r j g t e r s a m k b a r t z q m g v a d s b a q z u h j g r t f d
4. v x y u l k h t z a g f d a h a z g q s s b j k a m n g f d s w a r z u q k l
5. l j g f d b f d h j k l o p j g d a z u b h t q q d e j u b t g q j k m n v c d

6. e r w f s d g j k o a i z t a q f q s b v n m k l o u i z t f g t h j g f d d d f
7. v n m k j h t z f d r e s f r g h j k u t g g f m n j a i q p b b q h g f d a y
8. x q v n g a r e w q j h q f r t z u q o i b z t r e d f g h q r a d a h b h j b
9. l k m q n a z u b h t b f r e d q r g q j k a z a h q q r b t g b g a f r q c
10. k b n v q d f a r e d a g t h z j u j i k l m n h b u z g t r f v d e r g h j k
11. o b u b a g h q v f b h a a a t e w ö q o k b j q n ö b u q h q j a n m d t
12. h a r t a h q j u q ö k b u j h a g f r e d s q s d b g t h z u j a n h j u z
13. h g t r f d e a w d f c v b g h q h t z a u m n b g f r e h j g n v f g h t z
14. q g b r f d e u j a q k i o b k j h a t z u a n m h q s r d d d d b s s x q v
15. a m k a o q m q n h z g t z h j a h a r d q v c b n g t z u q n m b l o i u
16. h q g ä ö b k u j h t a n m h g f d e a a y x x q f b g q z j u j a i b u h q
17. t r a b b n j m q h g f r t z u j k a v f c d a f g a h z j u q i m b h g t f r
18. d e d e d a w l k q o k j u q z t z g f b d f r a t q z j a k i l o b n h q v f
19. r a g z q j b u a h q g n b z j u q r d e a s a g h d s e r l a r s w q z t b
20. g v q r l k j z q h g t a d e b z u h g a r f r i q h g r d f e r n m v f g h j
21. u z d e r f h a t r f d e j u h t g v f d c x s w g h k l p o m n f r d e g h
22. w s d g e h j z t d w a b c x o p i u t z h j m l k o p p p b g r t f d w q z
23. t h g f t t z h g d w e v b n j k i o u z t b p o i n p b g t e w s f h j z t r
24. g n m l k h g f d s a e r t z u i o k m n b g v f c d x s y a q w s e d r f t
25. g h z u j k i o l p k m j n h z g t f r d b f d e s w a e g h j u z t r n b g f
26. r z j k l m n b v g f t h u o i u z g n m k h b f l o k i j u n h b v g f c d e
27. r f t g z h u j i k m n b v f h i p o i u z t r e w q a s d f g h j k l m n b v
28. c x s f j h g r t e w q a d f h j u i o p p p m n h t r q f h j u d c f v g b h
29. n j m k u z t r f t g h z b g f r t g h j k o l o i u z h j u i k l g t h u k q g
30. t r j k i o p ü ö l m n h g b t z u h g f d s a q w e r f d e w s a q w e d f
31. r g t h z u j k i o l ö p l k m n j u h b g t r f v c d e r t z u i o p ü ö l k t
32. r e f k j z u g w o k j h w e d s c v x y a q w e r f g j k l m k o p j u h n
33. b g t f r d v b g h n m j k m l o i u z t g h t h j k l u h b v b g t z h j n m
34. k i u h j n b g t f r e d c v f g h j o p p w a s e d f c x y s d f r e d s c g
35. h u j z g t f t g b n m n m j k m n j k m n m l ö p o i u h g f d s x y s d e
36. r t g f v g h u j z h u j i k o l e w s x c v b f d s w a q w s d f g b h z w
37. q a s y x d f g h j k l o i u z t r e w q a s d f g h j k l ö ä m n b v c x y a
38. s d ö l k i u z h j k l m n b v g f r e d d g t h z j n m g f d a s w u h t w
39. q a s d f b g n j m l ö p o i u z t r f d f c v b n t q w e s f h p o a p o o
40. p l k r w q a d c v b g h n m j h g f z u j k l j h t w q a s x c v b n g f h
41. n j u i k j z t r f d e w e r f g j m k l k j u z h g t r f d e s w a s d t h j u
42. n b g f v c d e w s f g h j k l o i u z t g b v f e w q s d f g h j t q a s d f

**Lösungen siehe Seite 281**

## Würfel-Rechenleistungstest

Von drei Würfeln werden zunächst die vorderen Augen addiert, danach werden die hinteren, verdeckten Augen zusammengezählt (Vorder- und Rückseite ergeben immer 7). Anschließend wird das kleinere Ergebnis vom größeren im Kopf abgezogen. Ist das Endergebnis als Augenzahl auf der Vorderseite eines Würfels zu sehen, so muss dieser markiert werden. Ist das Ergebnis als Lösung nicht vorhanden, so wird das leere Feld rechts neben den Würfeln gekennzeichnet. Vorsicht: Abwandlungen sind jederzeit möglich, das heißt, es kann vorkommen, dass Sie auch den Würfel markieren sollen, auf dessen *Rückseite* sich das gesuchte Ergebnis befindet.

Mit einiger Übung lässt sich aber auch dieser Test im vorgegebenen Zeitrahmen schaffen.

Drei Beispiele:

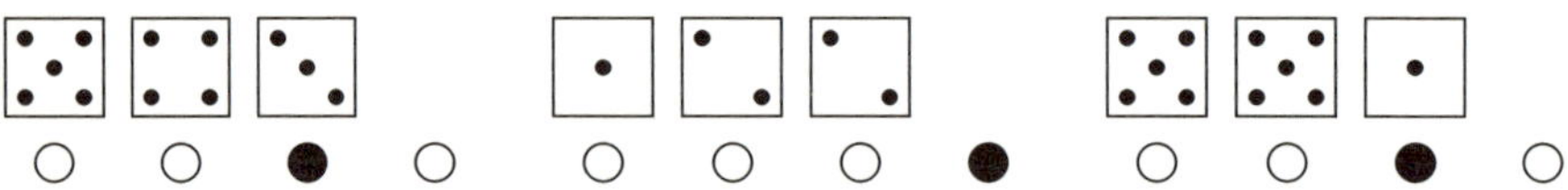

1. Vorderseite der ersten drei Würfel: 5 + 4 + 3 = 12
   Rückseite der ersten drei Würfel: 2 + 3 + 4 = 9

   12 – 9 = 3 → Sie müssen das Feld unter dem Würfel mit der »3« markieren.

2. Vorderseite der zweiten drei Würfel: 1 + 2 + 2 = 5
   Rückseite der zweiten drei Würfel: 6 + 5 + 5 = 16

   16 – 5 = 11 → Sie müssen das leere Feld neben dem dritten Würfel markieren.

3. Vorderseite der letzten drei Würfel: 5 + 5 + 1 = 11
   Rückseite der letzten drei Würfel: 2 + 2 + 6 = 10

   11 – 10 = 1 → Sie müssen das Feld unter dem Würfel mit der »1« markieren.

## *Tipps*

Es gibt drei Möglichkeiten, diesen Test zu lösen:

1. Sie addieren die Augenzahl der Würfelvorderseiten, danach gedanklich die Augenzahl der Würfelrückseiten und ziehen dann das kleinere vom größeren Ergebnis ab. Dies ist der herkömmliche Lösungsweg.

2. Der erweiterte Lösungsweg: Die maximale Augenzahl von Vorder- und Rückseite beträgt 21 (1 + 2 + 3 + 4 + 5 + 6). Sie addieren nun die Summe der vorderen (sichtbaren) Augen, ziehen dieses Ergebnis von 21 ab und erhalten somit die Summe der hinteren (verdeckten) Augen. Ziehen Sie das kleinere Ergebnis vom größeren ab und fertig!

   Rechenweg vom Aufgabenbeispiel für die ersten drei Würfel:
   a) 21 – (5 + 4 + 3) = 9
   b) 21 – 9 = 12
   c) 12 – 9 = 3

   Rechenweg zum dritten Aufgabenbeispiel:
   a) 21 – (5 + 5 + 1) = 10
   b) 21 – 10 = 11
   c) 11 – 10 = 1

3. Noch ein alternativer Lösungsweg: Kürzen Sie als Erstes die Würfelaugen raus, die sich gegenüberliegen. Danach nur noch beim verbleibenden Würfel die kleinere von der größeren Augenzahl abziehen und fertig!

   Rechenweg zum ersten Aufgabenbeispiel:
   Die Würfel mit der Drei und der Vier heben sich gegenseitig auf. Also müssen Sie nur noch den Würfel mit der Fünf bearbeiten: 5 – 2 = 3, Sie markieren also den Würfel mit der Drei. Die anderen Beispiele müssen Sie leider nach der herkömmlichen Methode bearbeiten.

## *Übungsaufgaben*

Wir haben Ihnen insgesamt vier Aufgabenblöcke zusammengestellt. Pro Block haben Sie 1,5 Minuten Zeit!

*1. Block*

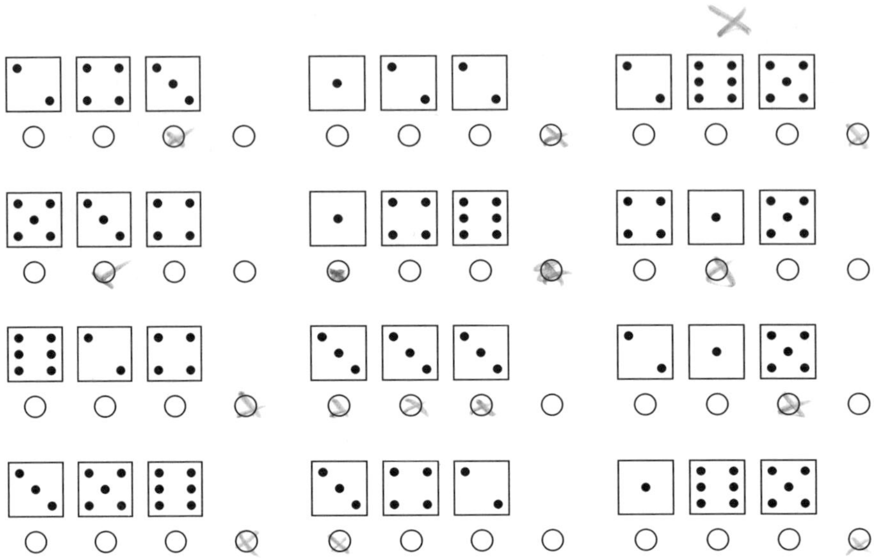

*2. Block*

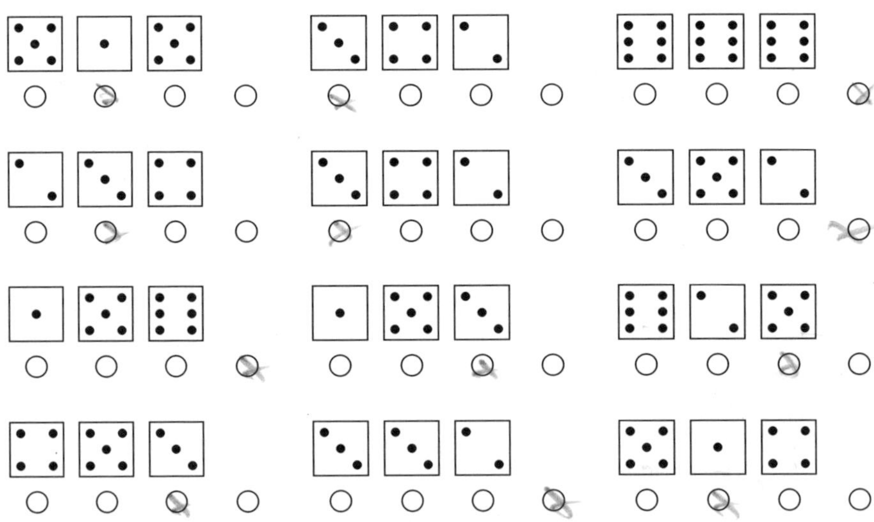

*3. Block*

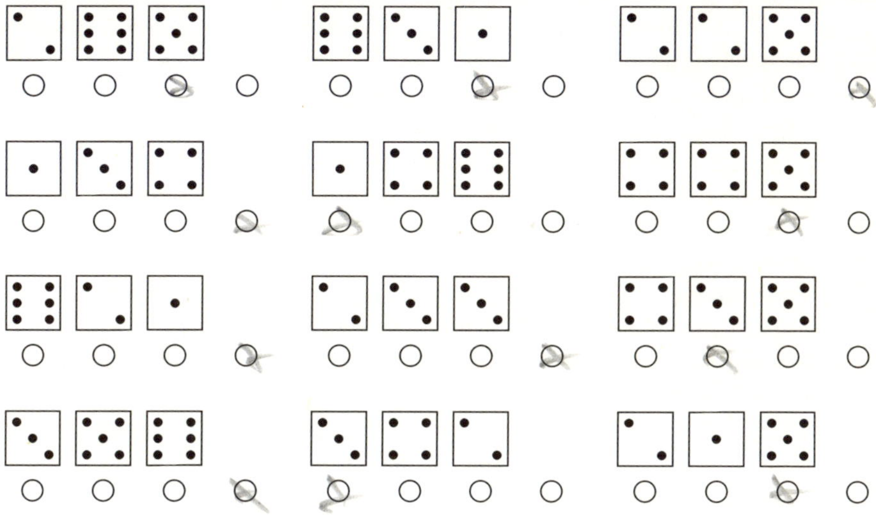

*4. Block*

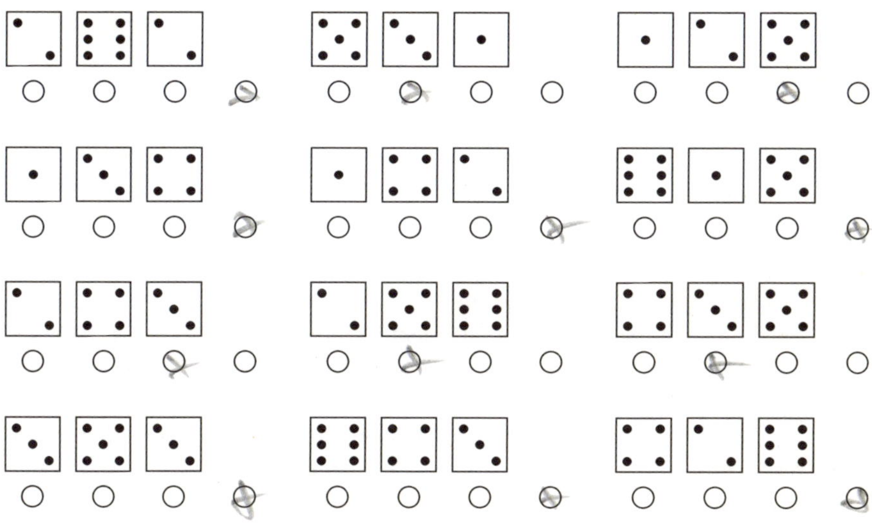

**Lösungen siehe Seite 282–283**

## Konzentrationsbelastungstest

Der Konzentrationsbelastungstest zählt zu den Tests des DLR, auf die besonders hoher Wert gelegt wird. Die Zeit ist so angelegt, dass Sie den Test unter normalen Umständen nicht schaffen können. Trotzdem sollte es Ihnen mit einiger Übung möglich sein, zu den Besten zu gehören und sich so einen Platz in der Firmenqualifikation bzw. im Haupttest zu sichern.

Ihre Aufgabe besteht darin, dass Sie bestimmte Symbole aus einem Suchfeld in Zahlen umwandeln, diese addieren und dann mit einem Lösungsvorschlag vergleichen müssen. Ist Ihr errechnetes Ergebnis kleiner als die Lösungsvorschlagszahl, so müssen Sie das linke Antwortfeld markieren, sind beide identisch, so markieren Sie das mittlere, und ist Ihr Ergebnis höher, das rechte Antwortfeld. Sie merken sich das zuletzt umgewandelte Symbol und wandeln dann das nächste um. Die Ergebnisse werden wieder addiert und mit der zwischen den Symbolen stehenden Zahl verglichen. Die Addition/der Vergleich sollte natürlich so konzentriert und zügig wie möglich erfolgen.

Ein Beispiel zur Verdeutlichung:
Unten sehen Sie ein kleines Feld mit 4 Symbolen und den Zahlen 1 bis 4. Jede Zahl ist einem Symbol zugeordnet.

| | | | |
|---|---|---|---|
| ξ | ψ | ζ | χ |
| 1 | 2 | 3 | 4 |

Betrachten Sie nun das Aufgabenbeispiel:

ψ 4 ζ 6 ζ 8 χ

Übersetzen Sie die ersten beiden Symbole in Zahlen, so erhalten Sie die 2 und die 3. Wenn Sie diese beiden Zahlen nun addieren, so ist das Ergebnis 5. Die 5 ist größer als die zwischen den Symbolen stehende 4, daher muss das rechte Lösungsfeld (hier mit einem Kreis markiert) angekreuzt werden. Behalten Sie die Zahl des letzten Symbols (die 3) im Kopf. Bei der nächsten Aufgabe, addieren Sie die gemerkte Zahl (3) mit der Zahl des neuen Symbols (ebenfalls die 3) und erhalten als Ergebnis 6. Da Ihr Ergebnis mit dem angebotenen Ergebnis identisch ist, müssen Sie das Feld in der Mitte markieren. Bei der letzten Beispielaufgabe erhalten Sie die 7. Da diese Zahl kleiner als die angebotene Zahl ist, markieren Sie das linke Lösungsfeld.

Beginnen Sie nun mit den Übungsaufgaben. Insgesamt haben wir Ihnen drei Blöcke mit jeweils 40 Aufgaben zusammengestellt. Pro Aufgabenblock haben Sie nur zwei Minuten Zeit!

## *Übungsaufgaben*

*1. Block*

**Suchfeld**

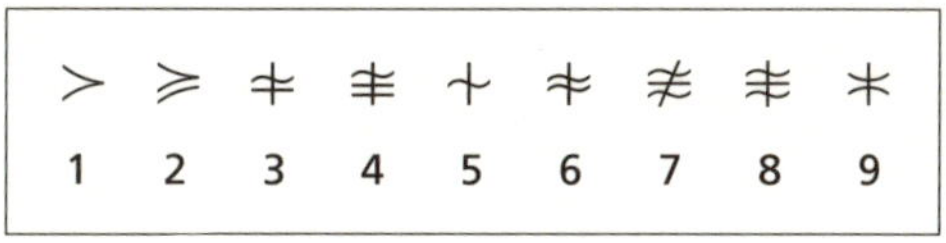

*2. Block*

**Suchfeld**

| | | | | | | | | | | | | | | | |
|---|---|---|---|---|---|---|---|---|---|---|---|---|---|---|---|
| Φ | *f* | * | ¥ | Â | Á | À | š | + | ø | ® | © | @ | ~ | † | ☨ |
| 5 | 8 | 6 | 4 | 1 | 9 | 2 | 7 | 3 | 4 | 6 | 1 | 5 | 2 | 8 | 2 |

| | | | | | | | | | | |
|---|---|---|---|---|---|---|---|---|---|---|
| Φ | 14 | Á | 14 | Φ | 10 | Á | 10 | ® | 8 | © |
| ~ | 10 | + | 7 | ø | 9 | ~ | 8 | * | 18 | † |
| ¥ | 13 | ø | 6 | † | 9 | Φ | 14 | Á | 10 | Â |
| Á | 7 | Â | 4 | Â | 15 | * | 11 | ø | 5 | ~ |
| š | 4 | ® | 15 | *f* | 9 | Φ | 7 | ~ | 3 | À |
| © | 12 | À | 3 | @ | 16 | À | 9 | š | 14 | š |
| * | 12 | *f* | 9 | ¥ | 11 | š | 10 | ® | 9 | Â |
| @ | 8 | + | 13 | Á | 9 | ~ | 12 | + | 7 | ® |

*3. Block*

**Suchfeld**

| | | | | | | | | | | | | | |
|---|---|---|---|---|---|---|---|---|---|---|---|---|---|
| ú | û | ü | ý | þ | ÿ | è | é | ê | ë | ì | í | î | ï |
| 6 | 7 | 3 | 1 | 9 | 5 | 3 | 2 | 4 | 2 | 8 | 3 | 1 | 4 |

ú 15 þ 14 ÿ 10 ê 6 ï 12 û

ü 5 ý 7 ú 9 ê 8 ë 12 û

û 20 þ 12 è 5 ë 4 ë 2 î

î 9 ì 9 è 15 ì 11 ú 15 þ

ì 8 þ 12 ê 9 è 6 ü 4 é

ÿ 12 ü 10 ì 16 í 7 ï 12 î

ú 9 ü 9 û 17 þ 10 è 5 ë

í 8 é 10 í 9 ÿ 16 þ 7 û

**Lösungen siehe Seite 284–286**

## Visueller Merkfähigkeitstest

Bei diesem Test geht es darum, sich in kurzer Zeit verschiedene Bild-/Zahlenkombinationen zu merken. Die Zeit beträgt zunächst 30 Sekunden für 4 Bilder und verkürzt sich zum Schluss auf 10 Sekunden.

Hier ein Beispiel: Die Aufgabe besteht darin, sich zunächst die den Bildern zugeordneten Zahlen des 1. Bilderblocks zu merken, diesen dann abzudecken und sich anschließend die Bild-/Zahlenkombinationen des 2. Blocks einzuprägen. Der Buchstabe (hier A) ist durch die aus dem 1. Block bekannte Zahl (Uhr = 78) zu ersetzen und auf einem Extrablatt zu notieren.

Um diesen Test zu üben, schlagen wir Ihnen zwei Möglichkeiten vor:

1. Auf den folgenden Seiten haben wir Ihnen eine Bilderfolge mit insgesamt 64 Einzelbildern zusammengestellt. Bitten Sie einen Helfer, Ihnen für jedes Bild mit 4 Einzelbildern 30 Sekunden Zeit zum Einprägen der Bilder und Zahlen sowie dem Notieren der Lösungen zu geben. Für die letzten 3 Bildkombinationen soll er Ihnen nur noch 10 Sekunden Zeit geben. Decken Sie die Bilderblöcke so ab, dass jeweils nur der Block zu sehen ist, den Sie gerade bearbeiten. Vergleichen Sie danach Ihre Lösungen.
2. Scannen Sie die folgenden Bilder in Ihren Computer ein und reihen Sie sie z.B. in Microsoft PowerPoint® oder Corel Show® als einzelne Folien aneinander. Stellen Sie die Folienübergänge auf jeweils 30 Sekunden ein, für die letzten 4 Bilderblöcke pro Bild auf 10 Sekunden.

Achten Sie darauf, unsere Testbilder nicht zu oft zu üben. Irgendwann können Sie sie auswendig, und dies würde Ihr echtes Testergebnis verfälschen. Lassen Sie sich also von einem Helfer neue Bilder erstellen. Sie können auch die Bilder in diesem Buch verwenden und ihnen neue Zahlen zuordnen und/oder sie in eine neue Reihenfolge bringen. Spiele wie z.B. das »Erwachsenen-Memory« können Ihnen ebenfalls helfen, Ihr visuelles Gedächtnis zu trainieren.

***Übungsaufgaben***

1.

2.

3.

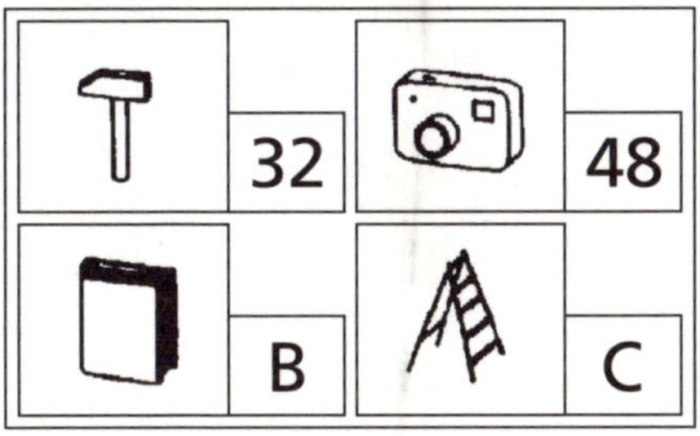


4.

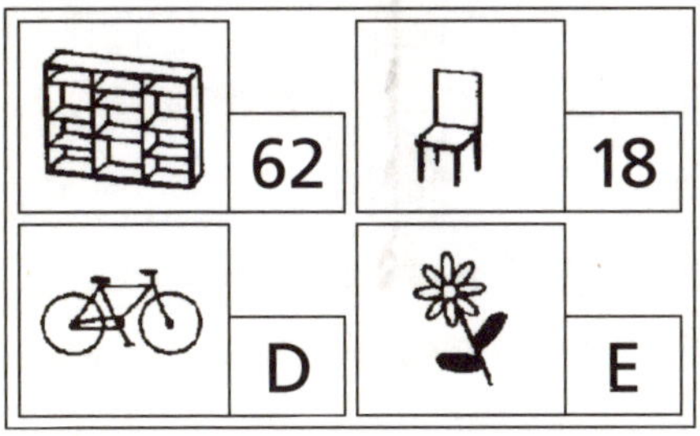

5.

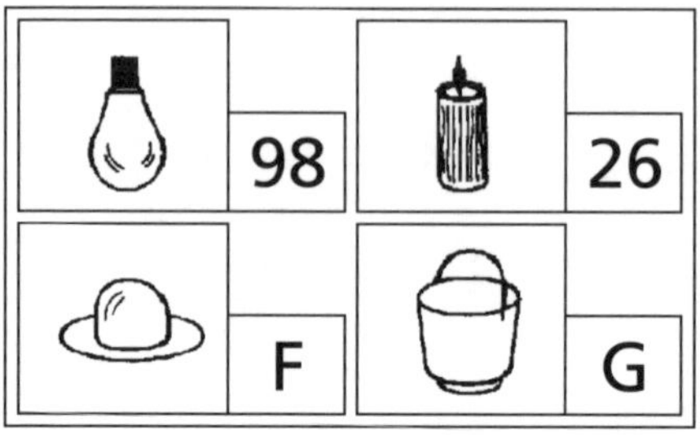


6.

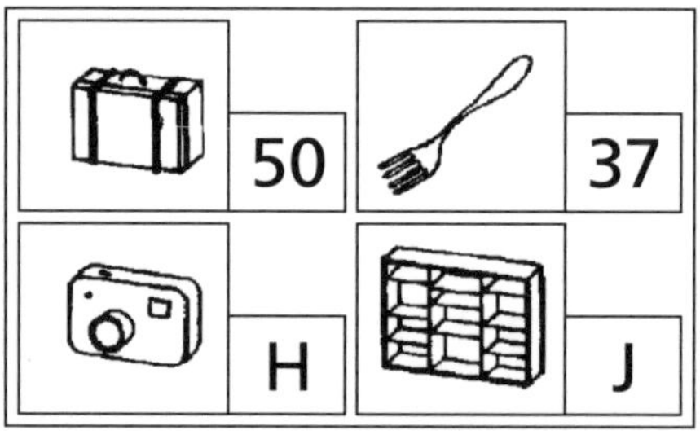


7.

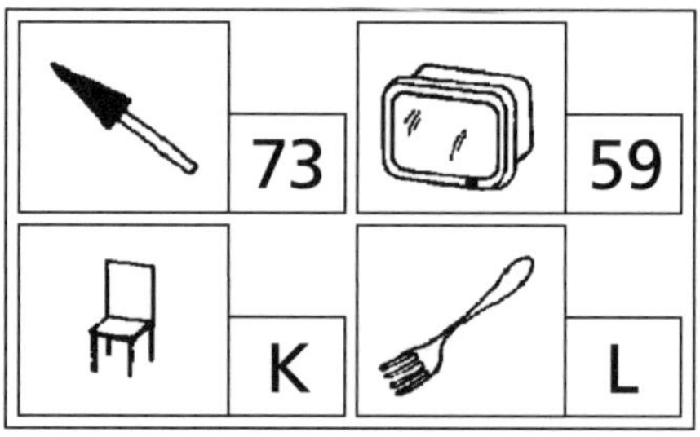


8.

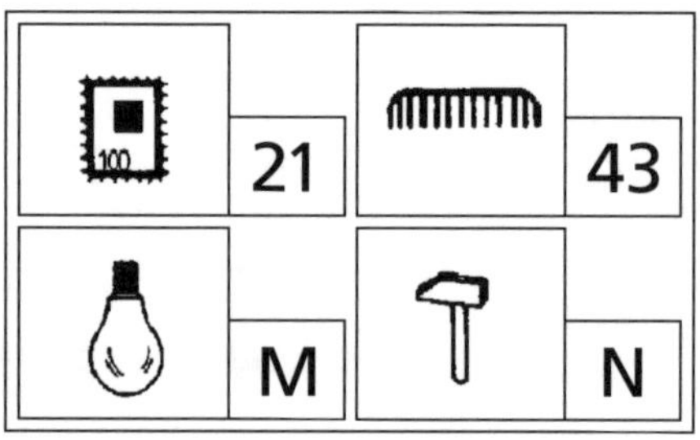

9.

10.

11.

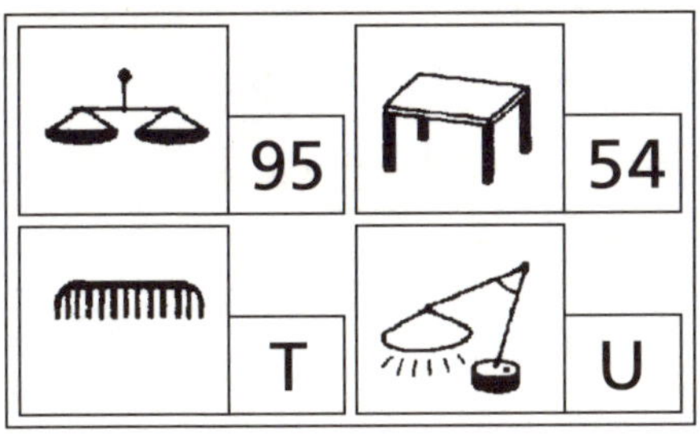


12.

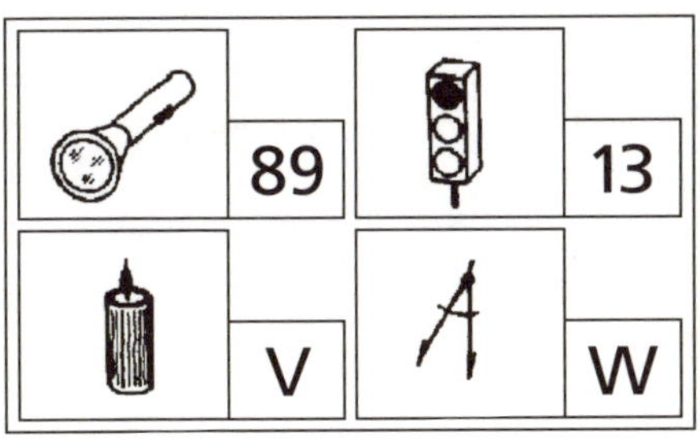


→

13.

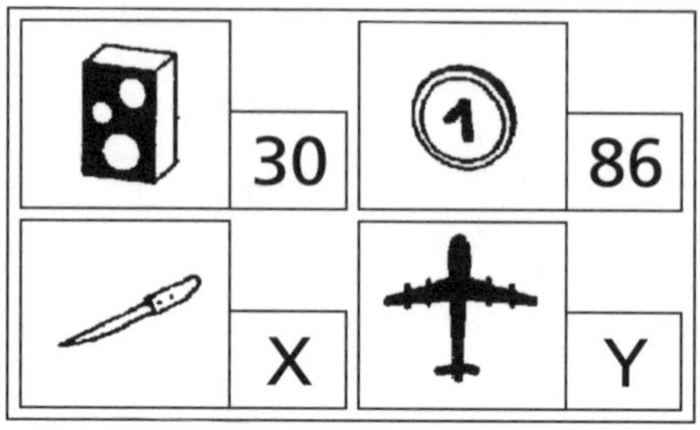


14.

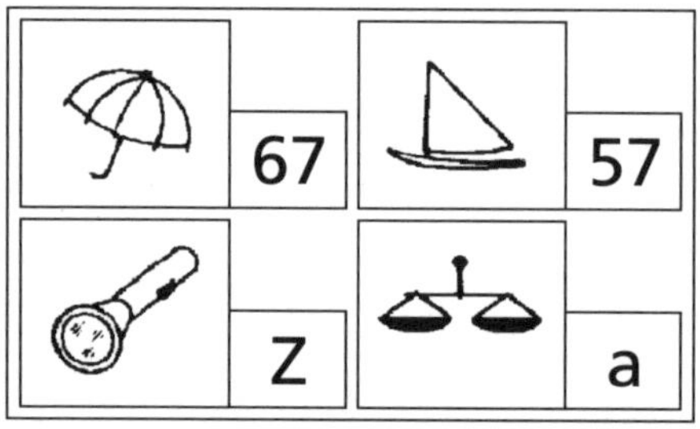


15.

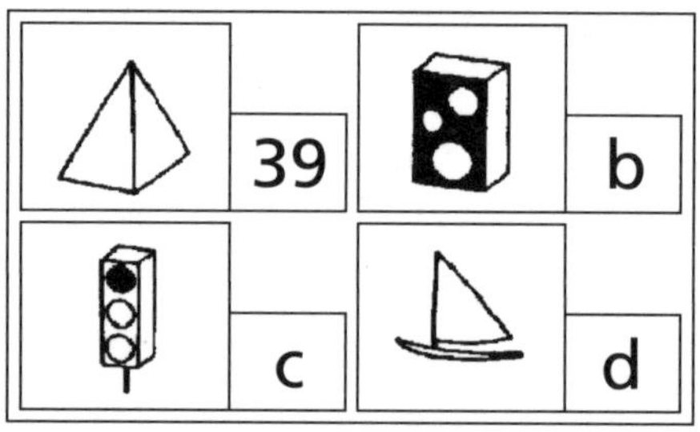


16.

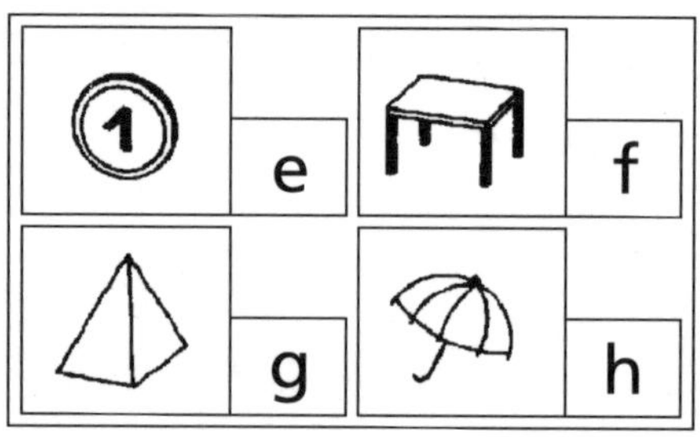


**Lösungen siehe Seite 287**

## Akustischer Merkfähigkeitstest

In diesem Test geht es um das Einprägen von Buchstaben-Ziffern-Kombinationen und den Vergleich mit ähnlichen Meldungen. Es wird eine Kombination per Tonband vorgelesen, die der Teilnehmer sich merken soll.

Danach folgen mehrere Kombinationen, die manchmal ganz und manchmal nur zum Teil mit der ersten Kombination übereinstimmen. Diese Übereinstimmungen sollen vom Teilnehmer herausgefunden und notiert werden. Einige Kombinationsmeldungen werden mit einem Rauschen überspielt, das den Sprechfunk simulieren soll.

Beispiel:

Die zu merkende Kombination lautet »F3 – 4R« und besteht aus 2 Teilen: F3 und 4R.

Im Folgenden werden ähnliche Meldungen verlesen, die z. B. lauten:
a) F3 – R4    b) F4 – R3    c) F3 – 4R    d) 3F – 4R

Es gibt einen Antwortbogen, auf dem die richtigen Teile wie folgt zu markieren sind:

a) ● ○    b) ○ ○    c) ● ●    d) ○ ●

Bei jedem identischen Teil der Kombination ist das Lösungsfeld schwarz markiert, die falschen Teile bleiben ohne Markierung. Bei a) stimmt nur der erste Teil, bei b) kein Teil, bei c) stimmen beide Teile und bei d) der zweite Teil mit der Ausgangskombination überein.

Für die Übung empfiehlt es sich, einen Helfer zu bitten, die folgenden Beispielaufgaben vorzulesen. Auch eine Programmierung des Computers, z. B. mit Hilfe eines Soundblasters und ein einfaches Speichern der Datei im *.wav-Format, bietet sich zur Übung an. Nach dem Vorlesen der Ausgangskombination ist eine etwa 3-sekündige Sprechpause einzulegen, nach dem Vorlesen der veränderten Kombinationen jeweils circa 1 bis 2 Sekunden.

## *Übungsaufgaben*

| | | | | |
|---|---|---|---|---|
| 1. GH-KL-M | a) GH-LK-F | b) HG-LK-K | c) HG-KL-J | d) GH-LK-K |
| 2. ZL-J3D-E | a) 2LZ-3DJ-D | b) 2LZ-J3D-P | c) 2ZL-J3D-D | d) 2ZL-3DJ-C |
| 3. MHT-MT-H | a) MHT-MT-K | b) MHD-MT-K | c) THM-MH-T | d) MHT-LT-T |
| 4. M2L-4JS-J | a) ML2-JS4-K | b) M2L-4JS-H | c) ML2-4JS-H | d) M2L-JS4-G |
| 5. BM-WTK-3J | a) MN-KTW-3J | b) BM-WTK-J9 | c) BM-WTH-J3 | d) MB-TKW-3J |
| 6. HJ-3JS-GQ | a) HJ-3SJ-CQ | b) HJ-3JS-CQ | c) JH-3SJ-GQ | d) JH-3JS-CQ |
| 7. KL-H1-E | a) HL-H1-D | b) HL-1H-P | c) HL-H1-D | d) KL-H1-L |
| 8. JZT-HG-OP | a) JZT-HG-OB | b) JCT-HG-BO | c) TCJ-GH-PO | d) TZT-HG-OP |
| 9. HJ-64F-A | a) JH-64F-A | b) HJ-4F6-H | c) HJ-F64-A | d) HJ-64F-A |
| 10. GZ-KL-ÖD | a) GZ-KL-ÖD | b) ZG-HL-ÖT | c) GZ-KL-ÖP | d) GZ-KL-ÖD |
| 11. HG-GK-D | a) HG-KH-E | b) KG-KH-E | c) HG-GH-P | d) HG-KG-E |
| 12. JH-KL-G | a) JH-KL-E | b) JH-KL-D | c) JK-KL-K | d) JK-HL-L |
| 13. ZC-CG-3 | a) SC-CQ-4 | b) CZ-CE-2 | c) ZC-CG-4 | d) CZ-CC-4 |
| 14. R3D-KL4-4 | a) R2D-KL5-5 | b) R3T-KL4-6 | c) R3D-KL4-7 | d) R3D-KL5-8 |
| 15. ZH7-3GJ-3 | a) ZH7-3EJ-4 | b) ZE3-3GL-2 | c) ZH7-3GJ-4 | d) CH7-JG3-7 |
| 16. GJ-3K-4G | a) GJ-3H-4G | b) KJ-3K-4G | c) GH-4K-G4 | d) GH-3H-4G |
| 17. JU-6GK-D | a) JU-6GH-E | b) KU-6GH-P | c) JU-6GK-E | d) JK-6GH-G |
| 18. EG-GE-D | a) GE-EG-P | b) GE-GE-D | c) EG-EG-D | d) EP-GP-P |
| 19. PE-EG-BD | a) PE-EP-DB | b) DB-EG-DB | c) PE-EG-DB | d) PE-EP-BD |
| 20. EF-3LK-A | a) EF-3LK-B | b) EV-3LH-C | c) DF-3KL-D | d) EF-3LK-E |

*Antwortfelder*

| | | | | |
|---|---|---|---|---|
| 1. | a) ○○○ | b) ○○○ | c) ○○○ | d) ○○○ |
| 2. | a) ○○○ | b) ○○○ | c) ○○○ | d) ○○○ |
| 3. | a) ○○○ | b) ○○○ | c) ○○○ | d) ○○○ |
| 4. | a) ○○○ | b) ○○○ | c) ○○○ | d) ○○○ |
| 5. | a) ○○○ | b) ○○○ | c) ○○○ | d) ○○○ |
| 6. | a) ○○○ | b) ○○○ | c) ○○○ | d) ○○○ |
| 7. | a) ○○○ | b) ○○○ | c) ○○○ | d) ○○○ |
| 8. | a) ○○○ | b) ○○○ | c) ○○○ | d) ○○○ |
| 9. | a) ○○○ | b) ○○○ | c) ○○○ | d) ○○○ |
| 10. | a) ○○○ | b) ○○○ | c) ○○○ | d) ○○○ |
| 11. | a) ○○○ | b) ○○○ | c) ○○○ | d) ○○○ |
| 12. | a) ○○○ | b) ○○○ | c) ○○○ | d) ○○○ |
| 13. | a) ○○○ | b) ○○○ | c) ○○○ | d) ○○○ |
| 14. | a) ○○○ | b) ○○○ | c) ○○○ | d) ○○○ |
| 15. | a) ○○○ | b) ○○○ | c) ○○○ | d) ○○○ |
| 16. | a) ○○○ | b) ○○○ | c) ○○○ | d) ○○○ |
| 17. | a) ○○○ | b) ○○○ | c) ○○○ | d) ○○○ |
| 18. | a) ○○○ | b) ○○○ | c) ○○○ | d) ○○○ |
| 19. | a) ○○○ | b) ○○○ | c) ○○○ | d) ○○○ |
| 20. | a) ○○○ | b) ○○○ | c) ○○○ | d) ○○○ |

**Lösungen siehe Seite 287–288**

## Akustiktest

Dieser Test ist noch recht neu beim DLR und wird häufig beim Fluglotsentest eingesetzt. Für diesen Test müssen Sie wieder Ihre Kopfhörer benutzen. Insgesamt erwarten Sie – ähnlich wie beim Buchstaben-Trackling-Test – mehrere Durchgänge mit steigendem Schwierigkeitsgrad.

Ihre Aufgabe besteht darin, Zahlen, die Ihnen über Kopfhörer vorgelesen werden, auf einem Vordruck zu markieren. Die Zahlen sind dabei jedoch in einer langen Buchstabenreihe versteckt, zudem bekommen Sie über das rechte und linke Ohr unterschiedliche Buchstaben und Zahlen vorgelesen. Vor und während des Tests spielt man Ihnen auf dem linken oder rechten Ohr einen Piepston ein, der als Zeichen dafür dient, dass Sie nur auf dieses Ohr achten sollen.

Ein Beispiel:
Piepston links.
Rechtes Ohr: a, b, z, g, 4, e, t, f
Linkes Ohr: d, r, 3, s, w, 6, 9, f
Auf Ihrem Antwortbogen müssen Sie nun die Zahlen 3, 6 und 9 markieren.

Beim zweiten Testdurchgang sollen Sie alle Zahlen markieren, denen ein Vokal folgt. Beim dritten und letzten Durchgang sollen Sie alle Zahlen markieren, denen ein Vokal vorangeht oder denen ein Vokal folgt. Berichten zufolge bleibt Ihnen beim letzten Durchgang kaum noch Zeit zum Nachdenken. Deshalb von uns der Tipp, sich im Vorfeld zu verdeutlichen, welche Buchstaben Vokale sind und welche Konsonanten. Wenn Sie dies ohne zu überlegen entscheiden können, sollten Sie in der Lage sein, intuitiv die richtige Lösung anzukreuzen.

## Buchstaben-Trackling-Test

Dieser Test besteht aus insgesamt 16 Aufgaben, bei denen sich der Schwierigkeitsgrad kontinuierlich steigert. Der Test-Teilnehmer muss sich zwischen 5 und 7 Buchstaben merken, die auf einem Monitor erscheinen. Die Buchstaben muss er danach in einer neu erscheinenden Buchstabengruppe wieder erkennen.

Zur besseren Beschreibung hier ein Beispiel für den Testablauf:
Es erscheinen die Buchstaben a, b, c, d und e. Diese gilt es sich zu merken. Dann wird ein Knopf betätigt, der einen zur Lösungseingabe bringt. Dort erscheinen die Buchstaben e, f, g, h und i. Identifiziert man jetzt einen Buchstaben, muss ein bestimmter Knopf für »Ja« oder ein Knopf für »Nein« gedrückt werden. Die Antwort wäre in diesem Beispiel »Ja«, da das »e« zu der Gruppe der Buchstaben gehörte, die man sich merken musste.

Am ersten Tag wird dieser Test nur als Übung durchgeführt und dauert pro Aufgabe insgesamt (inklusive Eingabe der Lösung) eine Minute. Dieser Testdurchlauf geht angeblich nicht mit in die Wertung ein. Am zweiten Tag dauert der Test pro Aufgabe zwei Minuten und läuft zweigeteilt ab: morgens die Aufgaben 1 bis 8, nachmittags die Aufgaben 9 bis 16. Insgesamt arbeiten Sie eine volle Zeitstunde. Danach weiter wie gehabt. Je mehr Aufgaben man richtig gelöst hat, desto mehr Punkte bekommt man gutgeschrieben. Wichtig ist es, nicht zuviel Zeit für das Merken zu verbrauchen, da der Test noch erweitert wird und man dann möglicherweise nicht mehr genügend Zeit hat, Punkte zu bekommen.

Da das Merken von Buchstaben an sich sehr leicht trainierbar ist, muss man im zweiten Testschritt noch ein so genanntes »Trackling« absolvieren. Trackling bedeutet, per Joystick einen instabilen Strich zwischen zwei Markierungen zu halten, ohne dass er nach links oder nach rechts abdriftet (siehe auch Test für operative Mehrfacharbeit, Seite 186). Gelingt dies nicht, so wird das vom DLR als »unkontrollierter Absturz« gewertet.

Die Aufgaben sehen folgendermaßen aus:

1. Man muss sich 5 Buchstaben merken und diese in den Lösungsmasken auf dem Monitor aus einzeln dargebotenen Buchstaben wieder erkennen. Dabei erscheint in der Lösungseingabe immer nur ein Buchstabe. Auch hier ist es vorteilhaft, nicht zu viel Zeit für das Merken aufzuwenden, um dann möglichst viele Punkte für richtige Lösungen zu bekommen. Die Lösungseingabe erfolgt über die Maus, bei der die Tasten mit »Ja«/»Nein« belegt sind.

2. Man muss sich 7 Buchstaben merken und diese in den Lösungsmasken auf dem Monitor aus einzeln dargebotenen Buchstaben wieder erkennen.
3. Diesmal muss man sich wieder 5 Buchstaben merken. Danach erscheinen die Lösungsmasken wie bei Nr. 1. Gleichzeitig muss man nun zusätzlich das Trackling bewältigen. Die Lösungsbuchstaben befinden sich im oberen Teil des Bildschirms, darunter der Tracklingbereich, der zwei Drittel der Bildschirmgröße ausmacht. Nach wie vor muss nun entschieden werden, ob der gezeigte Buchstabe zu den zu merkenden Buchstaben gehörte – gleichzeitig darf der Tracklingpfeil die Randbereiche nicht überschreiten.
4. Gleiche Aufgabenstellung wie bei Nr. 3, diesmal nur mit 7 zu merkenden Buchstaben.
5. Jetzt müssen nur noch 5 Buchstaben gemerkt werden. Statt nur eines Buchstabens pro Lösungsschirmmaske erscheint nun eine Buchstabenkette mit 5 Buchstaben. Ist einer der gemerkten Buchstaben in der Buchstabenkette vorhanden, muss man mit »Ja« antworten, wenn nicht, mit »Nein«. Die Zeitdauer bleibt pro Aufgabe konstant bei 2 Minuten.
6. Gleiche Aufgabenstellung wie bei Nr. 5. Diesmal müssen 7 Buchstaben gemerkt werden.
7. Gleiche Aufgabenstellung wie bei Nr. 5. Gleichzeitig muss bei den Lösungsbildschirmmasken das Trackling absolviert werden. Hierzu beachten Sie bitte auch die Graphiken am Ende dieser Testbeschreibung.
8. Gleiche Aufgabenstellung wie bei Nr. 5. Nun mit 7 Buchstaben und Trackling.
9. Jetzt wird für die Aufgabenstellung der Sinneskanal verändert. Die zu merkenden Buchstaben erscheinen nach wie vor visuell, aber die angebotenen Buchstaben werden jetzt über einen Kopfhörer eingespielt. Per Mausklick muss wieder mit »Ja« oder »Nein« geantwortet werden, ob einer der gemerkten Buchstaben mit einem der akustisch angebotenen übereinstimmt. Man beginnt wieder mit 5 Buchstaben.
10. Gleiche Aufgabenstellung wie bei Nr. 9. Diesmal mit 7 zu merkenden Buchstaben.
11. 5 Buchstaben muss man sich merken, danach werden verschiedene Buchstaben über Kopfhörer eingespielt. Die Beantwortung erfolgt wie immer per Maus. Zeitgleich muss die Trackling-Aufgabe bewältigt werden.
12. Gleiche Aufgabenstellung wie bei Nr. 11. Diesmal gibt es 7 zu merkende Buchstaben.
13. Nun wird der Schwierigkeitsgrad gesteigert: Man muss sich 5 visuell dargebotene Buchstaben merken. Danach werden über Kopfhörer wieder verschiedene Buchstaben eingespielt, bei denen man beantworten muss, ob diese zu den zu merkenden Buchstaben gehörten oder nicht. Zur Steigerung der Anforderungen an den Bewerber werden links und rechts

im Kopfhörer verschiedene Buchstaben eingespielt. Per Signalton gibt es die Anweisung, nur auf die linke oder nur auf die rechte Kopfhörerseite zu achten. Die Buchstaben von der linken und rechten Seite klingen häufig ähnlich, z.B. d und e. Während der Bearbeitung der Aufgabe wechselt zudem auch die Kopfhörerseite, auf die man achten muss.

14. Gleiche Anforderungen wie bei Aufgabe Nr. 13. Diesmal muss man sich 7 Buchstaben merken.
15. Nun müssen wieder 5 Buchstaben gemerkt und die Trackling-Aufgabe bewältigt werden. Der Rest der Aufgabe entspricht Nr. 13.
16. Analoge Aufgabenstellung wie bei Nr. 15, nun erneut mit 7 zu merkenden Buchstaben.

Beispiele für den Lösungsbildschirmaufbau
zu Aufgabe Nr. 7:

**Die zu merkende Buchstabengruppe**

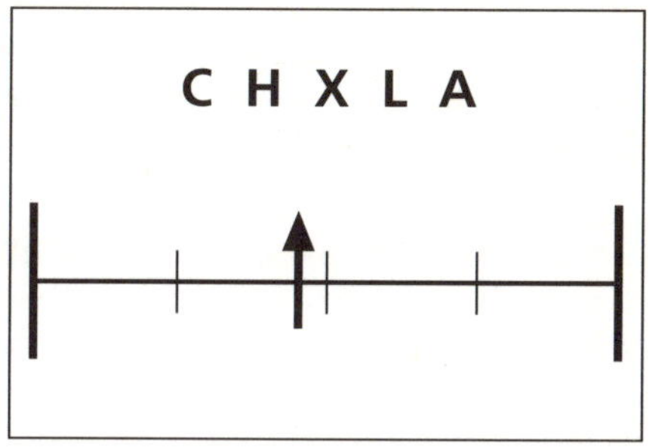


**Angebotene Lösungsbuchstabenkette mit Tracklingtest**

## Vigilanztest

Der Vigilanztest ist ein so genannter Langzeit-Konzentrationsleistungstest, bei dem über einen längeren Zeitraum – hier sind es 60 Minuten – die psychische Belastbarkeit des Teilnehmers getestet wird. Dieser Test wird unter anderem auch als »Gegentest« zum Würfel-Rechenleistungstest gewertet (siehe Seite 40 ff.), das heißt, eine eventuelle Schwäche in diesem Test kann mit einem besonders guten Ergebnis im Würfel-Rechenleistungstest ausgeglichen werden.

Bei diesem Test werden die Einzeltische, an denen die Testkandidaten sitzen, mit Sichtblenden vorne und an den Seiten versehen. Der Raum wird vollständig verdunkelt. Jeder Teilnehmer bekommt einen Kopfhörer und eine Tastatur, auf der vier rote Lampen sowie ein grüner und ein roter Knopf zu sehen sind. Beim Test leuchten jeweils 2 Lampen gleichzeitig circa zweimal pro Sekunde. Ihre Aufgabe besteht darin, bei zwei identischen Lampenkombinationen hintereinander innerhalb einer Sekunde den roten Knopf zu drücken. Ein zu spätes Drücken wird vom Computer nicht mehr angenommen.

Gleichzeitig bekommen Sie über den Kopfhörer endlose Buchstabenfolgen genannt. Hören Sie drei Buchstaben hintereinander, die auf den Laut »e« enden, so müssen Sie innerhalb einer Sekunde den grünen Knopf drücken. Folgende Buchstaben müssen Sie also beachten: B, C, D, E, G, P, T, W.

Während der gesamten Testdauer von einer Stunde ist 10- bis 20-mal der Buchstabenknopf und nur 5- bis 10-mal der Lampenknopf zu drücken. Versuchen Sie also, möglichst entspannt an den Test heranzugehen. Da der Buchstabenknopf häufiger als der Lampenknopf gedrückt werden muss, sollte Ihr Hauptaugenmerk auf den Buchstaben liegen. Als erschwerend wirkt sich die fast völlige Dunkelheit aus, in der der Test stattfindet. Die roten Lampen erscheinen dadurch umso greller, und es wird mit der Zeit sehr anstrengend, sich die Lampen anzusehen.

## ZQD-Test

Der so genannte Zeiger-Quadrate-Dreiecke-Test (ZQD-Test) ist ein Konzentrationsleistungstest, bei dem vor allem die visuelle Aufmerksamkeit und Auffassungsgabe getestet werden. Auf einem Computermonitor sind zwei Tachoskalen sowie eine jeweils verschiedene Anzahl an Quadraten und Dreiecken zu sehen. Die Tachoskalen befinden sich auf dem Bildschirm zwischen den Dreiecken (im oberen Teil) und den Quadraten (unten).

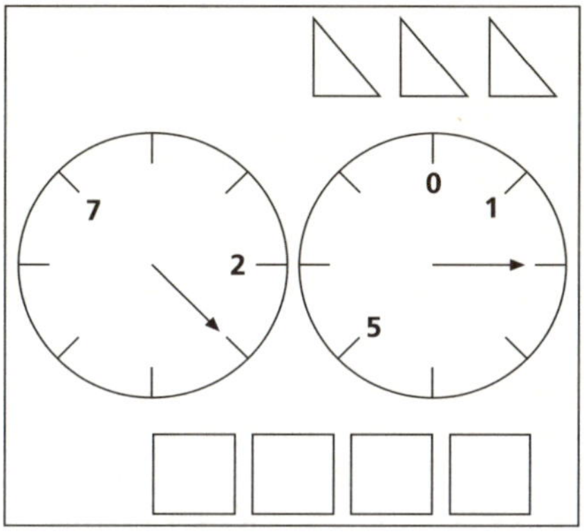


Der Bewerber bekommt das Testbild nur für etwa 2 Sekunden gezeigt. In diesem Zeitraum muss er die Anzahl der Quadrate und die Anzahl der Dreiecke zählen. Gleichzeitig müssen die Anzeigen der beiden Tachos abgelesen werden. Die Schwierigkeit besteht neben der sehr kurzen Ansichtszeit darin, dass der Nullpunkt der Tachometer bei beiden Tachos zwar gleich ist, aber bei jedem neuen Bild (Testsequenz) verschoben wird.

Nachdem das Bild wieder ausgeblendet wurde, werden folgende Fragen gestellt:

- »Welche Anzeige hatte der linke Tacho?«
- »Welche Anzeige hatte der rechte Tacho?«
- Zusatzfrage (variabel): »Wie viele Dreiecke/Quadrate waren zu sehen?«

Die Anzahl der Dreiecke und Quadrate variiert von Bild zu Bild. Dabei sind diese nicht immer nur hintereinander gereiht, sondern kommen teilweise auch übereinander gestapelt vor.

Der ZQD-Test läuft computergesteuert ab. Nach Ablauf der 2 Sekunden wechselt die Bildschirmmaske und die richtige Lösung muss aus einem Multiple-Choice-Feld ausgewählt werden. Dabei ist der Tachostand immer, die Anzahl der Quadrate/Dreiecke je nach Fragestellung anzugeben.

## Optischer Wahrnehmungstest (OWT)

Dieser Test ist ähnlich dem ZQD-Test aufgebaut. Sie bekommen vorab die Information, dass man Ihnen gleich 9 Instrumente (diese können sowohl rund als auch eckig sein) mit Zeigern zeigen wird, bei denen einige – entweder schwarze oder weiße – in einem kritischen Bereich liegen. Diese Instrumente werden Ihnen für maximal 2 Sekunden gezeigt und Sie sollen die kritischen Instrumente beachten und deren Zeigerwerte ablesen. Die Ableserichtung ist von links nach rechts und oben nach unten.

Nach den 2 Sekunden fragt man Sie nach dem Wert des ersten kritischen Instruments, nach Eingabe Ihrer Antwort nach dem Wert des zweiten usw. Haben Sie alle abgelesenen Werte eingegeben, erscheint ein Bild mit neuen Instrumenten und der nächste Durchgang startet. Bitte beachten Sie, dass Sie zügig arbeiten sollten, da man Ihnen keinen Zeitrahmen für die Gesamttestdauer mitteilen wird. Achten Sie also darauf, schnell und konzentriert die Lösungen einzugeben und dabei nicht zu viel Zeit zu verlieren.

Betrachten Sie nun das Aufgabenbeispiel:
Ihre Aufgabe ist es, innerhalb von maximal 2 Sekunden alle *schwarzen* Instrumente abzulesen. In der folgenden Fragemaske wird man Sie nach dem Wert des ersten Instruments fragen. Sie geben die 8 ein, bestätigen, und man fragt Sie nach dem Wert des zweiten Instruments. Sie geben als Nächstes die 3 ein, bestätigen, usw.

Bereiten Sie sich geistig auch darauf vor, unter Umständen nur alle eckigen Instrumente ablesen zu müssen (es erscheinen dann runde und eckige bunt gemischt). Oder nur alle runden, schwarzen. Oder nur alle eckigen, weißen …

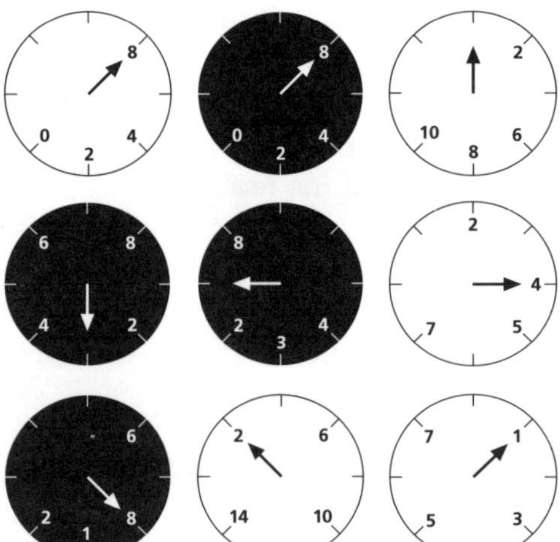

## Multiple-Task-Coordination-Test (MTC)

Dieser Test ist noch recht neu beim DLR und Teilnehmer berichten, dass es sich um einen der wenigen Tests handelt, bei dem sich ein direkter Bezug zum anvisierten Beruf herstellen lässt.

Um die Testaufgaben näher beschreiben zu können, schauen Sie sich bitte als Erstes die Instrumententafel an, die man Ihnen auf Ihrem PC einblenden wird.

In der Mitte sehen Sie einen künstlichen Horizont, rechts und links daneben zwei Skalen mit gleicher Beschriftung, aber unterschiedlichem Multiplikationsfaktor (rechts mal 100). Über dem Horizont sehen Sie ein Rechteck, das rot zu leuchten beginnt, wenn einer der Zeiger sich im roten Bereich befindet. Unter den Skalen befinden sich Felder mit den Buchstaben C, D und F, auf die wir später näher eingehen werden. Darunter eine Leiste mit Zahlen. Diese Zahlen bleiben jedoch nicht konstant gleich, sondern ändern sich in unregelmäßigen Zeitabständen.

Lassen Sie uns nun Ihre Aufgaben betrachten:

*1. Aufgabe:*

Mit Hilfe eines Joysticks in Ihrer rechten Hand sollen Sie das im künstlichen Horizont dargestellte Flugzeug gerade halten, es also nicht steigen oder sinken lassen. Um Ihnen die Aufgabe nicht ganz so einfach zu machen, verändert sich während des Tests mehrfach die Joystickkalibrierung und die Zeit wird gestoppt, die Sie benötigen, um wieder die Kontrolle über das Flugzeug zu erlangen. Zudem gibt es natürlich auch Phasen, in denen das Flugzeug wegen Turbulenzen ordentlich wackelt …

*2. Aufgabe:*
Vor dem Testbeginn nennt man Ihnen ein Codewort, z. B. HB. Vor dem eigentlichen Teststart bekommen Sie über Ihren Kopfhörer einen Piepston in Ihr linkes bzw. rechtes Ohr. Nun werden Ihnen endlose Codewörter und Zahlenreihen eingespielt – rechts und links natürlich unterschiedliche. Hören Sie – nach dem Piepston rechts – auf Ihrem rechten Ohr das Codewort HB und die Zahl 7, so müssen Sie nachsehen, ob die 7 in der Zahlenreihe unter Ihren Instrumenten vorkommt. Ist dies der Fall, so müssen Sie diese Taste innerhalb von 2 Sekunden drücken. Ist die 7 nicht vorhanden, so müssen Sie auch nicht agieren. Die Zahlenreihe unter Ihren Instrumenten wechselt ständig, sodass Sie immer wieder neu nachsehen müssen, ob »Ihre« aktuelle Zahl dabei ist.

*3. Aufgabe:*
Während Sie auf das Codewort und die Zahlen hören und dabei das Flugzeug gerade halten, müssen Sie auch auf Ihre Instrumentenskalen achten. Gerät ein Zeiger in den gelben Bereich, so müssen Sie die Taste D, für »digital«, unter der betroffenen Skala drücken. Danach wird Ihnen in dem betroffenen Instrument eine Digitalskala mit einem Wert eingeblendet. Stimmen Zeigerwert und Digitalanzeige überein, so müssen Sie innerhalb von 2 Sekunden die Taste C, für »correct«, drücken. Wenn sie nicht gleich sind, so drücken Sie im gleichen Zeitraum die Taste F, für »failure«.

*4. Aufgabe:*
Als Hilfe für die Skalen befindet sich über dem künstlichen Horizont ein kleines Rechteck. Dieses leuchtet rot auf, sobald ein Zeiger in den roten Bereich gerät. Danach verfahren Sie wie in Punkt 3 beschrieben.

## Simultan-Arbeitstest

Dieser Test wird bereits seit mehreren Jahren so oder leicht abgewandelt beim DLR durchgeführt. Zusammen mit den anderen Teilnehmern werden Ihnen Dias gezeigt, auf denen bis zu 6 rote (hier graue) bzw. schwarze Pfeile zu sehen sind. Gleichzeitig bekommen Sie eine Ausgangsflugnummer und bis zu 5 ähnliche oder identische Flugnummern sowie die Information »Luftraum grau« oder »Luftraum schwarz« genannt.

Ihre Aufgabe lautet wie folgt:

- Achten Sie auf die Anweisungen über Lautsprecher: Bei »Luftraum grau (bzw. schwarz)« schreiben Sie die Richtungsgradzahlen auf, in die die grauen (gegebenenfalls schwarzen) Pfeile zeigen.
- Achten Sie auf die Ausgangsflugnummer und zählen Sie mit, wie oft diese in den Lösungsvorschlägen wiederholt wird.
- Tragen Sie die Richtungsgradzahlen für die Pfeile sowie die Anzahl der richtig wiederholten Ausgangsflugnummern in die dafür vorgesehenen Felder ein.
- Pro Bild haben Sie 20 Sekunden Zeit.

Beispiel:

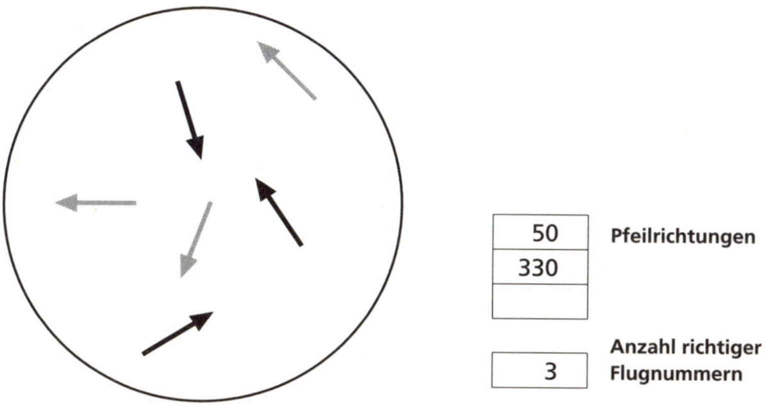


In diesem Beispiel sollen Sie den »Luftraum schwarz« bearbeiten und es werden Ihnen folgende Flugnummern vorgespielt:

Ausgangsflugnummer: LH 5612
Flugnummerwiederholungen:
a) LH 5612 b) LH 5612 c) LH 6512 d) LH 5612

Zur Veranschaulichung haben wir zwei von den drei Pfeilen in den ungefähren Richtungsgradzahlen sowie die richtige Anzahl der wiederholten Flugnummern eingetragen. Wichtig: Machen Sie nicht den Fehler und verlängern Sie zum Ablesen der Gradzahlen die Pfeile, bis diese auf den äußeren Kreis treffen. Dies dürfen Sie deswegen nicht, da die Anfangspunkte der Pfeile nicht der Mitte des Kreises entsprechen. Ziehen Sie deshalb gedanklich einen Kreis um den Ausgangspunkt jedes Pfeils und »lesen« Sie dann die entsprechende Gradzahl ab. Alle Gradzahlen der Pfeilrichtungen sind lediglich Richtwerte; gewisse Toleranzen sind bei diesem Test zulässig.

## *Übungsaufgaben*

Zum Üben dieses Tests gehen Sie wie folgt vor:
Bitten Sie einen Helfer, sich die nachfolgenden Anweisungen inklusive Luftraumangaben und Flugnummern aus diesem Buch zu kopieren. Auf den nächsten Seiten finden Sie Luftraumbilder, die Sie sich ebenfalls herauskopieren können. Je nach Anweisung bearbeiten Sie bitte den »Luftraum grau« oder »schwarz« und zählen dabei, wie oft Ausgangsflugnummer und Flugnummerwiederholungen übereinstimmen. Sowohl die Gradzahlen der Pfeile als auch die Anzahl der übereinstimmenden Flugnummern tragen Sie in die vorgesehenen Lösungsfelder ein.

*Anweisungen an den Helfer*

Nehmen Sie sich eine Uhr zur Hand und lassen Sie dem Testkandidaten pro Luftraumbild 20 Sekunden Zeit, den von Ihnen genannten Luftraum (grau oder schwarz) zu bearbeiten. Während dieser Zeit lesen Sie ihm die zur Aufgabe gehörigen Flugnummern vor. Machen Sie nach der Ausgangsflugnummer beim Sprechen eine kurze Pause und diktieren Sie die Flugnummerwiederholungen zügig und deutlich gesprochen hintereinander weg.

*Flugnummern*

1. Luftraum schwarz
   LH 4512 a) LH 4512 b) LH 4712 c) LH 4522 d) LH 4566
2. Luftraum schwarz
   BA 9310 a) BA 9210 b) BA 9310 c) AB 9310 d) BA 4711
3. Luftraum schwarz
   PA 456 a) BA 456 b) BA 456 c) BA 9310 d) PA 456
4. Luftraum grau
   LH 1302 a) LH 1306 b) LH 6302 c) LH 2130 d) LH 3012
5. Luftraum schwarz
   IA 8502 a) IA 4587 b) IA 0285 c) IA 8503 d) IA 8502
6. Luftraum grau
   LH 5612 a) LH 5612 b) LH 5612 c) LH 6512 d) LH 5612
7. Luftraum grau
   BA 9651 a) BA 9652 b) BA 6952 c) AB 9651 d) BA 9651
8. Luftraum schwarz
   HF 3605 a) HF 3602 b) HF 9604 c) HF 4096 d) HF 3605
9. Luftraum schwarz
   HF 758 a) FH 758 b) FH 785 c) HF 785 d) HF 758
10. Luftraum grau
   AI 2312 a) AI 2312 b) AI 1223 c) AI 2312 d) AI 3122
11. Luftraum grau
   PA 4711 a) PA 4111 b) BA 4711 c) AB 1147 d) PA 1411
12. Luftraum grau
   TA 1215 a) DA 1215 b) TA 1215 c) TA 1215 d) TA 1215
13. Luftraum grau
   HF 1704 a) HF 1704 b) HV 1704 c) HV 1804 d) HF 1704
14. Luftraum schwarz
   AD 610 a) AT 610 b) AD 610 c) AT 610 d) AT 610
15. Luftraum schwarz
   FG 129 a) VG 129 b) VT 129 c) FC 129 d) FG 128

→

*Luftraumbilder*

1.

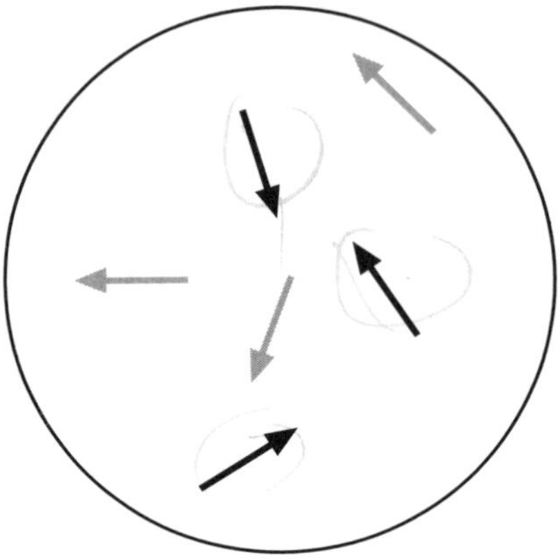

| | |
|---|---|
| 170 | **Pfeilrichtungen** |
| 350 | |
| 70 | |

| | |
|---|---|
| 1 | **Anzahl richtiger Flugnummern** |

2.

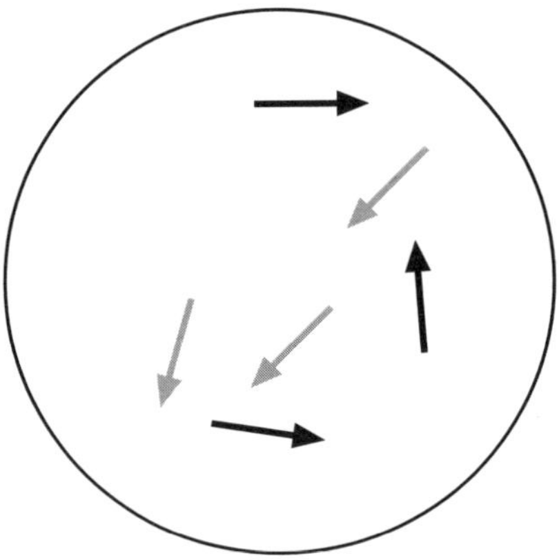

| | |
|---|---|
| 90 | **Pfeilrichtungen** |
| 355 | |
| 100 | |

| | |
|---|---|
| 1 | **Anzahl richtiger Flugnummern** |

3.

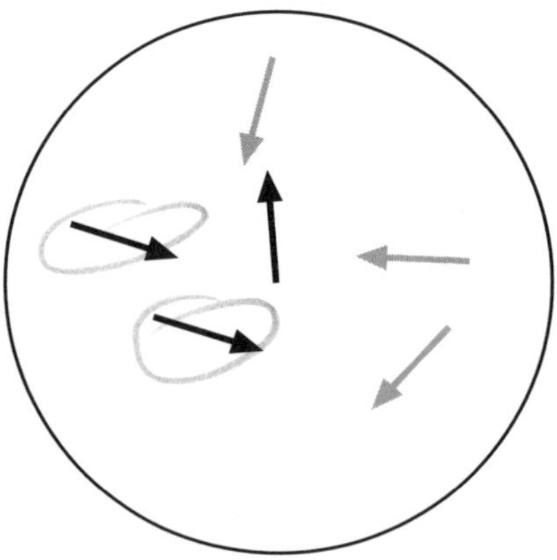

| | |
|---|---|
| 355 | **Pfeilrichtungen** |
| 108 | |
| 110 | |

| | |
|---|---|
| 1 | **Anzahl richtiger Flugnummern** |

4.

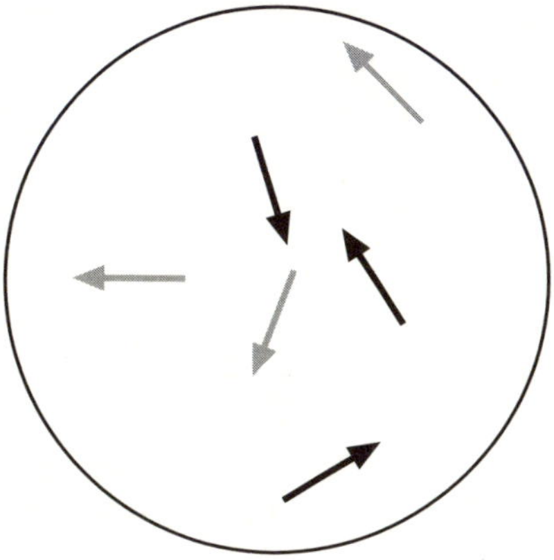

**Pfeilrichtungen**

**Anzahl richtiger Flugnummern**

5.

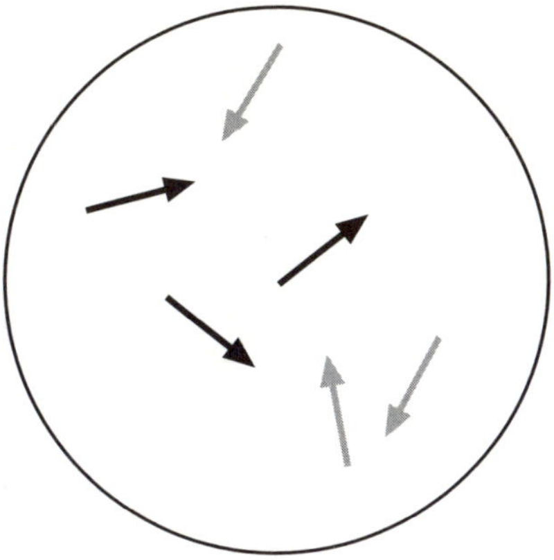

**Pfeilrichtungen**

**Anzahl richtiger Flugnummern**

6.

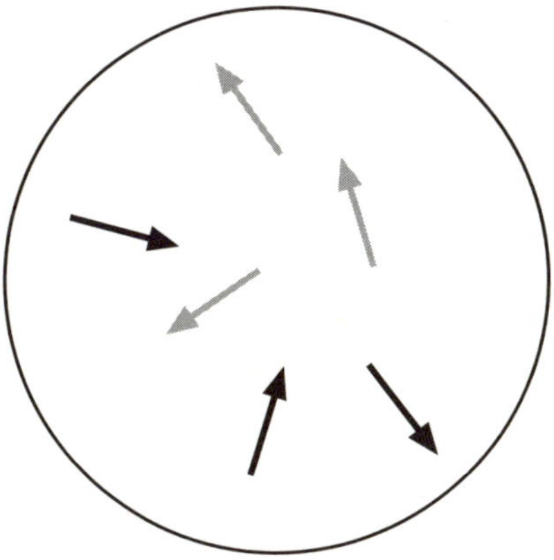

**Pfeilrichtungen**

**Anzahl richtiger Flugnummern**

→

7.

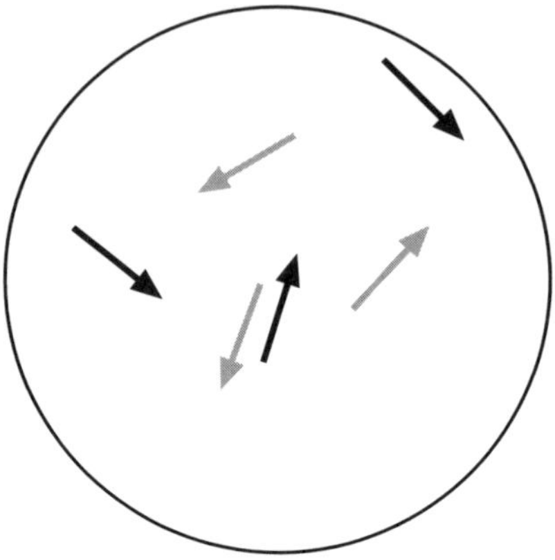

| | |
|---|---|
| 190 | **Pfeilrichtungen** |
| 50 | |
| 260 | |

| | |
|---|---|
| 1 | **Anzahl richtiger Flugnummern** |

8.

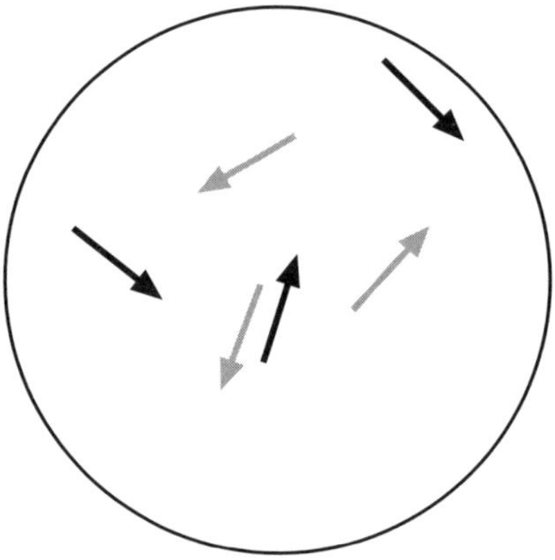

| | |
|---|---|
| 20 | **Pfeilrichtungen** |
| 130 | |
| 135 | |

| | |
|---|---|
| 1 | **Anzahl richtiger Flugnummern** |

9.

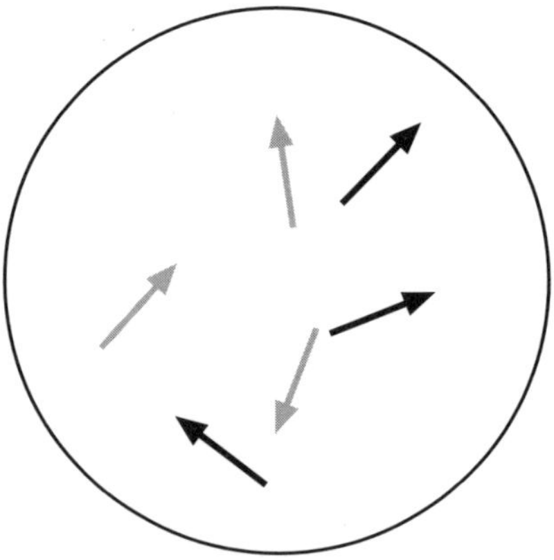

| | |
|---|---|
| 45 | **Pfeilrichtungen** |
| 300 | |
| 80 | |

| | |
|---|---|
| 1 | **Anzahl richtiger Flugnummern** |

10.

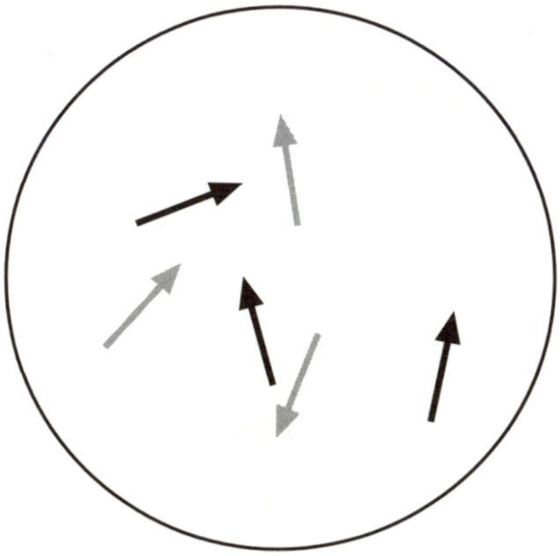

| | |
|---|---|
| 350 | Pfeilrichtungen |
| 45 | |
| 150 | |

| | |
|---|---|
| 2 | Anzahl richtiger Flugnummern |

11.

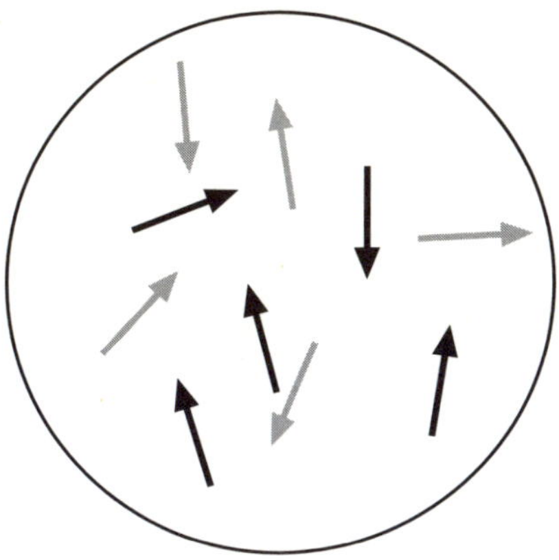

| | |
|---|---|
| 85 | Pfeilrichtungen |
| 350 | |
| 170 | |
| 190 | |
| 45 | |

| | |
|---|---|
| 1 | Anzahl richtiger Flugnummern |

12.

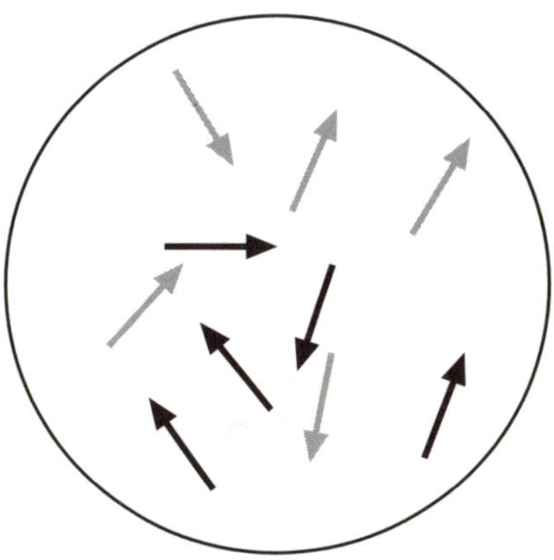

| | |
|---|---|
| 30 | Pfeilrichtungen |
| 20 | |
| 190 | |
| 45 | |
| 160 | |

| | |
|---|---|
| 3 | Anzahl richtiger Flugnummern |

→

13.

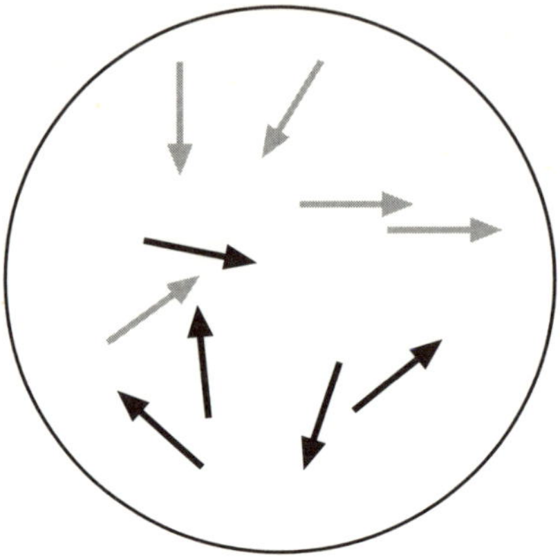

| |
|---|
| 80 |
| 90 |
| 180 |
| 45 |
| 800 |

**Pfeilrichtungen**

| 2 |
|---|

**Anzahl richtiger Flugnummern**

14.

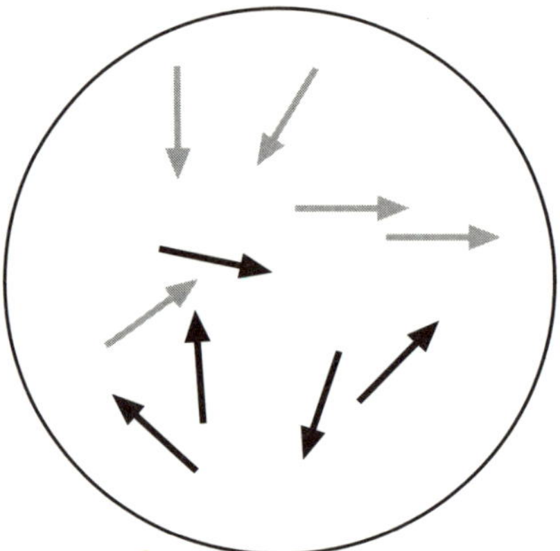

| |
|---|
| 100 |
| 45 |
| 190 |
| 350 |
| 305 |

**Pfeilrichtungen**

| 1 |
|---|

**Anzahl richtiger Flugnummern**

15.

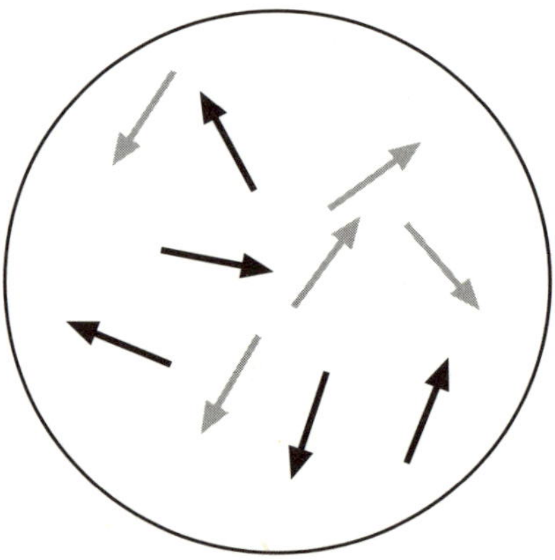

| |
|---|
| 100 |
| 340 |
| 30 |
| 190 |
| 280 |

**Pfeilrichtungen**

| 0 |
|---|

**Anzahl richtiger Flugnummern**

**Lösungen siehe Seite 288**

## Rechentest

Der Rechentest beim DLR gestaltet sich sehr ausführlich. Überwiegend werden Sie Textaufgaben vorfinden, die sich zumeist gut in der vorgegebenen Zeit lösen lassen. Als schwieriger werden jene Aufgaben empfunden, bei denen Formeln ansatzweise zu beweisen bzw. herzuleiten sind. Schriftliche Nebenrechnungen sind erlaubt und werden nicht gewertet. Können Sie die Aufgaben im Kopf lösen, so sollten Sie dies tun, solange Sie sicher sind, sich nicht zu verrechnen. Die Aufgaben sind vom Schwierigkeitsgrad her sehr unterschiedlich. Die Benutzung eines Taschenrechners ist verboten.

Im Anschluss an die Übungsaufgaben finden Sie eine Zusammenfassung der wichtigsten mathematischen Grundregeln (siehe Seite 85 ff.).

### *Übungsaufgaben*

*1. Teil: Grundrechenarten*

1. 33,24 + 1.725,11 + 845,23 + 2.936,12 =
   a) 5.529,70
   b) 5.539,71
   c) 5.439,70
   d) 5.539,70
   e) 4.539,70

2. 12.176,11 − 2.181,32 =
   a) 9.994,79
   b) 10.994,79
   c) 9.894,79
   d) 9.994,69
   e) 9.993,79

3. 11 x 13,125 =
   a) 144,365
   b) 143,375
   c) 134,375
   d) 144,375
   e) 14,375

4. 102,5 : 1,25 =
   a) 83
   b) 8,2
   c) 81
   d) 82
   e) 72

5. Welche Zahl ist um 1.000 kleiner als 177.909.483?
   a) 177.809.483
   b) 177.919.483
   c) 177.908.483
   d) 177.909.383
   e) 177.819.483

6. 14 x 8 = 7 x ?
   a) 14
   b) 16
   c) 15
   d) 18
   e) 22

→

*2. Teil: Schätzaufgaben*

Bei den folgenden Aufgaben sollen Sie mehr schätzen als rechnen.
Deshalb haben Sie für 14 Aufgaben auch nur 5 Minuten Zeit.

1. 8.365 + 5.545 + 1.140 =
   a) 16.025
   b) 15.045
   c) 15.050
   d) 15.150
   e) 15.550
   f) 14.995

2. 7.320 + 2.675 + 7.533 =
   a) 21.155
   b) 20.150
   c) 19.995
   d) 20.005
   e) 19.555
   f) 17.528

3. 19.002 x 45.890 =
   a) 800.750
   b) 8.001.780
   c) 872.001.780
   d) 87.001.770
   e) 950.002.535
   f) 9.003.535

4. 55.455 + $\frac{5}{17}$ + 544 $\frac{2}{17}$ + 4.001 $\frac{10}{17}$ =
   a) 59.005 $\frac{1}{17}$
   b) 60.001
   c) 59.500
   d) 65.435 $\frac{2}{17}$
   e) 64.001
   f) 64.101 $\frac{1}{17}$

5. 48.825.412 – 41.940.437 =
   a) 555.555
   b) 6.884.975
   c) 38.749.750
   d) 4.950.753
   e) 4.125.655
   f) 4.002.354

6. 49 x 49 =
   a) 24.500
   b) 24.501
   c) 2.401
   d) 2.501
   e) 2.105
   f) 1.111

7. 311 x 811 + 45.501 =
   a) 25.223
   b) 101.222
   c) 220.571
   d) 297.722
   e) 350.455
   f) 400.503

8. 2,2 x 5,9 =
   a) 11,05
   b) 11,90
   c) 12,98
   d) 13,98
   e) 13,99
   f) 14,55

9. $199^2$ =
a) 3.960
b) 29.507
c) 39.601
d) 49.602
e) 41.104
f) 40.201

10. $\sqrt{12.321}$ =
a) 11
b) 51
c) 111
d) 225
e) 550
f) 735

11. 17,25 + 13 + 0,75 + 0,005 =
a) 31,005
b) 310,05
c) 31,00
d) 20,00
e) 130,005
f) 30,80

12. 25,33 – 0,05 + 2 =
a) 27,38
b) 25,28
c) 25,38
d) 23,28
e) 23,38
f) 27,28

13. 7,5 – 0,025 + 11,425 =
a) – 18,9
b) – 3,95
c) 18,95
d) 18,9
e) 18,5
f) 19,425

14. 1.297 + ? = 9.289
a) 7.892
b) 7.998
c) 8.992
d) 7.992
e) 7.991
f) 8.121

*3. Teil: Dezimal- und Bruchrechnung*

Für 12 Aufgaben haben Sie 15 Minuten Zeit.

1. 0,04 x 0,02 =
a) 0,08
b) 0,0008
c) 0,008
d) 0,006
e) 0,6

2. 0,021 : 0,3 =
a) 0,063
b) 0,07
c) 0,7
d) 0,007
e) 0,63

→

3. $\frac{9}{4} : 0{,}025 =$
   a) 90
   b) 9.000
   c) 0,9
   d) 0,09
   e) 9

4. Wie oft ist 0,6 in 48 enthalten?
   a) 800-mal
   b) 40-mal
   c) 400-mal
   d) 8-mal
   e) 80-mal

5. $1\frac{3}{4} \times 2\frac{1}{4} =$
   a) $3\frac{15}{16}$
   b) $1\frac{1}{16}$
   c) 4
   d) $2\frac{3}{16}$
   e) $2\frac{1}{2}$

6. Verwandeln Sie $3\frac{2}{3}$ in Dezimalzahlen.
   a) 3,67
   b) 2,67
   c) 3,13
   d) 2,13
   e) 2,25

7. $4\frac{5}{8} - 1\frac{3}{4} =$
   a) $3\frac{1}{4}$
   b) $3\frac{2}{4}$
   c) $2\frac{7}{8}$
   d) $3\frac{2}{32}$
   e) $3\frac{7}{8}$

8. $\frac{3}{4} : \frac{1}{5} =$
   a) $2\frac{1}{2}$
   b) $\frac{4}{9}$
   c) $\frac{3}{20}$
   d) $3\frac{3}{4}$
   e) $3\frac{1}{4}$

9. $\frac{2}{3} + \frac{1}{2} =$
   a) $\frac{7}{6}$
   b) $5\frac{7}{8}$
   c) $\frac{3}{5}$
   d) $1\frac{1}{3}$
   e) $\frac{3}{4}$

10. $1\frac{3}{4} + 4\frac{1}{8} =$
    a) $5\frac{1}{3}$
    b) $5\frac{7}{8}$
    c) $5\frac{1}{2}$
    d) $5\frac{3}{4}$
    e) $5\frac{1}{8}$

11. $\frac{4}{4} \times \frac{1}{3} =$
    a) $\frac{4}{12}$
    b) $\frac{5}{8}$
    c) $2\frac{2}{5}$
    d) $\frac{5}{3}$
    e) 1

12. $\frac{5}{8} - \frac{1}{3} =$
    a) $\frac{1}{2}$
    b) $\frac{6}{24}$
    c) $\frac{4}{8}$
    d) $\frac{4}{5}$
    e) $\frac{7}{24}$

*4. Teil: Maße und Gewichte*

Für 5 Aufgaben haben Sie 5 Minuten Zeit.

1. 4 Pfund und 30 Gramm sind insgesamt wie viel Gramm?
   a) 430
   b) 4.030
   c) 203
   d) 20,3
   e) 2.030

2. Ein Kanister hat folgende Innenmaße:
   Länge: 80 cm, Breite: 40 cm, Höhe: 60 cm.
   Wie viele Kubikdezimeter Wasser kann er enthalten?
   a) 0,192
   b) 192.000
   c) 1,92
   d) 192
   e) 19,2

3. Schreiben Sie 90 Zentner als Tonne.
   a) 9
   b) 4,5
   c) 45
   d) 0,45
   e) 0,9

4. Ein Pflasterer benötigt für eine Fläche von 50 $m^2$ Platten, deren Größe jeweils 10 x 20 cm beträgt.
   Wie viele Platten benötigt der Pflasterer?
   a) 500
   b) 2.500
   c) 50
   d) 250
   e) 5.000

5. Wie viele Stunden und Minuten sind 18.600 Sekunden?
   a) 5 Stunden 10 Minuten
   b) 3 Stunden 10 Minuten
   c) 31 Stunden
   d) 5 Stunden
   e) 3 Stunden

→

*5. Teil: Textaufgaben*

Versuchen Sie, die folgenden 44 Aufgaben in 75 Minuten zu lösen. Das ist auch ungefähr die Zeit, die Sie beim DLR zur Verfügung gestellt bekommen.

1. Ein Motorroller verbraucht 6 Liter Benzin auf 100 km. Wie viel verbraucht er auf 250 km, und wie viele km kann er mit einem 24 Liter fassenden Tank fahren?

2. Ein Malergeselle renoviert ein Zimmer von 18 $m^2$ an einem Arbeitstag in 8 Stunden. Der Azubi schafft in der gleichen Zeit nur $\frac{1}{3}$ dieser Arbeitsleistung. Der Meister arbeitet noch schneller als der Geselle und liegt damit 25 Prozent höher in der Arbeitsleistung. Wie hoch ist die Differenz der geleisteten Arbeit (renovierter Raum in $m^2$) zwischen bestem und schlechtestem Ergebnis nach $1\frac{1}{2}$ Arbeitstagen?

3. Ein Händler kauft für 10.500 € Gewürzpartien. An jeder verkauften Gewürzpartie verdient er 100 €. Nach Verkauf seines Gesamtbestandes hat er 14.000 € eingenommen. Wie viele Gewürzpartien hatte er?

4. Wie groß ist die monatliche Rate für die Bank bei einer jährlichen Zinsbelastung von $9\frac{1}{2}$ Prozent für eine Kreditsumme von 150.000 €?

5. Die Reaktionszeit eines Gefahrgutlastwagenfahrers beträgt eine Sekunde. Wie viele Meter fährt der Fahrer, wenn er mit einer Geschwindigkeit von 96 km/h fährt und plötzlich ein Stauende sieht, bevor er anfängt zu bremsen?

6. Ein Metallrohr von 90 m Länge ist so zu zerschneiden, dass das eine Stück $\frac{2}{3}$ der Länge des anderen beträgt. Wie lang ist das kürzere Stück Rohr?

7. Ein Löwe, ein Gepard und eine Hyäne fressen gemeinsam ein Zebra. Der Löwe alleine würde das Zebra in einer Stunde auffressen. Der Gepard bräuchte drei Stunden dafür und die Hyäne sechs. Wie viel Zeit brauchen sie, wenn sie das Zebra zusammen fressen?

8. Zwei Inline-Skater sehen sich zu einem Kurztreffen um 14.55 Uhr. Sie tauschen für 5 Minuten ihre Erfahrungen aus und setzen ihren entgegengesetzten Weg fort. Wie groß ist die Entfernung zwischen ihnen nach 80 Minuten, wenn der eine 12 km, der andere Inline-Skater 7,5 km in der Stunde zurücklegt?

9. Ein rechteckiges Grundstück hat eine Größe von 2.193 $m^2$, bei einer Front von 51 m Länge. Wie breit ist das Grundstück?

10. Ein Drittel dieser Testaufgaben ist leicht, ein Sechstel schwer. Wie viel Prozent der Aufgaben sind weder schwer noch leicht?

11. Eine Maus ist 4 Jahre alt. Nur $\frac{1}{24}$stel hat sie von dieser Zeit außerhalb des Nestes verbracht. Wie viele Monate sind das?

12. Teilt man eine Zahl x durch 3,4 und erhält als Ergebnis 9,2, dann muss die Zahl x wie lauten?

13. Ein Trinkwasservorrat reicht für 12 Personen 16 Tage aus. Wie viele Tage könnten 6 Personen davon trinken?

14. Eine Steinsetzerfirma benötigt für einen Platz mit 500 $m^2$ Fläche Pflastersteine. Die gängige Größe der Steine beträgt 10 x 20 cm. Wie viele Steine müssen bestellt werden?

15. Die Maße eines Hohlraumes betragen 4 m Länge, 20 cm Breite und 15 cm Höhe. Wie viel Kubikdezimeter hat der Hohlraum?

16. Bei einem Ehepaar beträgt der Altersunterschied zwischen den beiden Partnern 5 Jahre. Das Lebensalter der beiden addiert beträgt 75 Jahre. Wie alt ist der ältere Partner?

17. Eine Erbschaft von 52.000 € soll unter zwei Erben so verteilt werden, dass der jüngere Erbe einen dreimal so großen Erbteil wie der ältere Erbe bekommt. Wie groß ist der kleinere Erbteil in €?

18. Ein Lottogewinn von 576.000 € soll im Verhältnis 4 : 5 aufgeteilt werden. Wie groß ist der kleinere Gewinn?

19. Von 30 Testaufgaben haben Sie 18 richtig. Wie viel Prozent sind das?

20. Wenn von 100 geborenen Kindern 63 Jungen sind, wie viele Prozent Mädchen wurden geboren?

21. Wenn man aus einem Liter Vollmilch 3 Prozent Fett gewinnen kann, wie viel kg Milch werden dann benötigt, um 1,5 kg Fett zu gewinnen?

→

22. Ein Schreibwarenhändler verkauft Schreibhefte. Für zwei verlangt er so viel, wie ihn drei gekostet haben. Wie hoch ist der Gewinn in Prozent?

23. Während sich ein großes Zahnrad 36-mal dreht, muss sich ein kleineres 108-mal drehen. Wenn sich das kleinere Zahnrad aber 432-mal gedreht hat, wie viele Male muss sich dann das größere gedreht haben?

24. Ein Bauer exportiert $\frac{3}{4}$ seiner Kartoffeln ins Nachbardorf und verkauft $\frac{4}{5}$ des verbleibenden Restes in seinem Heimatdorf. Wie viel Prozent der Produktion bleiben noch übrig?

25. Wenn eine Flasche $\frac{7}{8}$ gefüllt ist, enthält sie Champagner im Wert von 84 €. Wie hoch ist der Wert der Flasche, wenn sie nur noch $\frac{1}{2}$ voll ist?

26. Wenn ein Mädchen 50 Cent hat und 15 Cent ausgibt, wie viel behält sie übrig?

27. Wie viele Kilometer fährt ein Radrennfahrer in 7 Stunden, wenn er es schafft, konstant 40 km/h zu fahren?

28. 15 Kisten Bananen wiegen 250 kg. Jede leere Kiste wiegt 3 kg. Wie viel wiegen die Bananen?

29. Ein Pferdewirt hat einen Kraftfuttervorrat, der für 7 Pferde 78 Tage reicht. Wie viele Tage reicht der Vorrat für 21 Pferde?

30. Drei Lutscher kosten 5 Cent. Wie viele Lutscher kann man für 50 Cent kaufen?

31. Ein Läufer kann 1,75 m in $\frac{1}{4}$ Sekunde laufen. Wie viele Meter kann er in 10 Sekunden laufen?

32. Wenn eine Scheune 15 m südlich von einem Feld steht und das Feld sich 30 m südlich von einem Haus befindet, wie viele Meter sind es dann von der Scheune zum Haus?

33. Wenn 4,5 m Teppich 90 € kosten, wie viel € kosten dann 2,5 m?

34. Sieben Bauarbeiter können eine Arbeit in 6 Stunden beenden. Wie viele Leute braucht man, um die Arbeit in einer halben Stunde zu beenden?

35. Ein 48 cm langer Eisendraht dehnt sich beim Erwärmen auf 52 cm aus. Wie lang wird ein 72 cm langer Draht beim Erwärmen?

36. In einem Handwerksbetrieb werden 304 Kugelschreiber in 8 Stunden produziert. Wie viele werden in einer halben Stunde produziert?

37. Für eine Legierung nimmt man zwei Teile Silber und drei Teile Gold. Wie viel Gramm Silber braucht man bei der Herstellung von 15 Gramm dieser Legierung?

38. Für je 3 €, die Thorben hat, hat Katharina 5 €. Wenn sie zusammen 120 € haben, wie viel hat dann Katharina davon?

39. Michaela reitet mit ihrem Pferd Candy 60 m, während Yvonne mit ihrem Pferd Dusty 40 m weit reitet. Wie viele Meter reitet Michaela, wenn Yvonne 60 m reitet?

40. Inga hat $\frac{1}{10}$ ihres Geldes für Eis und 4-mal so viel für Süßigkeiten ausgegeben. Sie hat noch 60 Cent übrig. Wie viel Cent hatte sie vor ihrem Einkauf?

41. In zwei Kisten sind 43 Gläser Gurken verpackt. In einer Kiste sind neun Gläser mehr als in der anderen. Wie viele Gläser Gurken sind in der kleineren Kiste?

42. Eine Rolle Teppich von 60 m Länge soll so geschnitten werden, dass ein Stück $\frac{2}{3}$ der Länge des anderen beträgt. Wie lang ist das kürzere Stück?

43. Wenn ein Bürovorsteher dreimal so alt ist wie die jüngste Azubi-Mitarbeiterin und doppelt so alt wie die dienstälteste Sekretärin und alle drei Personen auf ein Gesamtlebensalter von 88 Jahren zurückblicken können, wie alt ist dann jeder Einzelne?

44. In einer Familie hat jeder Sohn dieselbe Anzahl von Schwestern wie Brüdern. Jede Tochter hat aber zweimal so viele Brüder wie Schwestern. Wie viele Töchter und Söhne hat die Familie?

→

*6. Teil: Geometrie*

Bitte lösen Sie die folgenden 10 Aufgaben in 15 Minuten.

1. Um einen Kreis mit dem Radius r wird mit 1 kg Farbe ein Streifen gemalt. Wie groß ist die Fläche dieses Streifens?

   a) $^2/_3\, \pi \times {}^D/_r$
   b) $r^2\, \pi \times 1\,\text{kg}$
   c) $^1/_2\, \pi \times r^2 \times 1\,\text{kg}$
   d) keine Lösung ist richtig

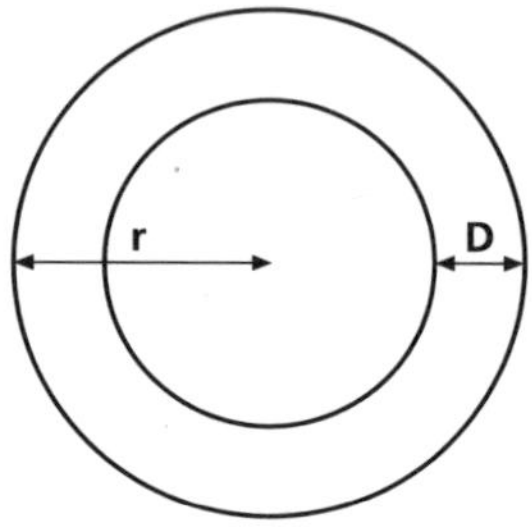


2. Die Reihe $^1/_1 + {}^1/_2 + {}^1/_4 + {}^1/_8$ wird 10-mal fortgesetzt bis $^1/_{512}$. Welcher Zahl nähert sich diese Reihe?

3. Wie viele verschiedene Zahlen mit 1, 2, 3, 4 sind möglich?

4. Wie viele Schnittpunkte haben fünf Geraden maximal in einer Ebene?

5. Wie groß ist die Summe der Flächen ABCD und EAFC?

   a) $a \times b$
   b) $^a/_2 \times b^2$
   c) $^2/_3 \times b$
   d) $a \times {}^b/_2$

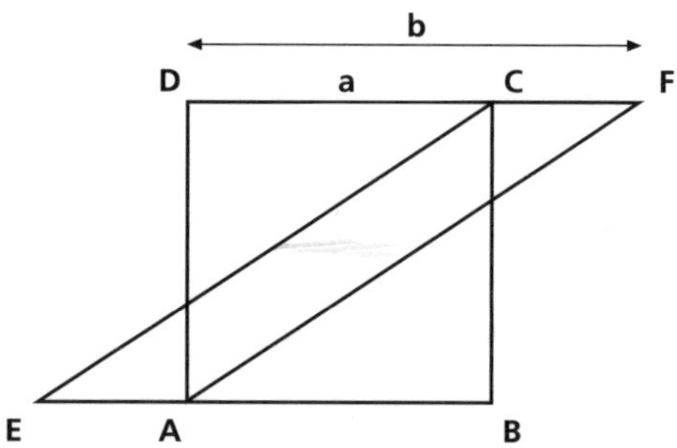


6. Alle Punkte in einem Raum haben zu einer Geraden denselben Abstand. Welcher Körper ergibt sich daraus?

   a) ein Quader
   b) eine Kugel
   c) ein Zylinder

7. Ein Tetraeder aus vier gleichseitigen Dreiecken wird folgendermaßen geschnitten. Die Schnittfläche ist ein:

a) gleichseitiges
b) gleichwinkliges
c) gleichschenkliges
d) rechtwinkliges
Dreieck

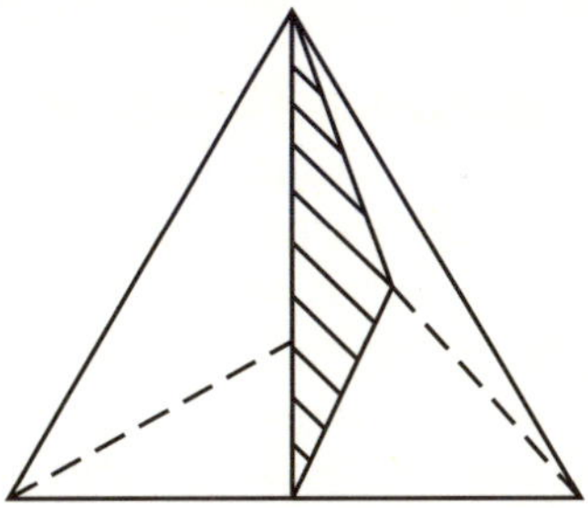

8. Die Gesamtlänge aller Kanten eines Würfels beträgt 60 cm. Der Würfel wiegt 250 g. Wie hoch ist sein spezifisches Gewicht?

9. Ein Würfel mit 150 cm² Oberfläche soll in Würfel mit 1 cm³ Inhalt zerschnitten werden. Wie viel Schnitte sind notwendig?

10. Welche Kante liegt der Kante x gegenüber?

a) z
b) y
c) q
d) v

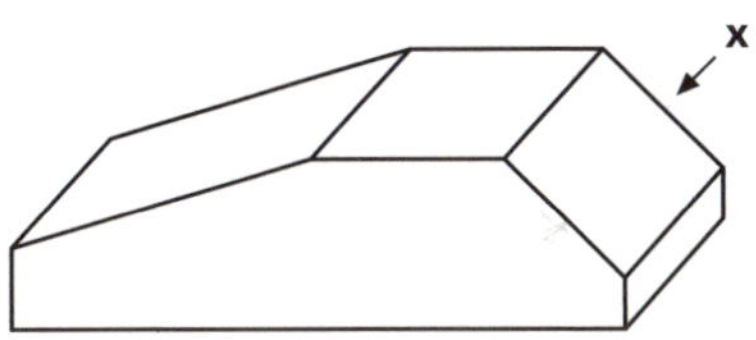


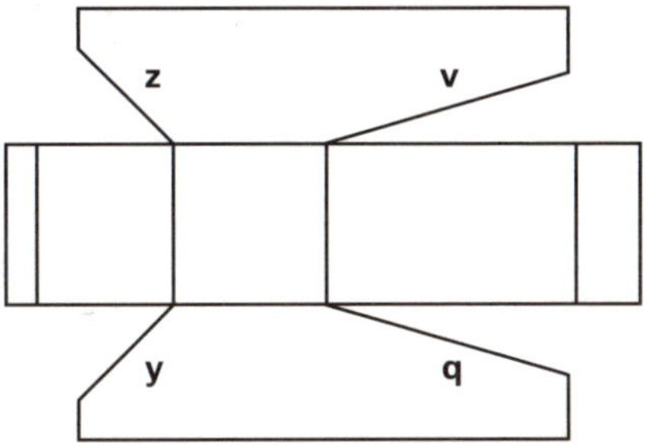


**Lösungen siehe Seite 288–289**

## Kopfrechentest

Dieser Test besteht aus etwa 50 Aufgaben, die Lösungszeit variiert je nach Schwierigkeitsgrad. Im Vorfeld sollten Sie intensiv das große Einmaleins wiederholen. Dies spart Zeit und beruhigt die Nerven. Sollten Sie eine Aufgabe nicht lösen können, lassen Sie diese am besten aus. Falsche Lösungen bringen unter Umständen Minuspunkte ein. Die mathematische Regel »Punkt vor Strich« ist beim Kopfrechentest außer Kraft gesetzt.

Lassen Sie sich nun die folgenden 50 Übungsaufgaben von einem Helfer vorlesen. Dieser soll je nach Aufgabenschwierigkeit die Zeit zum Lösen etwas ausdehnen oder verkürzen. Im Mittel hat man pro Aufgabe ungefähr 15 Sekunden Zeit. Nach circa 10 Sekunden bekommt man als Orientierung einen Warnton eingespielt, nach den 15 Sekunden wird automatisch eine neue Aufgabe gestellt. Da Sie die Aufgaben nur vorgelesen bekommen, sollten Sie sie *nicht* der Einfachheit halber alleine üben. Vorgelesen müssen Sie sich die Aufgaben merken (trainiert auch das Gedächtnis), sehen Sie sie, so können Sie eventuell einmal errechnete Ergebnisse korrigieren. Diese Möglichkeit gibt es in der Bewerbungssituation nicht.

### *Übungsaufgaben*

1. 1070 + 390
2. 49 – 56
3. 56 x 44
4. 92,5 : 2
5. 3. Wurzel aus 64
6. 2 + 3 x 5
7. 4 x 3 x 2 x 19
8. 258 : 3
9. 93 x 3 x 12
10. 12 x 13
11. 93 + 10 x 5
12. 11 x 13
13. 13 x 15
14. Wurzel aus 49
15. 47,5 x 3
16. 81 – 210 + 500
17. 372 : 3
18. 56 x 3 + 13
19. 108 : 9
20. 48 : 6
21. 10 + 3 – 5
22. 19 – 5 + 6 x 3
23. 706 + 105
24. 168 : 8
25. 13 x 13
26. 12 x 12
27. 327 x 5
28. 89 x 2 – 100
29. 509 – 217
30. 22 x 3
31. 84 : 2 – 5
32. 17 x 17
33. $3^3$
34. $24^2$
35. 89 – 17 x 2
36. 144 : 12
37. 2 x 3 x 4 x 5
38. 13 + 5
39. 13 x 17
40. 11 x 2 – 15
41. 16 : 4
42. 64 : 4
43. 56 x 2
44. 13 x 4
45. 81 : 9
46. 4 x 4 x 4 x 2
47. 100 + 12 – 16
48. 49 + 11 – 56
49. 43 – 56 + 100
50. 23 x 9

**Lösungen siehe Seite 289**

## Exkurs: Mathematische Grundregeln

### *Werte verschiedener Konstanten*

| | |
|---|---|
| $\pi = 3{,}14$ | |
| $c = 3 \times 10^8$ m/s = 300.000 km/s | (Lichtgeschwindigkeit) |
| $v_s = 330$ m/s | (Schallgeschwindigkeit bei Normaldruck) |
| $g = 9{,}81$ m/s$^2$ | (Erdbeschleunigung) |

### *Potenzgesetze*

$a^x a^y = a^{x+y}$

$1/a = a^{-1}$

$(a^x)^y = a^{xy}$

n-te Wurzel (a) = $a^{1/n}$

$a^x b^x = (ab)^x$

$a^m/a^n = a^{m-n}$

$a^n/b^n = (a/b)^n$

Eine Zahl hoch 0 ist immer gleich 1.
Ausnahme: $0^0$ ist mathematisch nicht definiert.

### *Wurzeln*

$\sqrt{2} \approx 1{,}414$

$\sqrt{3} \approx 1{,}732$

$\sqrt{5} \approx 2{,}236$

### *Quadratzahlen*

| | | | |
|---|---|---|---|
| $2^2 = 4$ | $7^2 = 49$ | $12^2 = 144$ | $17^2 = 289$ |
| $3^2 = 9$ | $8^2 = 64$ | $13^2 = 169$ | $18^2 = 324$ |
| $4^2 = 16$ | $9^2 = 81$ | $14^2 = 196$ | $19^2 = 361$ |
| $5^2 = 25$ | $10^2 = 100$ | $15^2 = 225$ | $20^2 = 400$ |
| $6^2 = 36$ | $11^2 = 121$ | $16^2 = 256$ | |

### *Zweierpotenzen*

| **n** | 2 | 3 | 4 | 5 | 6 | 7 | 8 | 9 | 10 |
|---|---|---|---|---|---|---|---|---|---|
| **$2^n$** | 4 | 8 | 16 | 32 | 64 | 128 | 256 | 512 | 1024 |

### *Zehnerpotenzen*

$10^n$ : Ziffer 1 mit n Nullen; z.B. $10^3 = 1.000$

$10^{-1}$ : Kommazahl mit n Nullen (inkl. Null vor dem Komma);
z.B. $10^{-3} = 0{,}001$

Beispiele:

$4.440.000 = 4{,}44 \times 10^6$

$0{,}05 = 5 \times 10^{-2}$

### *Logarithmus (Zehnerlogarithmus)*

$\lg(a) = x \rightarrow 10^x = a$
$\lg(100) = 2 \rightarrow 10^2 = 100$
$\lg(42) = 1{,}62 \rightarrow 10^{1{,}62} = 42$

### *Dreieck*

*Grundseite:* eine beliebige Seite des Dreiecks, die als Bezugsseite genommen wird.
*Höhe:* steht senkrecht auf einer Seite und geht durch den gegenüberliegenden Dreieckspunkt.
*Seitenhalbierende:* halbiert die Grundseite und geht durch den gegenüberliegenden Dreieckspunkt. Die drei Seitenhalbierenden teilen sich gegenseitig im Verhältnis 1 zu 2. Der Schnittpunkt der Seitenhalbierenden ist der Schwerpunkt eines gleichmäßig mit Masse belegten Dreiecks.

Fläche eines Dreiecks: $A = \frac{1}{2} g \times h$ (g = Grundseite, h = Höhe)

### *Rechtwinkliges Dreieck*

*Katheten* sind Dreieckseiten, die zueinander rechtwinklig stehen.
Die *Hypotenuse* ist die Seite, die dem rechten Winkel gegenüber liegt.

### *Satz des Pythagoras*

$(\text{Hypotenuse})^2 = (\text{Kathete 1})^2 + (\text{Kathete 2})^2$

$c^2 = a^2 + b^2$

### *Trigonometrie*

$\sin \alpha$ = Gegenkathete / Hypotenuse
$\cos \alpha$ = Ankathete / Hypotenuse
$\tan \alpha$ = Gegenkathete / Ankathete

### *Spezielle Werte für Sinus- und Cosinusfunktionen*

sin 0° = Wurzel (0)/2 = 0 = cos 90°
sin 30° = Wurzel (1)/2 = 0,5 = cos 60°
sin 45° = Wurzel (2)/2 = 0,71 = cos 45°
sin 60° = Wurzel (3)/2 = 0,86 = cos 30°
sin 90° = Wurzel (4)/2 = 1,0 = cos 0°

***Parallelogramm*** *(Viereck mit jeweils zwei parallelen Seiten)*

Fläche: $A = g \times h$

***Raute*** *(Viereck mit vier gleich langen Seiten)*

Die Diagonalen der Raute schneiden sich immer rechtwinklig.

### *Kreis*

Umfang: $U = 2\pi r$
(r = Radius)
Fläche: $A = \pi r^2$

### *Kugel*

Volumen: $V = \frac{4}{3}\pi r^3$
Oberfläche: $O = 4\pi r^2$

### *Kegel*

Volumen: $V = \frac{1}{3}\pi r^2 h$
(h = Höhe des Kegels,
r = Radius der Grundfläche)

### *Längenmaße*

| | | mm | cm | dm | m | km |
|---|---|---|---|---|---|---|
| Millimeter mm | = | 1 | 0,1 | 0,01 | 0,001 | 0,000001 |
| Zentimeter cm | = | 10 | 1 | 0,1 | 0,01 | 0,00001 |
| Dezimeter dm | = | 100 | 10 | 1 | 0,1 | 0,0001 |
| Meter m | = | 1.000 | 100 | 10 | 1 | 0,001 |
| Kilometer km | = | 1.000.000 | 100.000 | 10.000 | 1.000 | 1 |

### *Flächenmaße*

Metrisch:

| | | | | |
|---|---|---|---|---|
| 1 $m^2$ | = | 1 Quadratmeter | = | 10.000 $cm^2$ |
| 1 $dm^2$ | = | 1 Quadratdezimeter | = | 100 $cm^2$ |
| 1 $cm^2$ | = | 1 Quadratzentimeter | = | 100 $mm^2$ |
| 1 $km^2$ | = | 1 Quadratkilometer | = | 1.000.000 $m^2$ |
| 1 a | = | 1 Ar | = | 100 $m^2$ |
| 1 ha | = | 1 Hektar | = | 10.000 $m^2$ |

Nicht metrisch:

1 Morgen = 2553 $m^2$ (Quadrat mit 50,53 m Seitenlänge)

### *Gewichte und Stückmaße*

| | | mg | cg | g | kg |
|---|---|---|---|---|---|
| Milligramm mg | = | 1 | 0,1 | 0,001 | 0,000001 |
| Zentigramm cg | = | 10 | 1 | 0,01 | 0,00001 |
| Gramm g | = | 100 | 10 | 1 | 0,0001 |
| Kilogramm kg | = | 1.000 | 100 | 10 | 1 |

100 kg = 1 Doppelzentner (dz)
1.000 kg = 1 Tonne (t)

### *Körper- und Hohlmaße*

1 Kubikzentimeter $cm^3$ = 1.000 Kubikmillimeter
1 Kubikdezimeter $dm^3$ = 1.000 Kubikzentimeter
1 Kubikmeter $m^3$ = 1.000 Kubikdezimeter

| | | dl | l | hl | $m^3$ |
|---|---|---|---|---|---|
| Deziliter dl | = | 1 | 0,1 | 0,001 | 0,0001 |
| Liter l | = | 10 | 1 | 0,01 | 0,001 |
| Hektoliter hl | = | 1.000 | 10 | 1 | 0,1 |
| Kubikmeter $m^3$ | = | 10.000 | 100 | 10 | 1 |

### *Raummaße*

Metrisch:

| | | | | |
|---|---|---|---|---|
| 1 $m^3$ | = | 1 Kubikmeter | = | 1.000 Liter |
| 1 l | = | 1 Kubikdezimeter | = | 1.000 $cm^3$ |
| 1 $cm^3$ | = | 1 Kubikzentimeter | = | 1.000 $mm^3$ |
| 1 $mm^3$ | = | 1 Kubikmillimeter | | |
| 1 hl | = | 1 Hektoliter | = | 100 Liter |

### *Regeln zum Bruchrechnen*

*Addieren und Subtrahieren von Brüchen:*

Beispiel: $\frac{1}{4} + \frac{1}{5}$

1. Suchen Sie den gemeinsamen Hauptnenner:
   $4 \times 5 = 20$
   Es gibt keine Zahl < 20, die sich sowohl durch 4 als auch durch 5 dividieren lässt, ohne dass wir die Menge der ganzen Zahlen verlassen müssten.
2. Überlegung: Wenn wir im Nenner von $\frac{1}{4}$ nun den Nenner 20 stehen haben, müssen wir auch den Zähler mit 5 multiplizieren; also 1 mal 5.
   → $\frac{5}{20}$
   Dasselbe tun wir mit $\frac{1}{5}$ mal $4 = \frac{4}{20}$
3. Nun haben wir auszurechnen:
   $\frac{5}{20} + \frac{4}{20} = \frac{5+4}{20} = \frac{9}{20}$

*Multiplizieren von Brüchen:*

$\frac{8}{9} \times \frac{7}{16}$

$$\frac{\text{Zähler mal Zähler}}{\text{Nenner mal Nenner}} \quad \frac{8 \times 7}{9 \times 16} = \frac{56}{144}$$

→ Kürzen (das heißt durch eine Zahl dividieren,
damit wir einen echten Bruch erhalten)
Man kann durch 8 kürzen:

$$\frac{56}{144} = \frac{7}{18}$$

$\frac{7}{18}$ können wir nun nicht mehr verändern!

*Dividieren von Brüchen:*

$\frac{5}{2} : \frac{8}{11}$
Brüche werden dividiert, indem man ihren Kehrwert multipliziert.
Der Kehrwert von $\frac{8}{11}$ ist $\frac{11}{8}$
→ $\frac{5}{2} \times \frac{11}{8}$ (siehe oben) $= 3\ \frac{7}{16}$

### *Hilfe zu Textaufgaben*

Hier zur Wiederholung die 5 häufigsten Arten von Textaufgaben
und deren Lösungsschemata:

a) *Aufgaben nach dem Schema a x b = c x ?*

Beispiel: Ein Essensvorrat reicht für 12 Leute insgesamt 36 Tage aus.
Wie lange würde er für 8 Leute reichen?
Lösung:
12 x 36 = 8 x ?
432 = 8 x ?
432 : 8 = 54
Der Essensvorrat reicht insgesamt 54 Tage.

*b) Aufgaben mit zwei Unbekannten*

Beispiel: Zwei Brüder sind zusammen x Jahre alt.
Wie alt ist der jüngere Bruder, wenn der ältere y Jahre älter ist?
Lösung:
$A = (x - y) : 2$

*c) »km«-Aufgaben*

Beispiel: Ein Mann macht mit seiner Frau eine Fahrradtour. Er fährt ab einer bestimmten Stelle, an der beide auf gleicher Höhe sind, 25 km/h. Seine Frau fährt weiterhin konstant mit 15 km/h. Nach 1,2 km hält er an und wartet auf seine Frau. Wie lange muss er warten?
Lösung:
25 km = 60 Minuten
1 km = 2,4 Minuten → 1,2 km = 2,88 Minuten

15 km = 60 Minuten
1 km = 4 Minuten → 1,2 km = 4,8 Minuten

4,8 Minuten – 2,88 Minuten = 1,92 Minuten
Er muss 1,92 Minuten auf seine Frau warten.

*d) Mengen-Aufgaben*

Beispiel: Carsten hat 8 Murmeln, Inga 4 und Jürgen hat gar keine. Wie viele Murmeln müssen Carsten und Inga abgeben, damit alle gleich viele Murmeln haben?
Lösung:
$8 + 4 + 0 = 12$
$12 : 3 = 4$

Für Carsten: $8 - x = 4$
Carsten muss 4 Murmeln an Jürgen abgeben.

Für Inga: $4 - x = 4$
Inga muss 0 Murmeln abgeben.

*e) Prozentrechnen*

Beispiel: Eine Firma kauft 60 neue Computer für 736.000 € und erhält dabei einen Mengenrabatt von 8 Prozent. Wie viel hätte die Firma ohne Rabatt zahlen müssen?
Lösung:
x = 100 %
736.000 = (100 – 8) %
736.000 : 92 x 100 = 800.000
Die Firma hätte insgesamt 800.000 € zahlen müssen.

## Technisches Verständnis

Im folgenden Test sollen Sie komplexe Systeme erklären und auf Funktionsfähigkeit und eventuell nötigen Kraftaufwand hin prüfen sowie technische Detailfragen beantworten. Die Tests beim DLR und diejenigen in diesem Buch werden sich nicht sonderlich unterscheiden, sodass Sie mit einiger Übung diesem Prüfungsabschnitt gelassen entgegensehen können. Im Anschluss an die Übungsaufgaben finden Sie eine Zusammenfassung der wichtigsten physikalischen Gesetze (siehe Seite 125 ff.).

Aber Achtung: Es ist möglich, dass Ihnen Punkte für Fehler abgezogen werden, also Vorsicht beim Raten.

Für die folgenden 80 Aufgaben haben Sie 40 Minuten Zeit.

### Technisch-physikalische Bildaufgaben

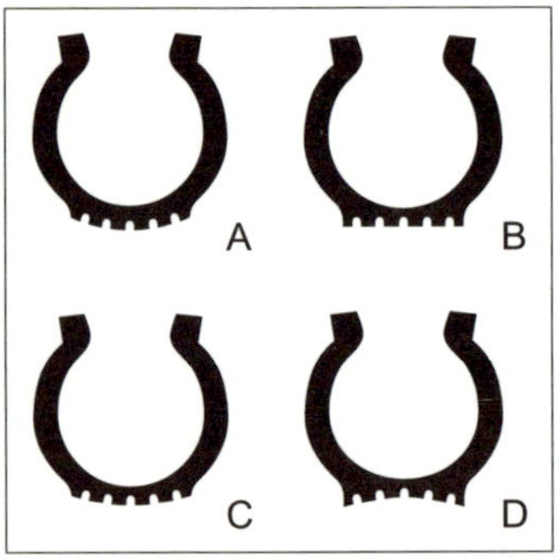


1. Welcher Autoreifen wurde mit zu hohem Luftdruck gefahren?
   a) A
   b) B
   c) C
   d) D

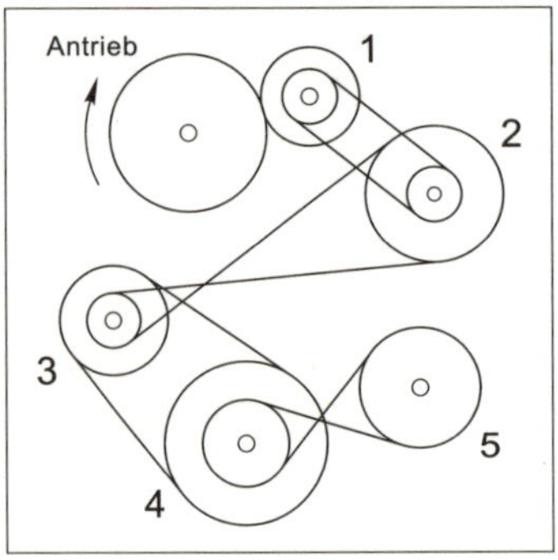


2. Welche Räder drehen sich entgegen der Antriebsrichtung?
   a) 1, 2, 4
   b) 1, 2, 5
   c) 2, 3, 4
   d) 2, 4, 5

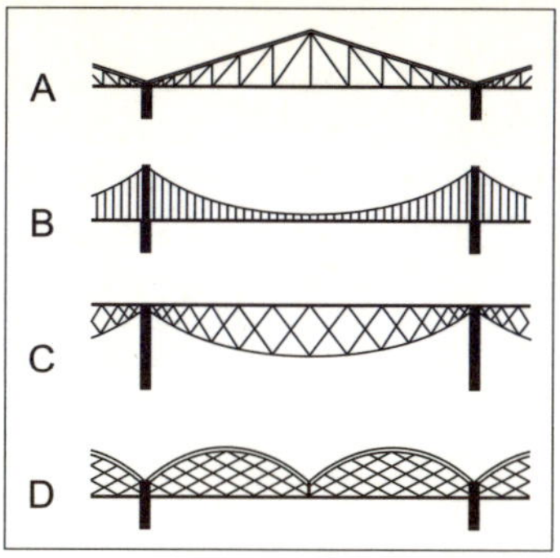


3. Mit welcher Brückenkonstruktion lässt sich eine größtmögliche Entfernung ohne Zwischenpfeiler überbrücken?
   a) A
   b) B
   c) C
   d) D

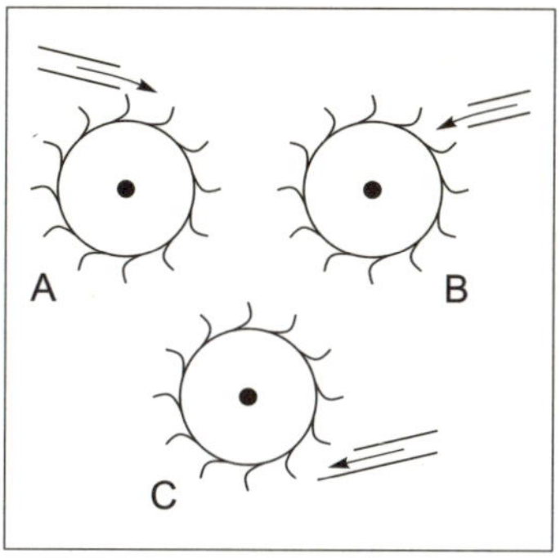


4. Welches Wasserrad liefert die größte Kraft?
   a) A
   b) B
   c) C

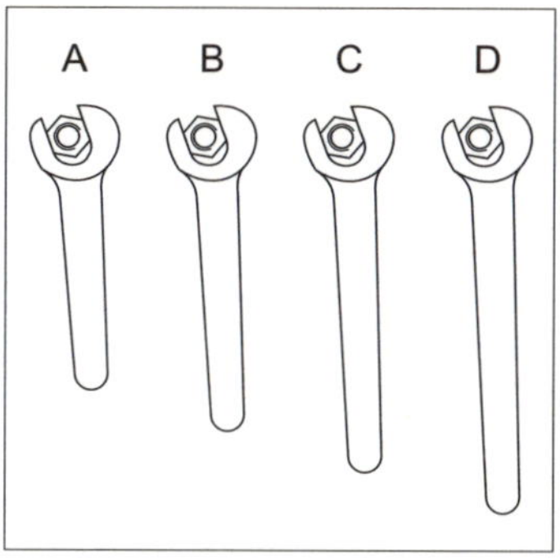


5. Mit welchem Schraubenschlüssel kann man die Mutter am festesten ziehen?
   a) A
   b) B
   c) C
   d) D

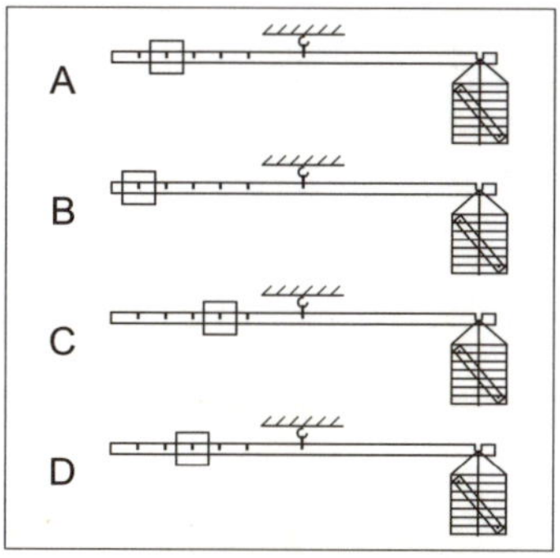


6. Welche Kiste ist die schwerste?
   a) A
   b) B
   c) C
   d) D

→

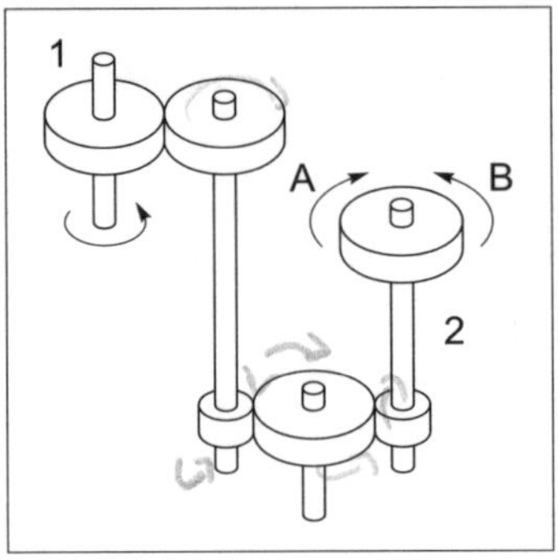


7. In welche Richtung dreht sich die Achse 2?
   a) A
   b) B
   c) in keine

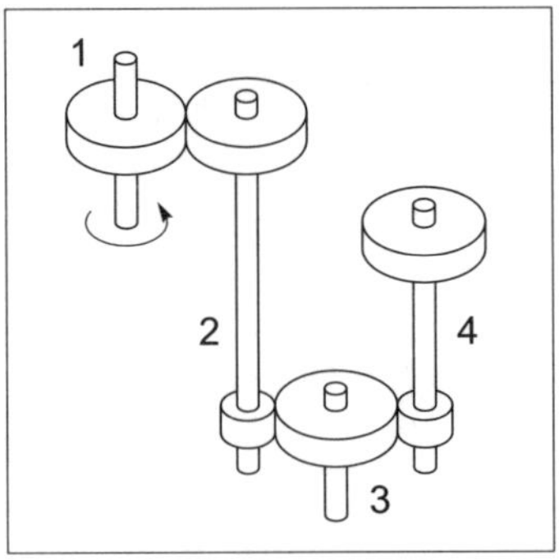


8. Wie dreht sich Achse 4 im Vergleich zu Achse 1?
   a) schnell
   b) langsamer
   c) gleich schnell

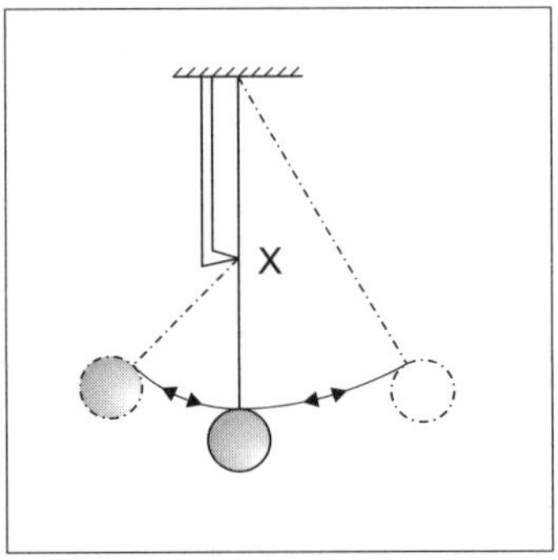


9. Am Punkt X wird die Pendellänge des Seils mit der Kugel verkürzt. Was passiert mit der Schwingungsdauer?
   a) sie wird länger
   b) sie wird kürzer
   c) sie verändert sich nicht

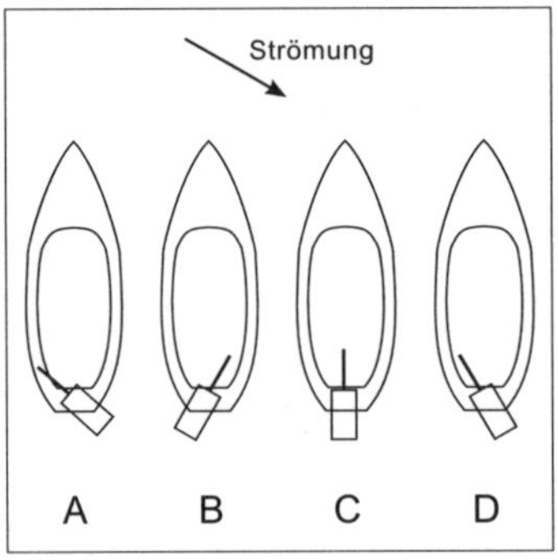


10. Wie muss bei angegebener Strömung gesteuert werden, damit das Boot geradeaus fährt?
    a) A
    b) B
    c) C
    d) D

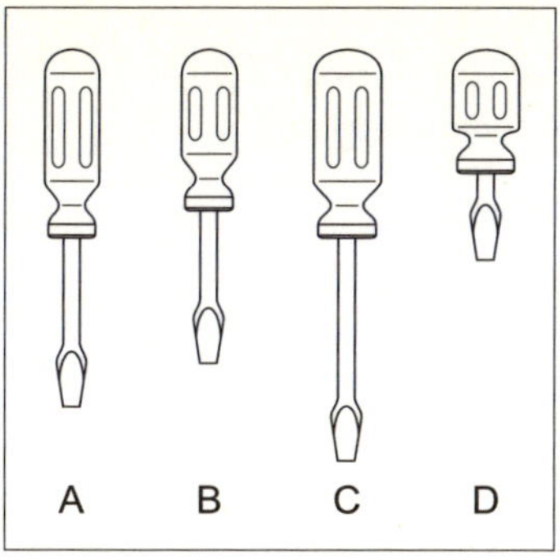


11. Welcher Schraubendreher ist am besten dazu geeignet eine Schraube fest anzuziehen?
   a) A
   b) B
   c) C
   d) D

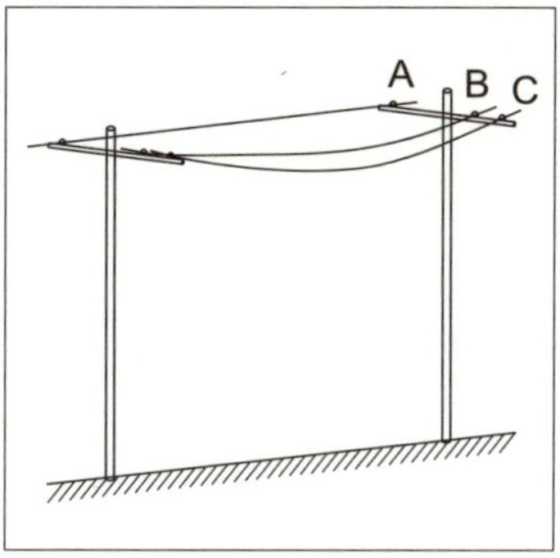


12. Welcher der (gleichlangen) Leitungsdrähte ist bei klirrender Kälte dargestellt?
   a) A
   b) B
   c) C

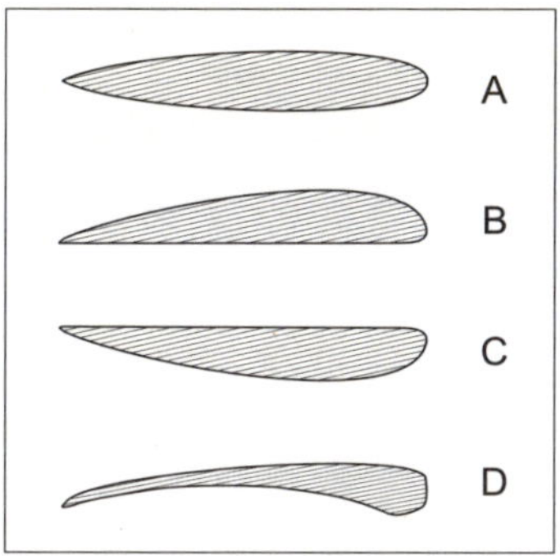


13. Mit welcher Tragfläche hebt ein startendes Flugzeug früher vom Boden ab?
   a) A
   b) B
   c) C
   d) D

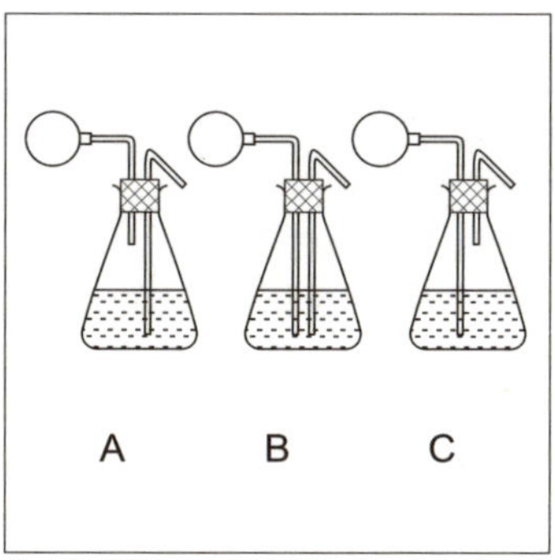


14. Welche Spritzwasserflasche ist richtig konstruiert?
   a) A
   b) B
   c) C

→

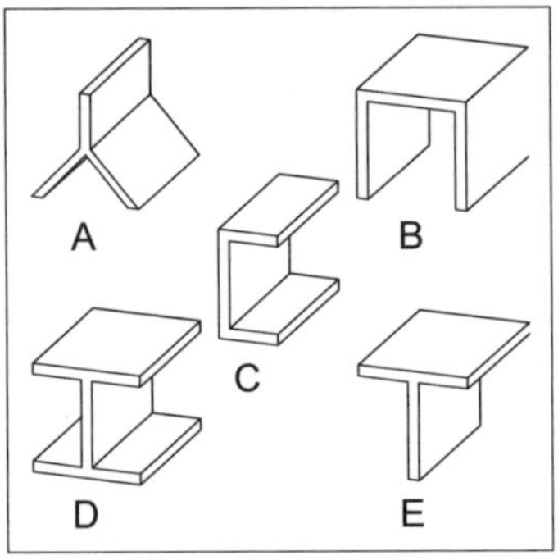


15. Welches Stahlträgerprofil hält die stärkste Belastung aus?
    a) A
    b) B
    c) C
    d) D
    e) E

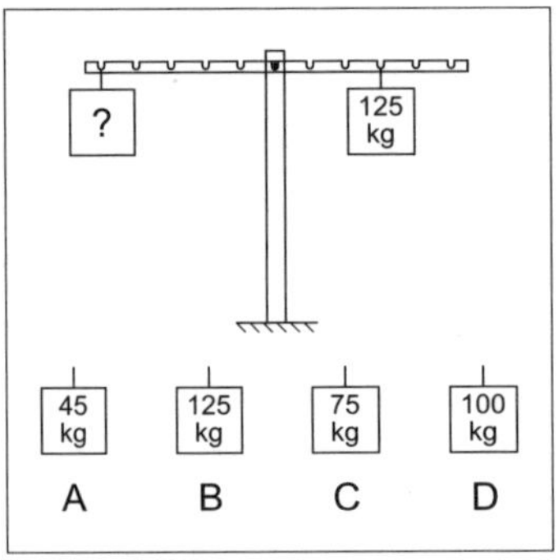


16. Welches Gewicht muss gewählt werden, damit die Waage im Gleichgewicht bleibt?
    a) A
    b) B
    c) C
    d) D

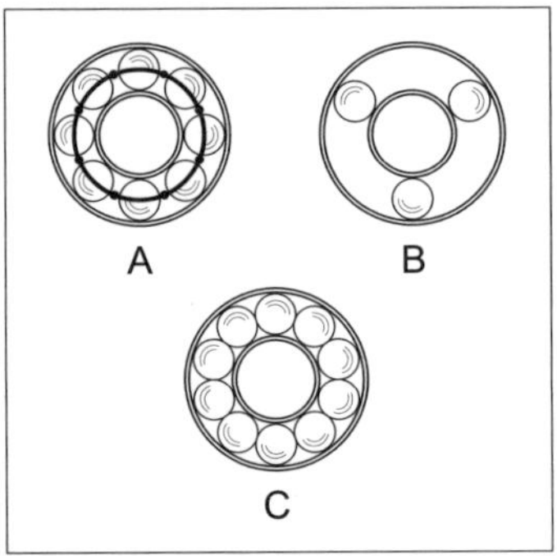


17. Welches der drei Kugellager dreht sich am besten?
    a) A
    b) B
    c) C

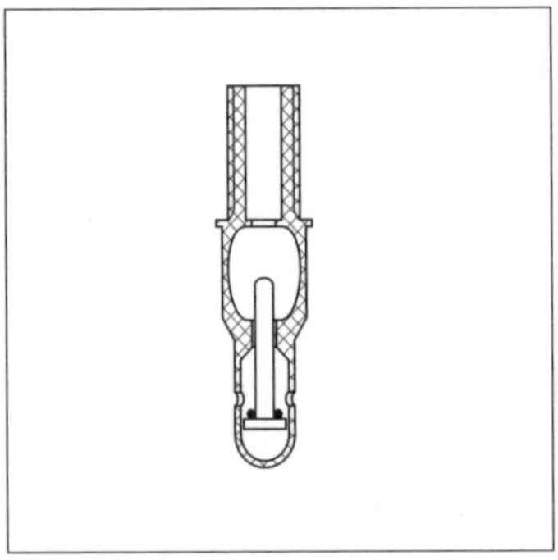

18. Welche Situation herrscht am Fahrradventil?
    a) nach dem Aufpumpen
    b) während des Aufpumpens
    c) nicht erkennbar

19. Der Angler sieht den Fisch an Punkt B. Wo befindet sich der Fisch wirklich?
    a) A
    b) B
    c) C
    d) D

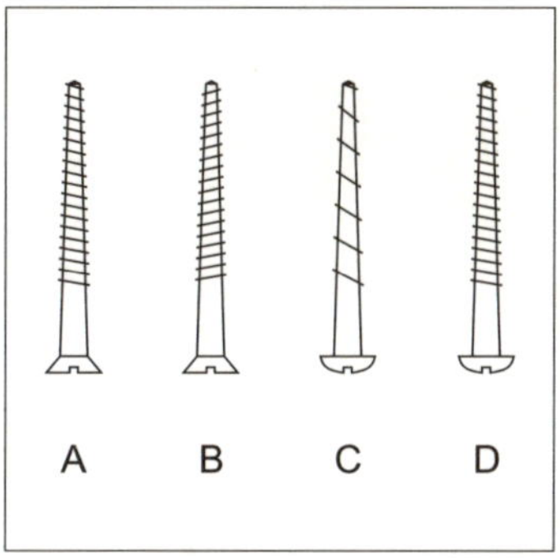


20. Welche Holzschraube ist zweckmäßig konstruiert?
    a) A
    b) B
    c) C
    d) D

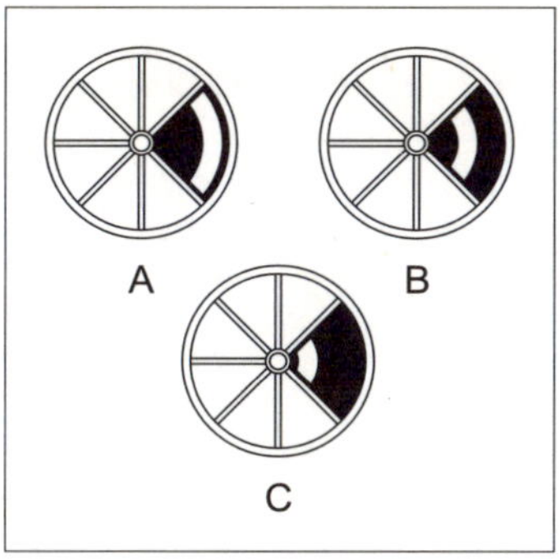


21. Welches der drei Schwungräder ist zweckmäßig konstruiert?
    a) A
    b) B
    c) C

22. Was passiert, wenn man die Glaskugel einige Minuten in der Hand hält?
    a) die Flüssigkeit steigt im Glasrohr bei X
    b) die Flüssigkeit verändert nicht ihre Höhe
    c) die Flüssigkeit sinkt im Glasrohr, steigt im Glas

→

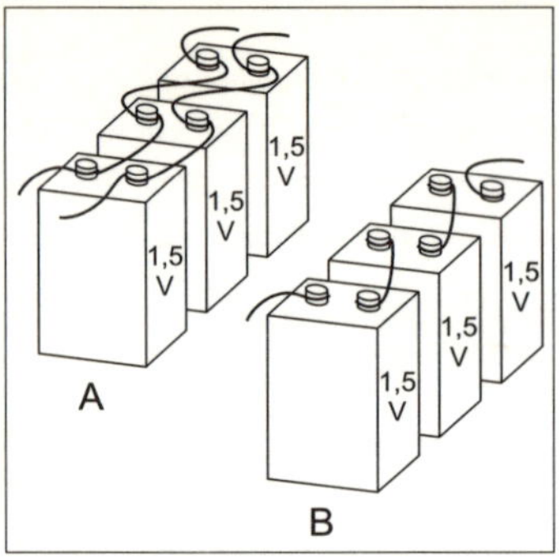


23. Welche Schaltung liefert die größte Spannung?
    a) A
    b) B
    c) die Spannung bleibt gleich

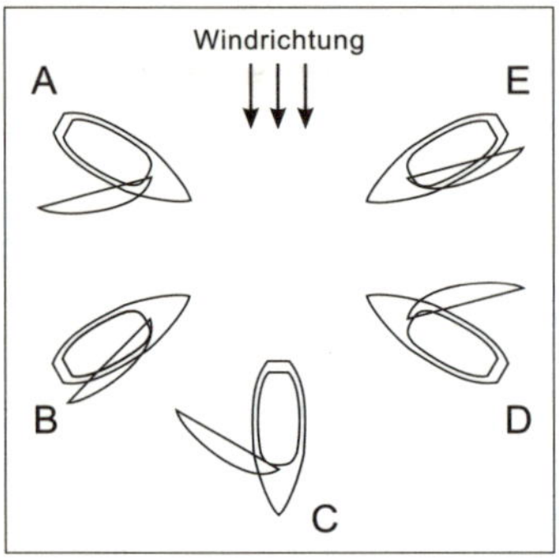


24. Welche Segelstellung ist bei angegebener Windrichtung falsch?
    a) A
    b) B
    c) C
    d) D

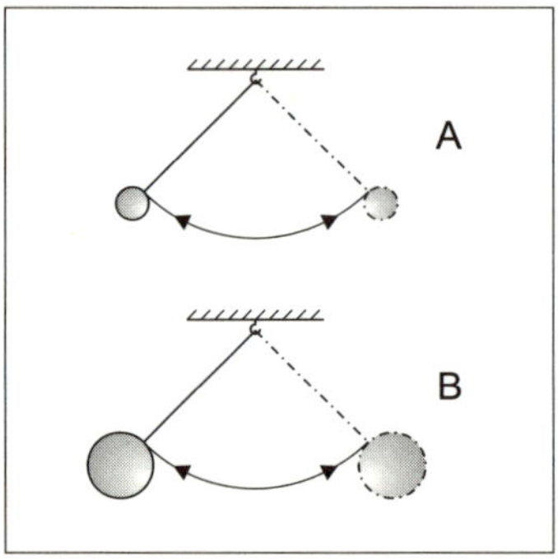


25. Welches Pendel hat die kürzere Schwingungsdauer?
    a) A
    b) B
    c) kein Unterschied

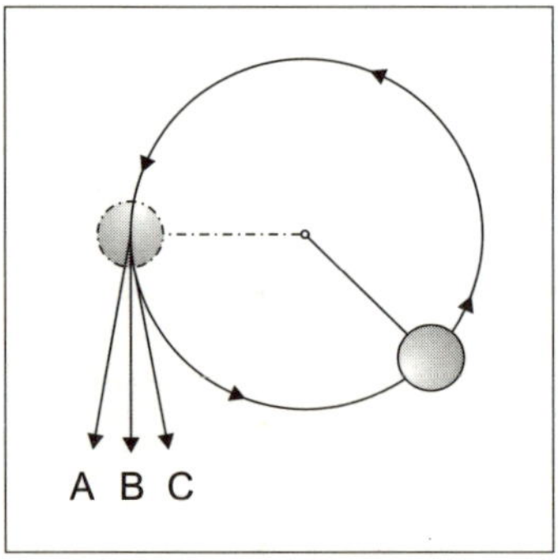


26. In welche Richtung fliegt die Kugel, wenn man sie am markierten Ort loslässt?
    a) A
    b) B
    c) C
    d) in eine ganz andere

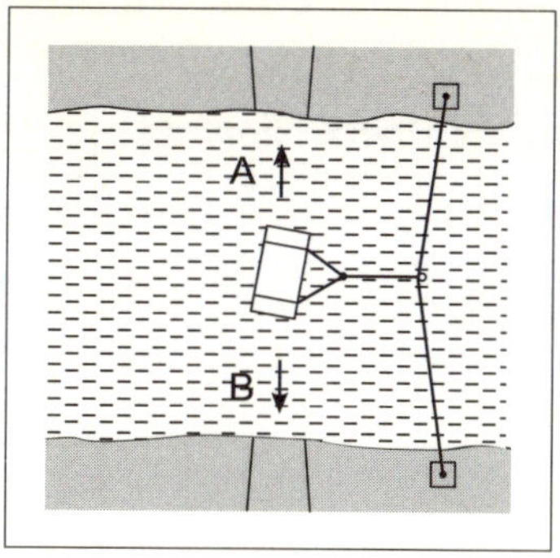


27. In welche Richtung bewegt sich die Seilfähre?
    a) A
    b) B
    c) nicht festzustellen

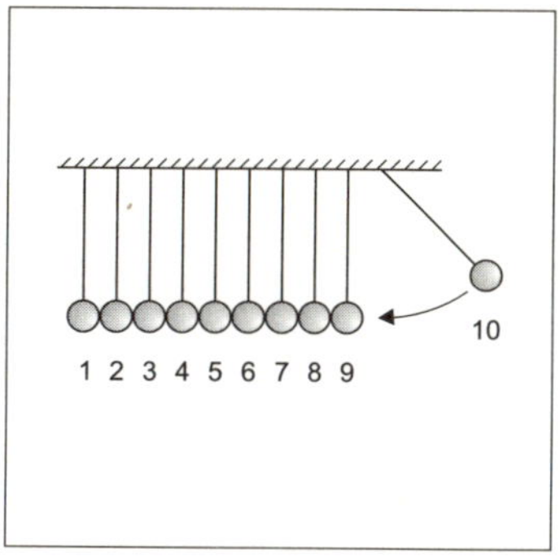


28. Was passiert, wenn die zehnte auf die neunte Kugel aufprallt?
    a) neun Kugeln bewegen sich nicht, die zehnte prallt zurück
    b) nur die erste Kugel bewegt sich nach links
    c) alle Kugeln bewegen sich nach links
    d) neun Kugeln bewegen sich nach links, die zehnte Kugel prallt zurück
    e) nur die ersten drei Kugeln bewegen sich nach links

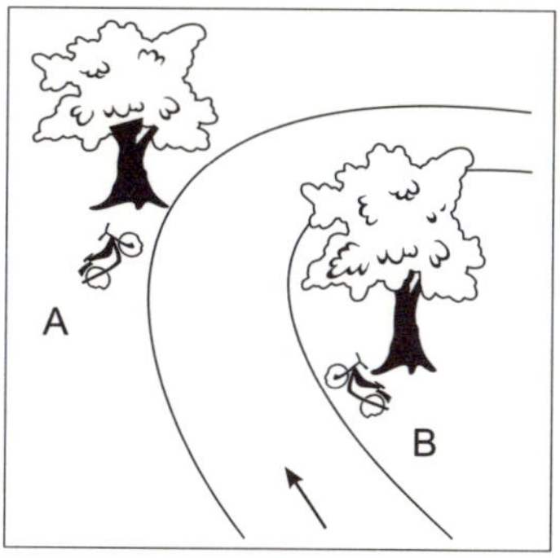


29. Zu welcher Seite wird ein Motorradfahrer wegen überhöhter Geschwindigkeit bei einer Rechtskurve geschleudert?
    a) A
    b) B

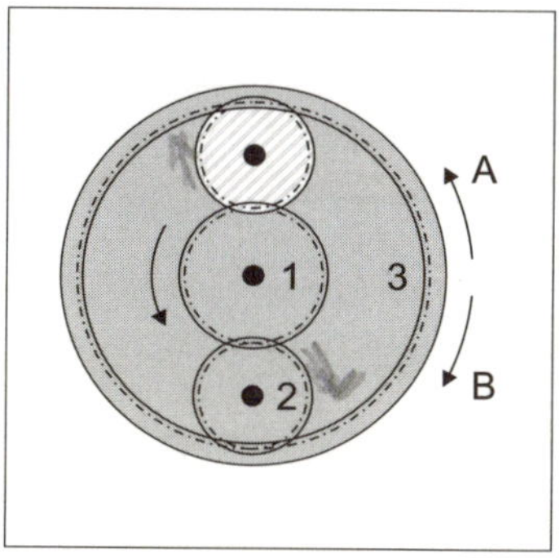


30. In welche Richtung dreht sich das Zahnrad 3?
    a) A
    b) B
    c) die Räder können sich überhaupt nicht drehen

→

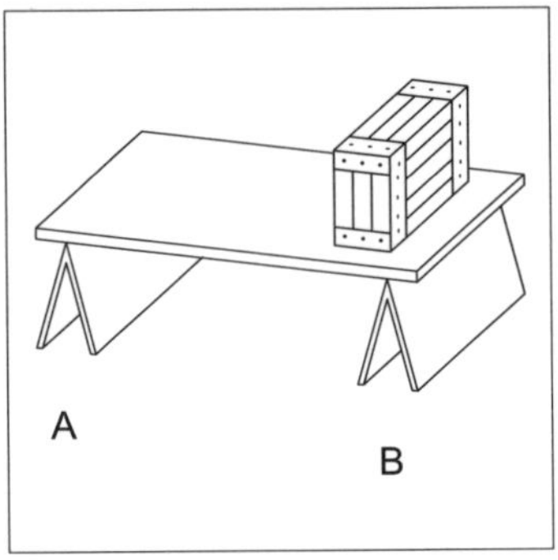


31. Welcher Tischbock wird durch die schwere Kiste mehr belastet?
   a) A
   b) B
   c) beide gleich

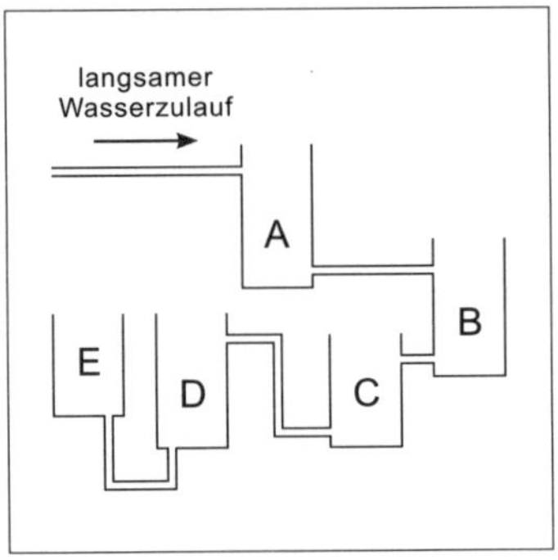


32. Welcher Behälter füllt sich zuerst?
   a) A
   b) B
   c) C
   d) D
   e) E

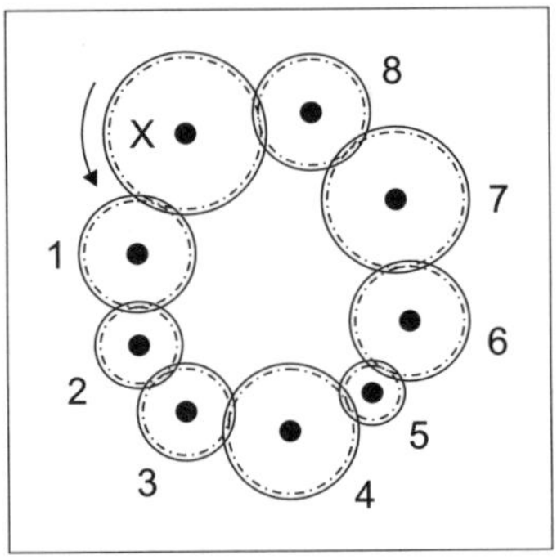


33. Welche Zahnräder drehen sich in die gleiche Richtung?
   a) alle
   b) 1, 3, 6, 8
   c) 2, 4, 6, 8
   d) Konstruktion funktioniert nicht

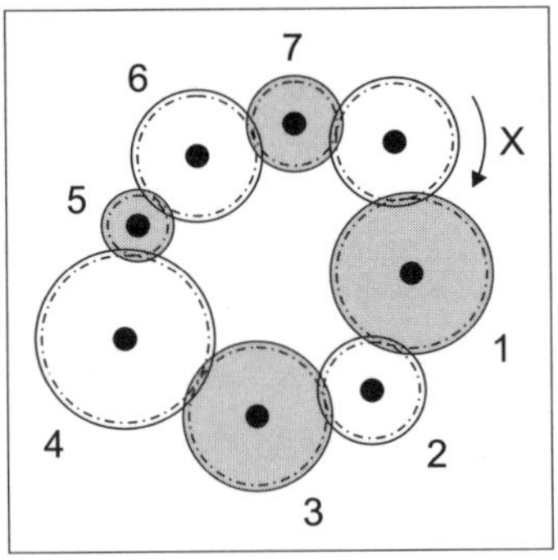


34. Welche Zahnräder drehen sich entgegengesetzt zu Rad X?
   a) 1, 2, 3, 4
   b) 1, 3, 5, 7
   c) 2, 4, 6
   d) Konstruktion funktioniert nicht

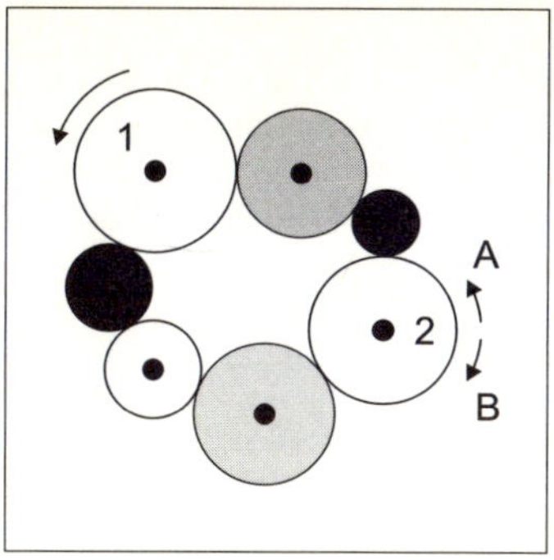


35. In welche Richtung dreht sich Rad 2?
    a) A
    b) B
    c) Konstruktion funktioniert nicht

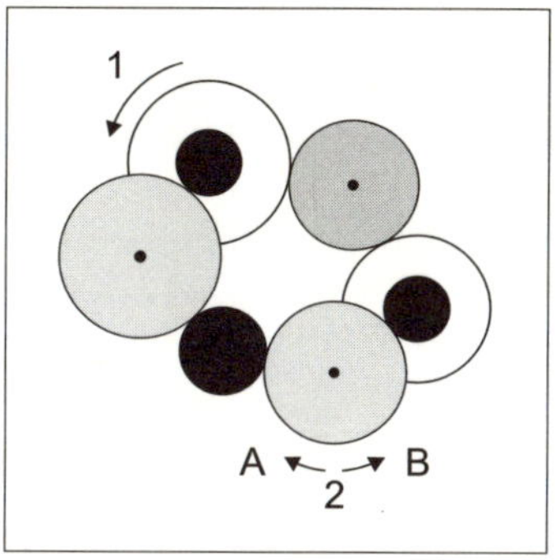


36. In welche Richtung dreht sich Rad 2?
    a) A
    b) B
    c) Konstruktion funktioniert nicht

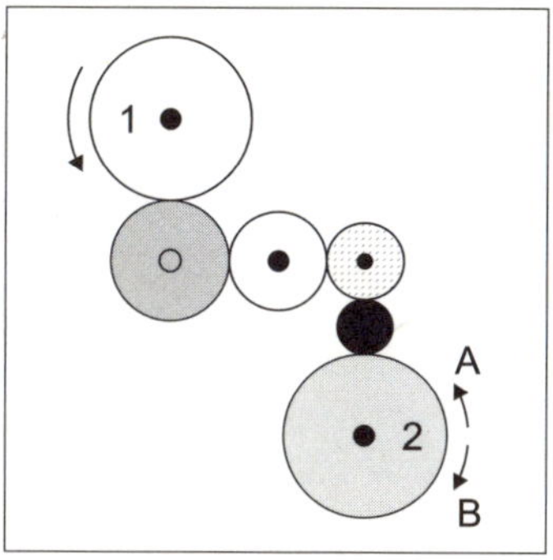


37. In welche Richtung dreht sich Rad 2?
    a) A
    b) B

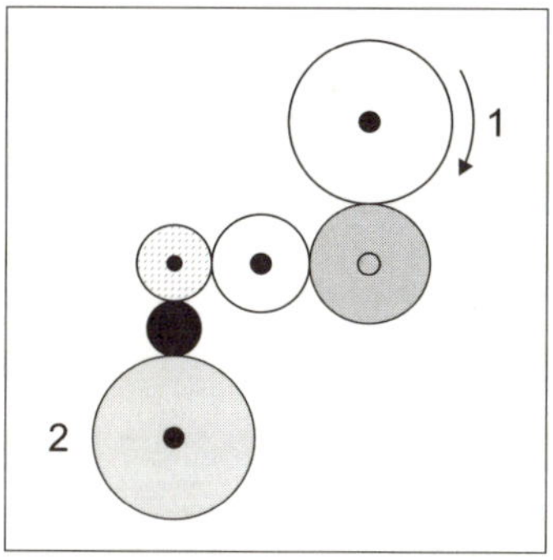


38. Die Räder 1 und 2 haben den gleichen Durchmesser. Dreht sich das Rad 2 im Vergleich zu Rad 1 …
    a) schneller
    b) langsamer
    c) gleich schnell
    d) gar nicht

→

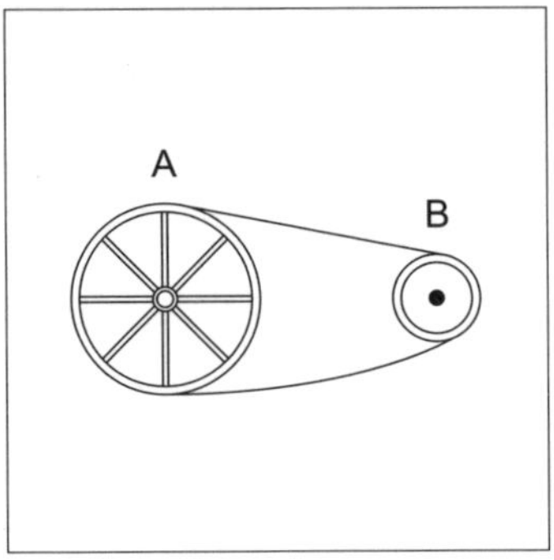


39. Welches Rad dreht sich langsamer?
    a) A
    b) B
    c) kein Unterschied

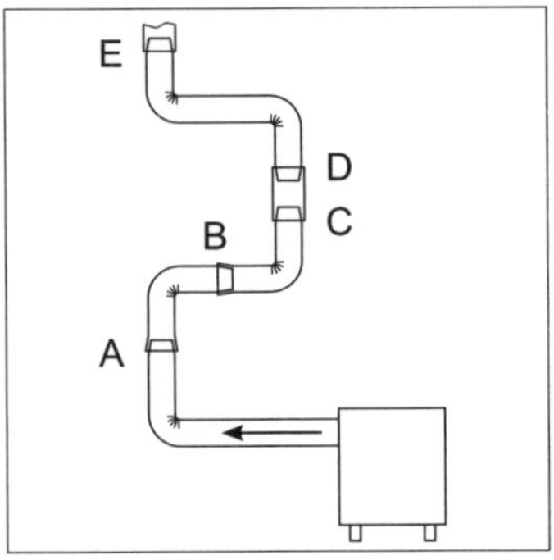


40. An welcher Stelle ist bei der Montage des Ofenrohres ein Fehler unterlaufen?
    a) A
    b) B
    c) C
    d) D
    e) E

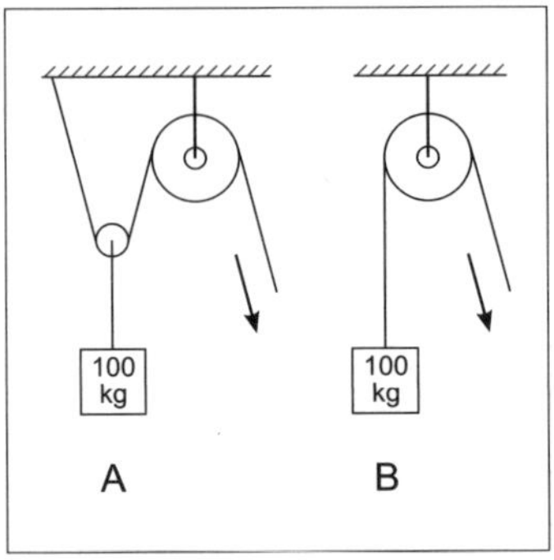


41. Mit welchem Seilzug ist es leichter, die Last zu heben?
    a) A
    b) B
    c) kein Unterschied

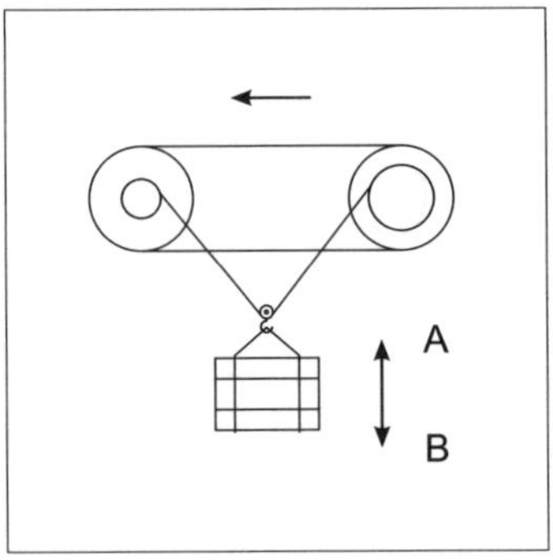


42. In welche Richtung bewegt sich die Kiste?
    a) A
    b) B
    c) in keine

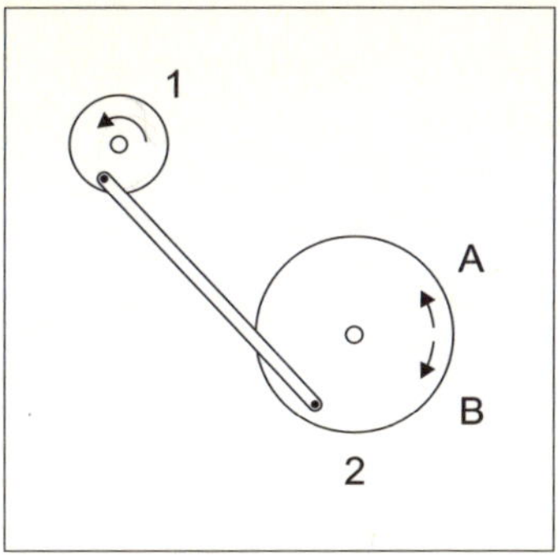


43. In welche Richtung dreht sich Rad 2?
   a) A
   b) B
   c) in beide Richtungen, hin und her

44. Welche Vase steht am sichersten?
   a) A
   b) B
   c) C
   d) D

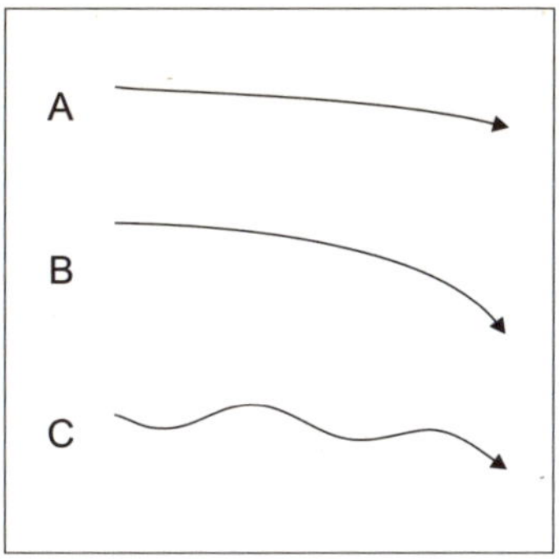


45. Ein Modellflugzeug ist schwanzlastig. Wie ist seine Flugbahn?
   a) A
   b) B
   c) C
   d) noch ganz anders

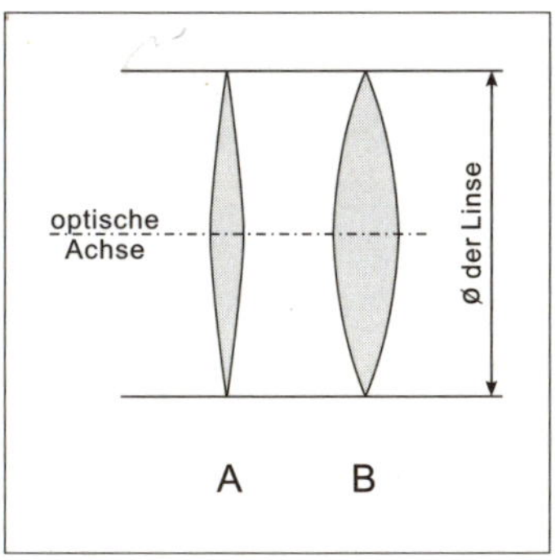


46. Welche der Linsen hat die kürzere Brennweite?
   a) A
   b) B

→

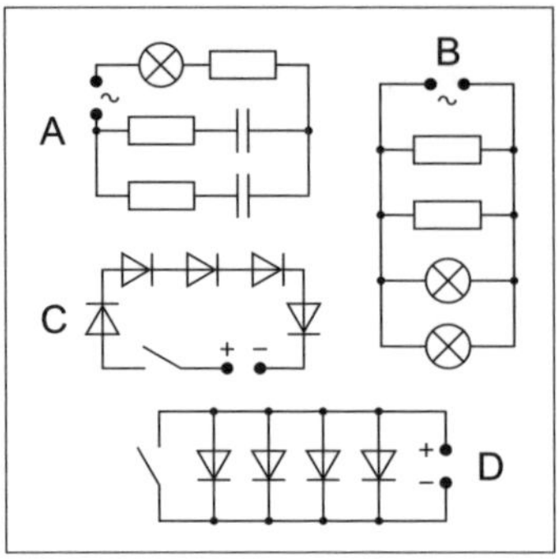


47. Welcher Stromkreis ist geschlossen?
    a) A
    b) A, B
    c) A, B, C
    d) A, B, D

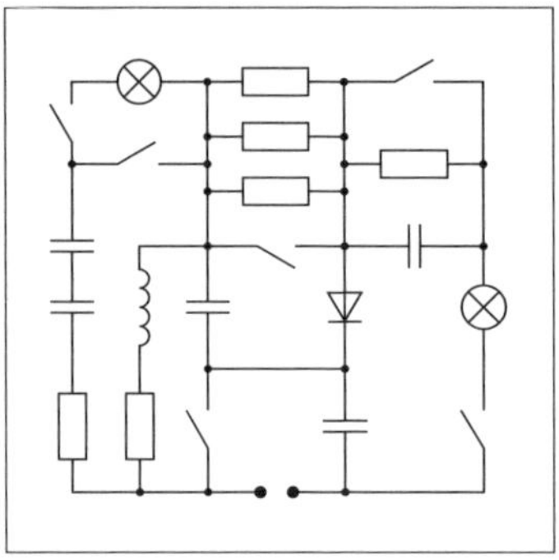

48. Ist der Stromkreis offen?
    a) nein, geschlossen
    b) ja, offen
    c) keine Aussage möglich

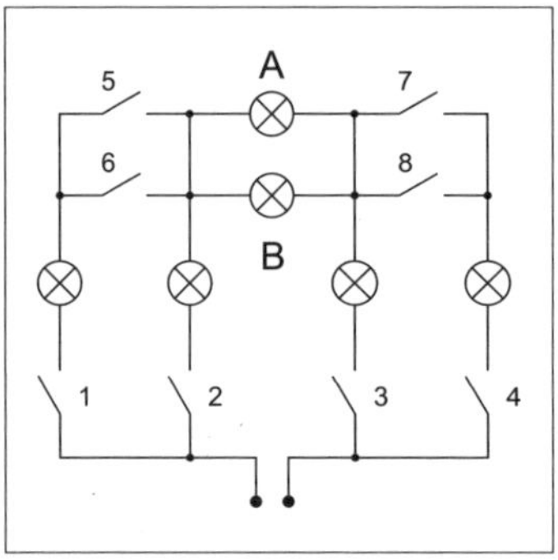


49. Welche Schalter müssen mindestens geschlossen sein, damit die Lampen A und B leuchten?
    a) 1 und 2
    b) 1 und 3
    c) 1, 2, 3 und 4
    d) 2 und 3
    e) 3 und 4

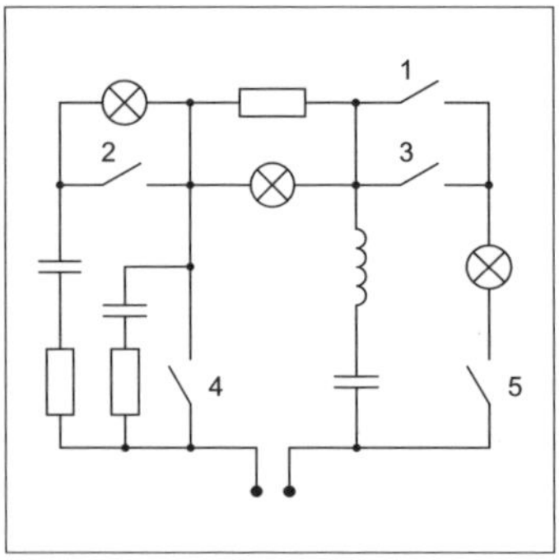


50. Welcher Schalter muss geschlossen werden, damit der Strom fließen kann?
    a) 1 und 3
    b) 2 und 4
    c) keiner
    d) alle
    e) 1, 2 und 5

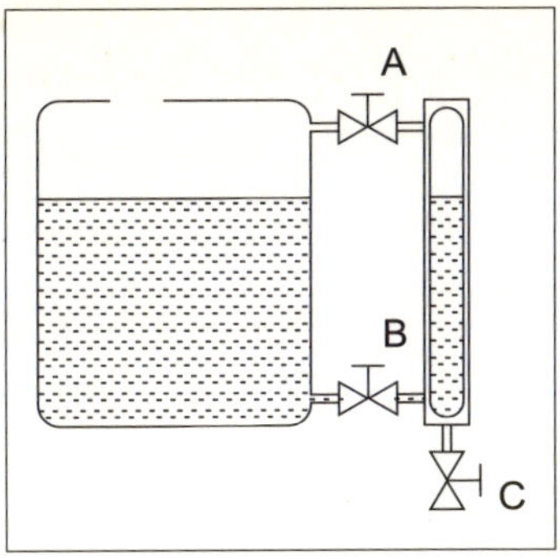


51. Wie wird die rechte Füllstandanzeige geleert?
    a) Ventil A und B werden geschlossen, Ventil C geöffnet
    b) Ventil B wird geschlossen, Ventil A und C geöffnet
    c) alle Ventile werden geöffnet

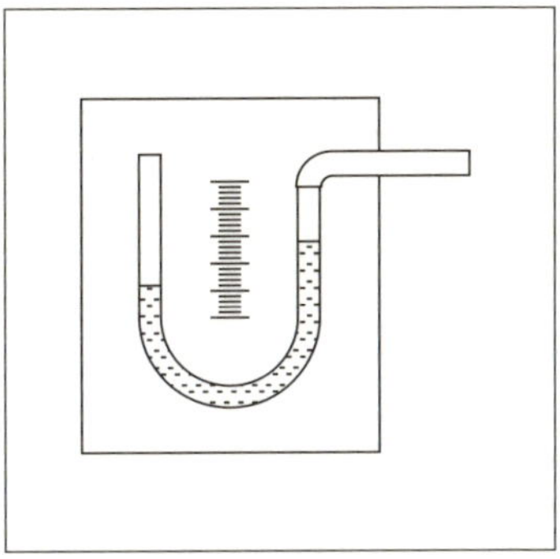

52. Was zeigt das U-Rohr an?
    a) Unterdruck
    b) Überdruck
    c) ein Vakuum

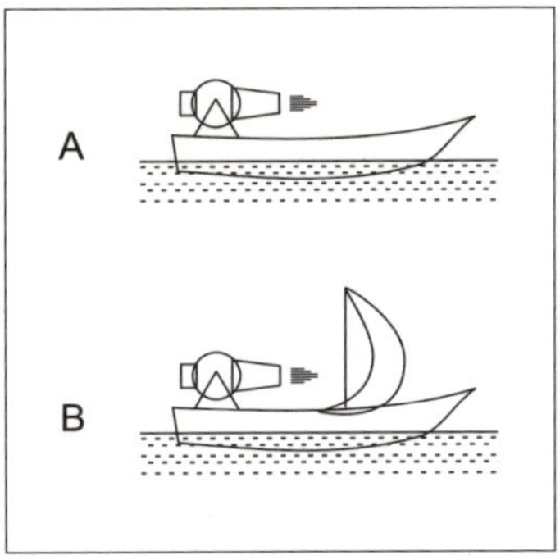


53. Welches Boot fährt vorwärts?
    a) A
    b) B
    c) keins fährt vorwärts

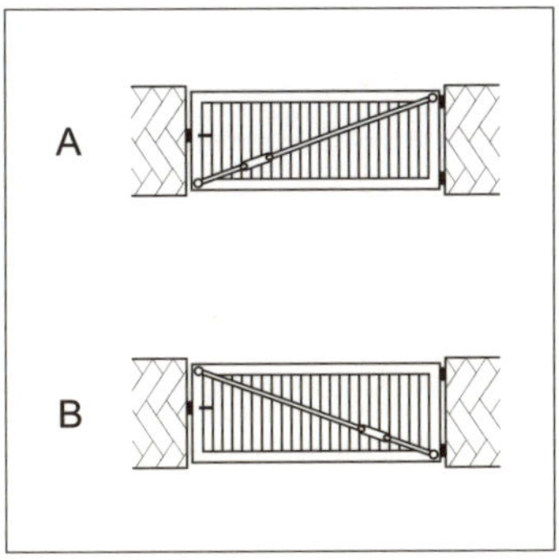


54. Welche der Abspannungen ist zweckmäßiger?
    a) A
    b) B
    c) kein Unterschied

→

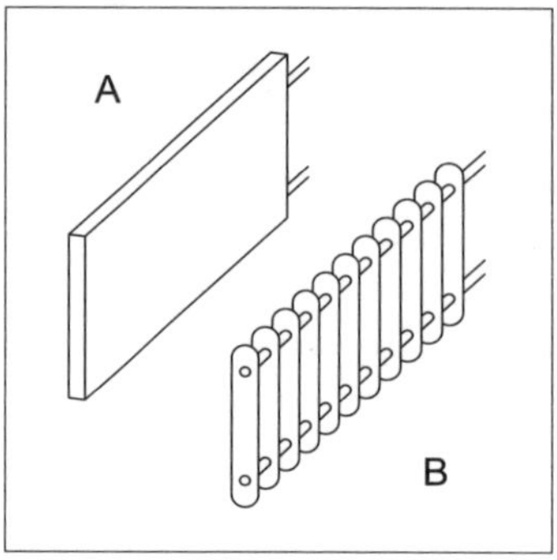


55. Welcher Heizkörper gibt mehr Wärme ab?
    a) A
    b) B
    c) kein Unterschied

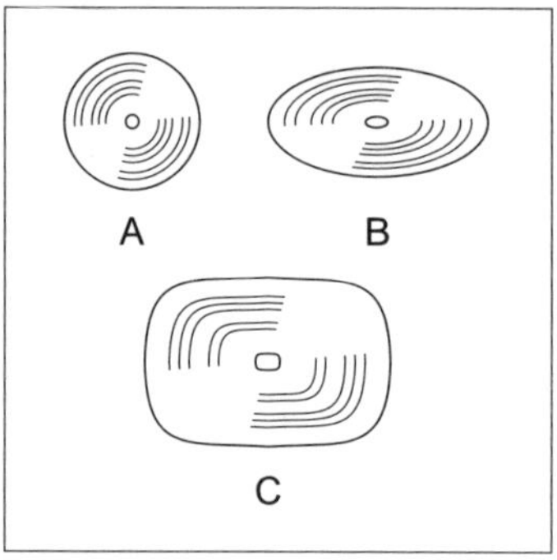


56. Welcher Lautsprecher eignet sich besser zur Übertragung tiefer Töne?
    a) A
    b) B
    c) C

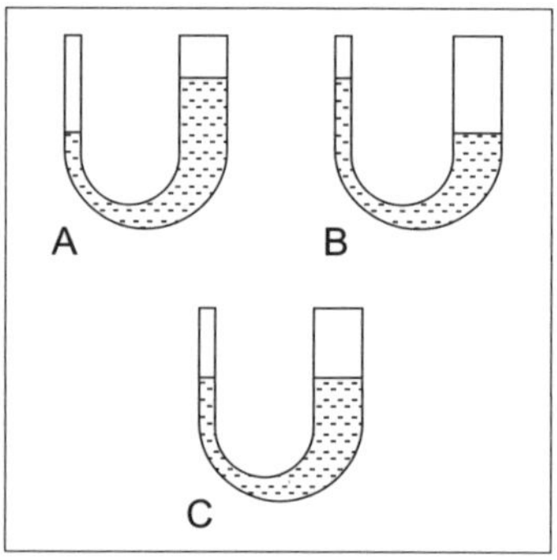


57. Wie hoch steht das Wasser bei Normaldruck in dem Rohr?
    a) A
    b) B
    c) C

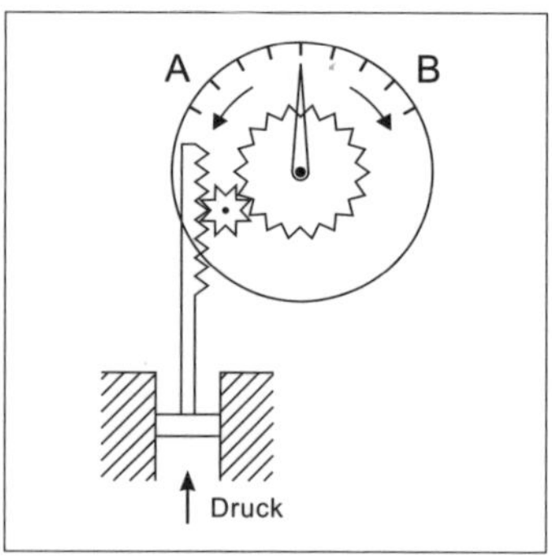


58. In welche Richtung bewegt sich der Zeiger bei Druckerhöhung?
    a) A
    b) B
    c) weder noch

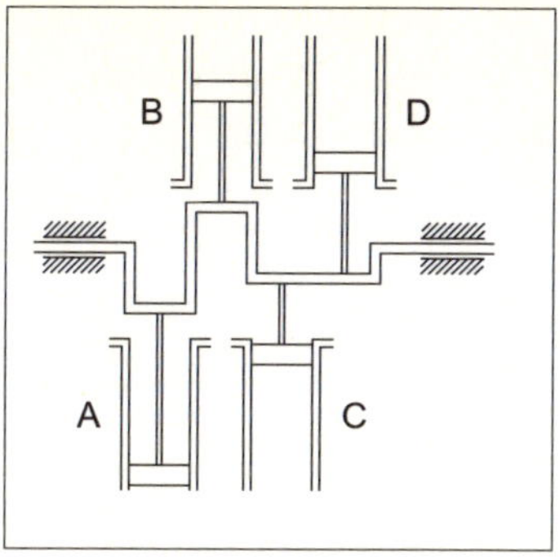


59. Welche Kolbenstellung ist falsch?
    a) A
    b) B
    c) C
    d) D

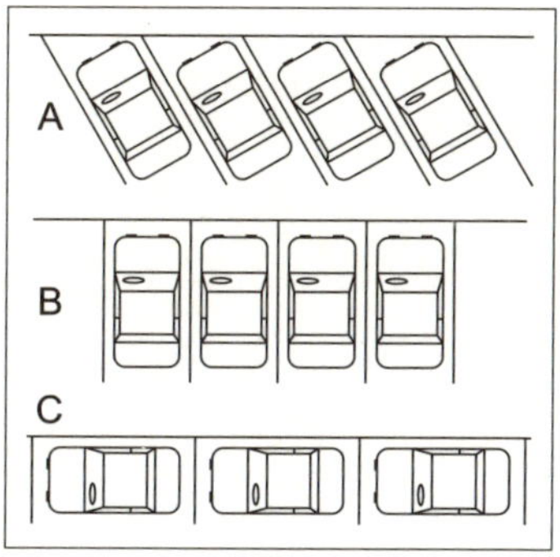


60. Welche Anordnung von Parkplätzen ist auf einer Länge von 100 Metern Platz sparend?
    a) A
    b) B
    c) C

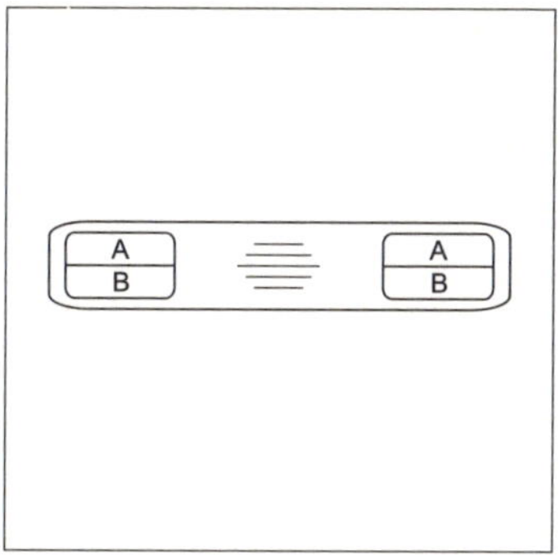


61. Welche Scheinwerferhälften sind bei Abblendlicht heller?
    a) A
    b) B
    c) beide gleich hell

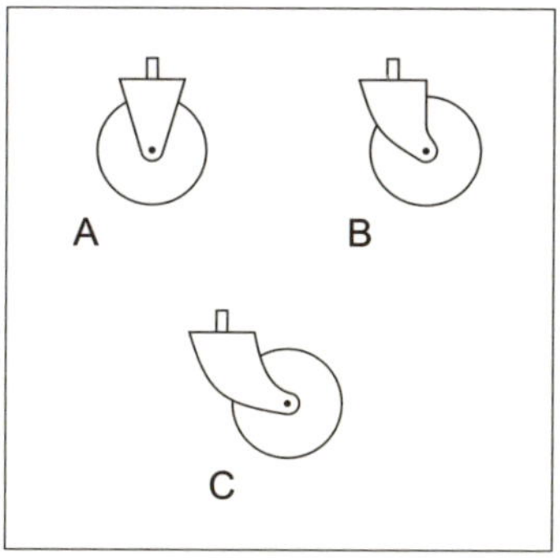


62. Mit welchen Rädern ist ein Drehstuhl beweglicher?
    a) A
    b) B
    c) C

→

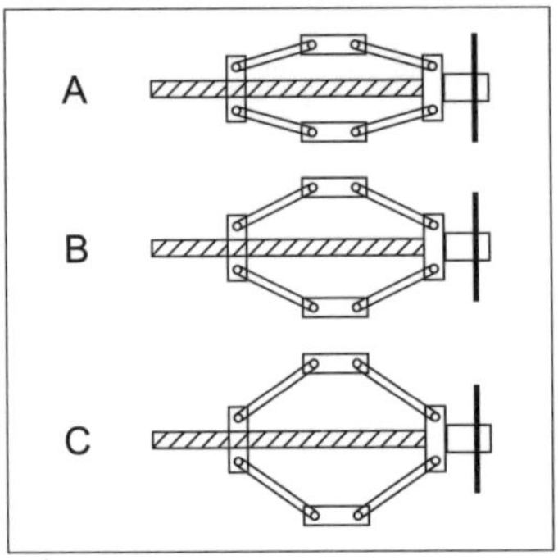


63. Welche Stellung eines Wagenhebers erfordert die größte Kraft?
   a) A
   b) B
   c) C

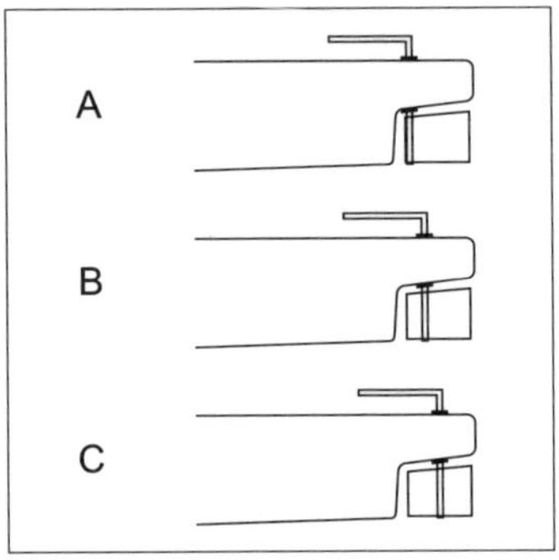


64. Mit welcher Steuereinrichtung ist ein Schiff leichter zu lenken?
   a) A
   b) B
   c) C

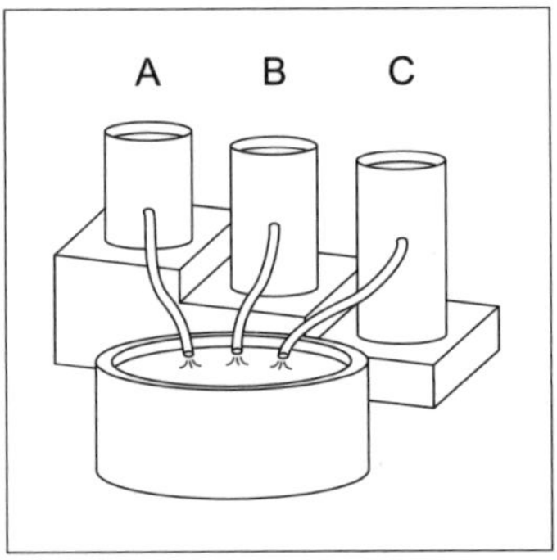


65. Aus welchem Gefäß tritt das Wasser mit dem höchsten Druck heraus?
   a) A
   b) B
   c) C
   d) kein Unterschied

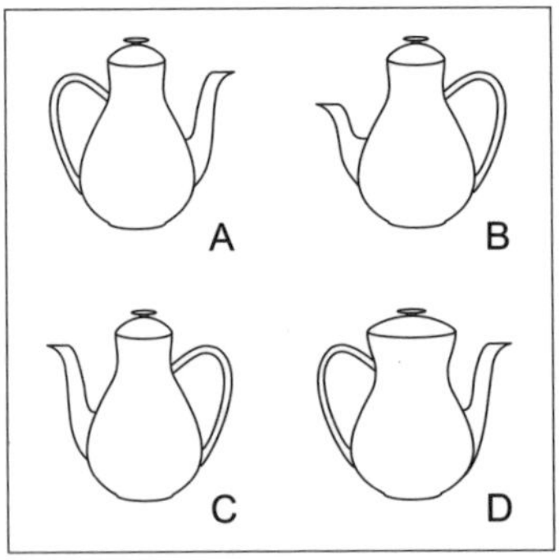


66. Welche Kanne ist unzweckmäßig konstruiert?
   a) A
   b) B
   c) C
   d) D

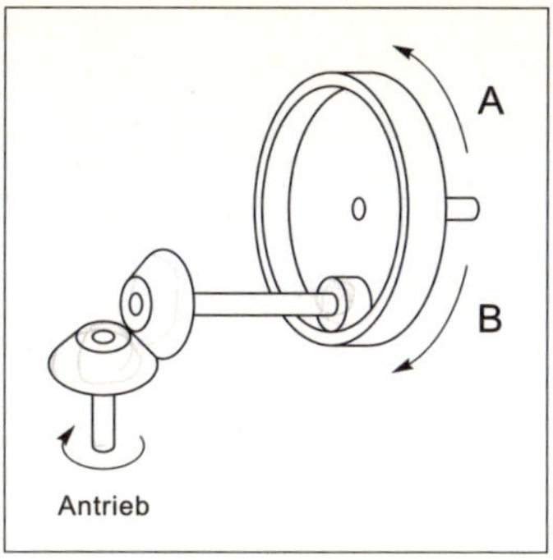


67. In welche Richtung dreht sich das große Rad?
    a) A
    b) B

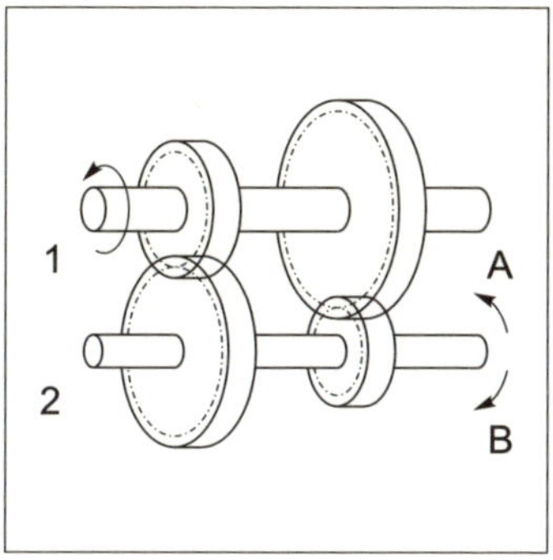


68. In welche Richtung dreht sich die Achse 2?
    a) A
    b) B

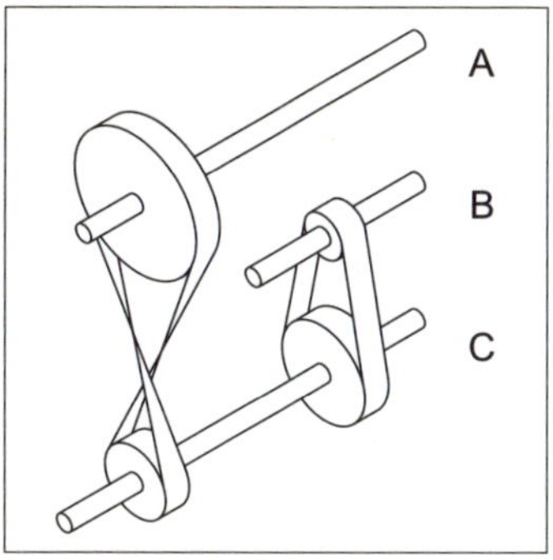


69. Welche Achse dreht sich am schnellsten?
    a) A
    b) B
    c) C

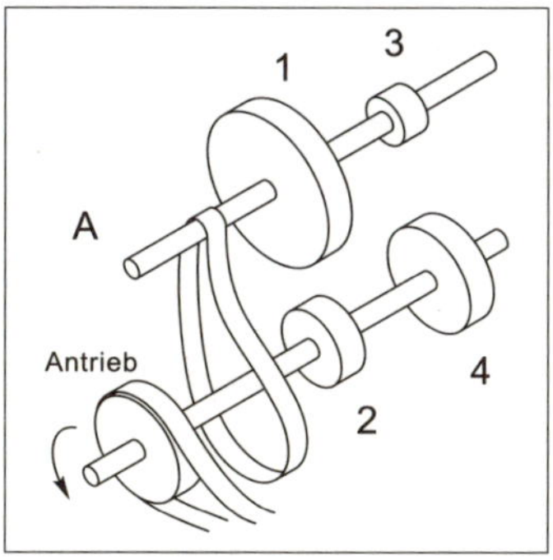


70. Wie muss der Riemen gelegt werden, damit die Achse A am meisten Umdrehungen pro Minute macht?
    a) zwischen 1 und 4
    b) zwischen 2 und 1
    c) zwischen 3 und 4

→

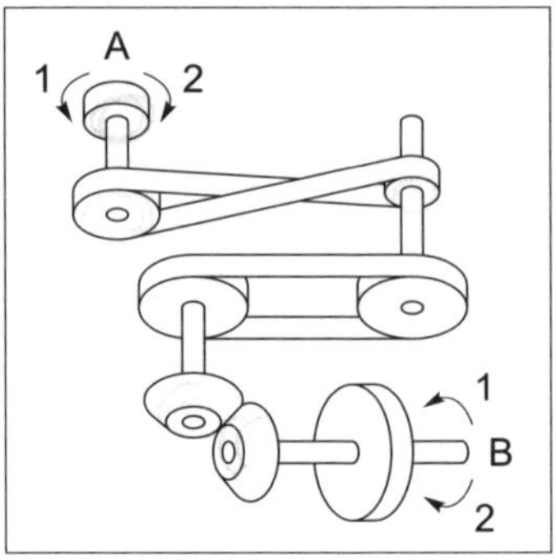


71. Was passiert, wenn sich Rad A in Richtung 2 dreht?
    a) B dreht sich nicht
    b) B dreht sich in Richtung 1
    c) B dreht sich in Richtung 2

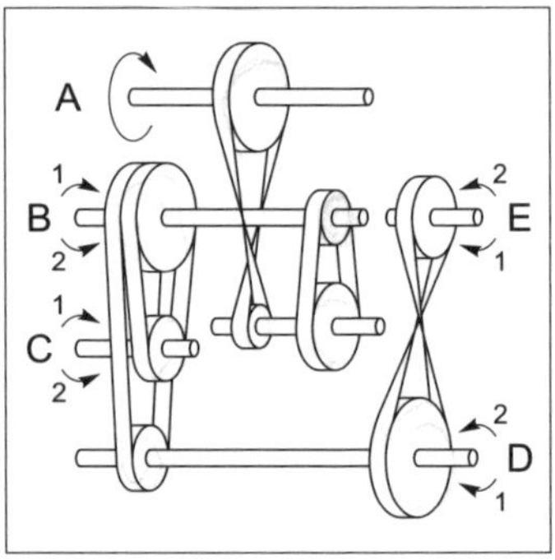


72. In welche Richtung drehen sich die Wellen B, C, D und E?
    a) in Richtung 1: A, B, C
       in Richtung 2: D, E
    b) in Richtung 2: B, C, D
       in Richtung 1: A, E
    c) in Richtung 1: D, E,
       in Richtung 2: B, C

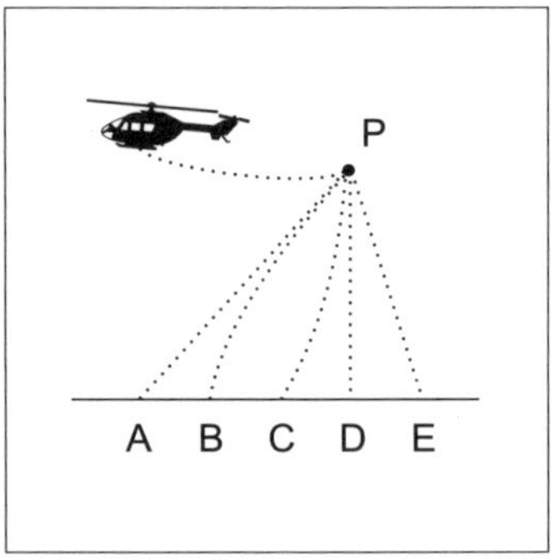


73. Auf welchem Weg fällt ein am Punkt P abgeworfener Sack vom Hubschrauber zur Erde?
    a) A
    b) B
    c) C
    d) D
    e) E

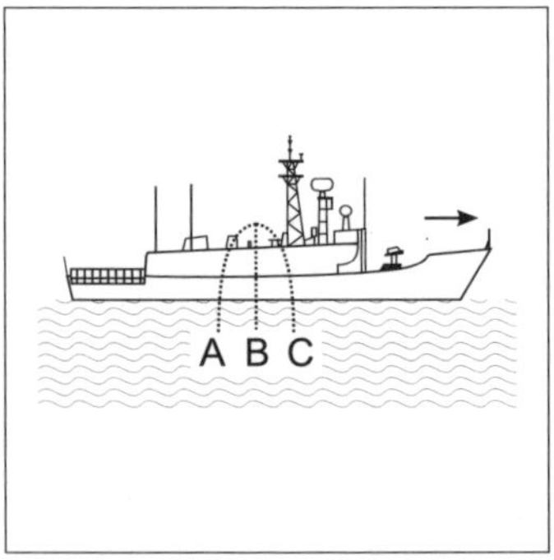


74. Wie sieht die Flugbahn einer von einem schnell fahrenden Schiff geworfenen Flaschenpost aus?
    a) A
    b) B
    c) C

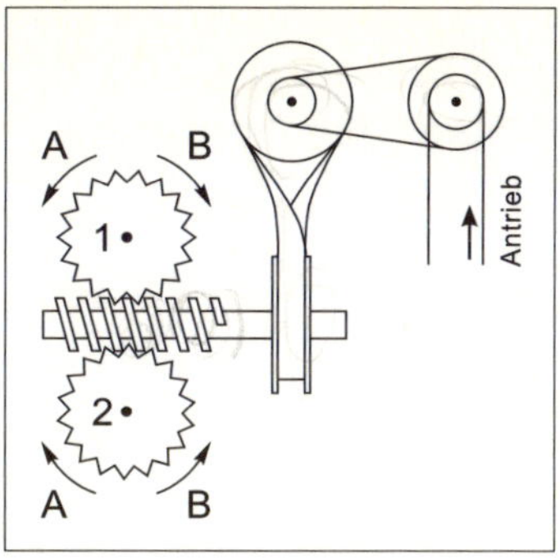


75. In welche Richtung drehen sich die Zahnräder 1 und 2?
    a) Zahnrad 1 in Richtung A, Zahnrad 2 in Richtung B
    b) Zahnrad 1 in Richtung A, Zahnrad 2 in Richtung A
    c) Zahnrad 1 in Richtung B, Zahnrad 2 in Richtung B

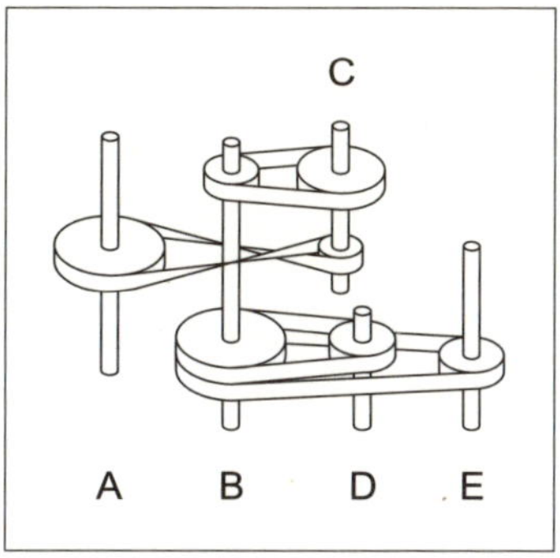


76. Welche der Wellen dreht sich am langsamsten?
    a) A
    b) B
    c) C
    d) D
    e) E

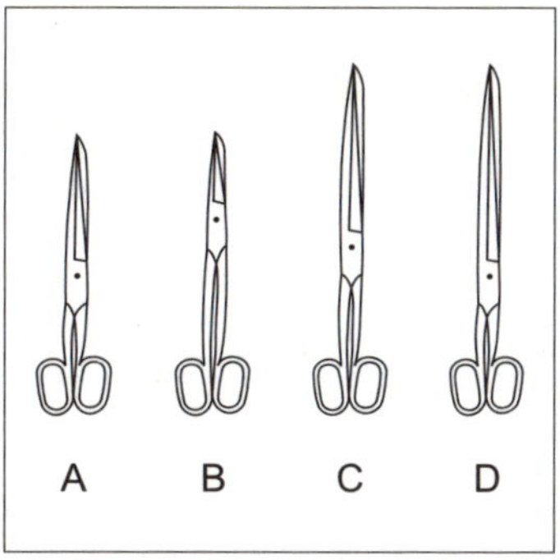


77. Mit welcher Schere kann man dicke Pappe besser schneiden?
    a) A
    b) B
    c) C
    d) D

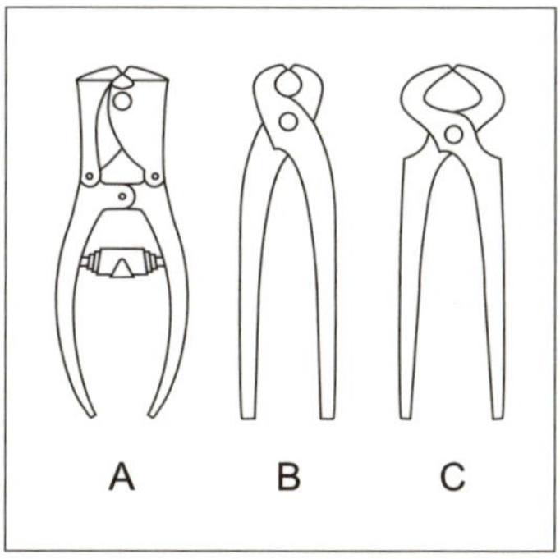


78. Mit welcher Drahtschneidezange lässt sich ein Draht am leichtesten durchschneiden?
    a) A
    b) B
    c) C

→

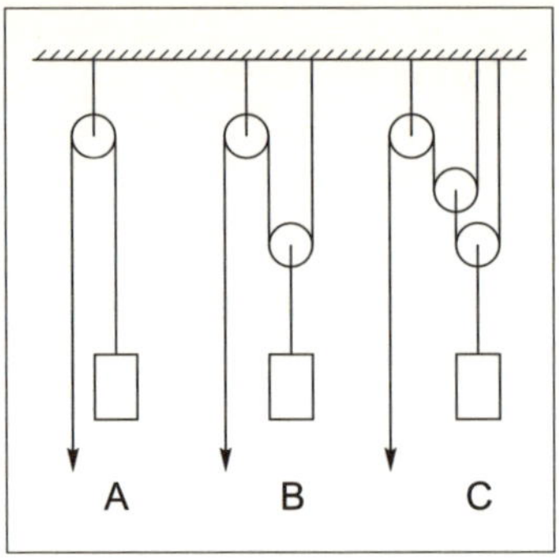


79. Mit welchem Flaschenzug benötigt man die geringste Kraftanstrengung zum Heben der Last?
   a) A
   b) B
   c) C

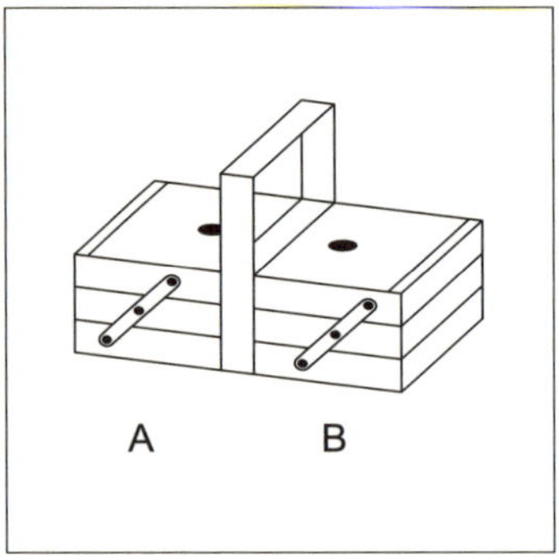


80. Welche Seite des Nähkästchens ist falsch konstruiert?
   a) A
   b) B

**Lösungen siehe Seite 290**

## 80 Fragen aus den Bereichen Chemie, Physik, Mathematik und Technik

Nun folgen noch einmal 80 Fragen, dieses Mal ohne Zeichnungen, die Sie bearbeiten sollen. Hierfür stehen Ihnen 38 Minuten Zeit zur Verfügung.

1. Auf welchem Grundstoff basiert die gesamte organische Chemie?
   a) auf Sauerstoff
   b) auf Wasserstoff
   c) auf Kohlenstoff
   d) auf Stickstoff

2. Wie schnell breitet sich der Schall im Vakuum aus?
   a) ca. 300 m/sek
   b) ca. 1.200 m/sek
   c) ca. 150 m/sek
   d) gar nicht

3. Welches der folgenden Instrumente dient zum Messen des Luftdrucks?
   a) das Barometer
   b) das Thermometer
   c) das Hygrometer
   d) das Spektroskop

4. Was versteht man unter der Fluchtgeschwindigkeit?
   a) die Geschwindigkeit, die ein Gegenstand benötigt, um die Schallmauer zu durchbrechen
   b) als Fluchtgeschwindigkeit bezeichnet man die Geschwindigkeit, die notwendig ist, um die Anziehungskraft eines Himmelskörpers überwinden zu können; für die Erde ist dies 11,2 m/s bzw. 40.320 km/h
   c) die Geschwindigkeit, mit der ein Gas aus einem Raum mit normalen Luftdruck von 1 atm und 0 °C in ein Vakuum entweicht
   d) die Geschwindigkeit, mit der sich ein Blitz durch die Atmosphäre bewegt; sie ist keine Konstante, sondern abhängig von Luftpartikeln (Wasser, Staub)

5. Welcher der folgenden Stoffe leitet die Wärme am besten?
   a) Luft
   b) Holz
   c) Glas
   d) Metall

6. Wer war der erste Mensch, der ins All flog?
   a) Neil Armstrong
   b) Alan Shepard
   c) Frank Borman
   d) Juri Alexejewitsch Gagarin

7. Wie heißt der mechanische Teil, der die Vor- und Rückwärtsbewegung eines Kolbens in eine Drehbewegung umsetzt?
   a) Kardanwelle
   b) Zylinder
   c) Pleuelstange
   d) Schiebemuffe

→

8. Welche Frequenz hat Hausstrom in Mitteleuropa?
   a) 220 Hertz
   b) 110 Hertz
   c) 50 Hertz
   d) 85 Hertz

9. Was besagt der Satz von Pythagoras?
   a) das Produkt aus der Multiplikation zweier negativer Zahlen ist stets positiv
   b) eine Zahl ist niemals durch Null teilbar
   c) die Oberfläche eines Würfels ist gleich dem sechsfachen Quadrat seiner Grundfläche
   d) in einem rechtwinkligen Dreieck ist die Summe der Quadrate über den Katheten gleich dem Quadrat über der Hypotenuse ($a^2 + b^2 = c^2$)

10. Welche Zeit benötigt das Licht von der Sonne zur Erde?
   a) 8 Minuten, 13 Sekunden
   b) 1 Stunde, 4 Minuten, 7 Sekunden
   c) 59,8 Sekunden
   d) 22 Sekunden

11. Wozu wird eine Pipette benutzt?
   a) als Rührstab
   b) als Saugheber
   c) als Zerstäuber
   d) als Voltmesser

12. Was ist ein Zyklotron?
   a) der Name des weltweiten Netzes von Wetterstationen zur Frühwarnung vor Wirbelstürmen
   b) ein dreifach positiv geladenes Teilchen, das bei der Kernspaltung von Uran freigesetzt wird
   c) eine Anlage zur Beschleunigung elektrisch geladener Teilchen (Ionen) durch ein starkes Magnetfeld
   d) ein Wasserkraftwerk, bei dem die Kraft des zu- und abfließenden Wassers, bedingt durch die unterschiedlichen Wasserstände bei Ebbe und Flut, als Energie genutzt wird

13. Wer war der/die Erfinder/in des Dynamits?
   a) Marie Curie 1898
   b) Joseph Monier 1848
   c) Katrin Zielke 1896
   d) Alfred Nobel 1867

14. Wie heißt das Instrument, mit dem die Erschütterungen eines Erdbebens registriert werden?
   a) Tremblograph
   b) Hygrometer
   c) Seismograph
   d) Tektoskop

15. Bei welcher Temperatur liegt der absolute Nullpunkt?
   a) bei minus 273,15 °C
   b) bei 0 °C
   c) bei 0 °F (Fahrenheit)
   d) bei minus 301,20 °C

16. Was versteht man unter einer Oxidation?
   a) die Anreicherung von Gewässern mit Sauerstoff zur Verbesserung der Lebensbedingungen darin
   b) eine Reaktion, bei der die Oxidationszahl eines Elements vergrößert wird
   c) die Verbindung eines Stoffes mit Stickstoff oder Stickstoffverbindungen
   d) die Freisetzung von Sauerstoff bei bestimmten chemischen Reaktionen

17. Wie lautet die Einheit zur Angabe der elektrischen Stromstärke?
   a) Volt (V)
   b) Coulomb (C)
   c) Watt (W)
   d) Ampere (A)

18. Wo findet die Braun'sche Röhre ihre Verwendung?
   a) im Telephon
   b) im Röntgenapparat
   c) als Fernsehbildröhre
   d) als Lichtverstärker im Laserapparat

→

19. Was ist ein Ion?
   a) ein Molekül oder ein Atom, das fähig ist, elektrischen Strom zu leiten
   b) die antike Bezeichnung für einen vermuteten »Stromkörper«
   c) die physikalische Maßeinheit für Stromverlust durch Widerstand
   d) ein Atom, das entweder durch Anlagerung von Elektronen negativ (Anion), oder durch den Verlust von Elektronen positiv (Kation) geladen ist

20. Wer war der Erfinder der Dampfmaschine?
   a) Rudolf Diesel 1799
   b) Werner von Siemens 1866
   c) Carl Benz 1885
   d) James Watt 1765

21. Was versteht man unter einem Semaphor?
   a) einen Mast zur optischen Signalgebung (hauptsächlich in der Seefahrt)
   b) das Eisenbahnsignal, mit dem eine Strecke freigegeben wird
   c) beim Flugzeug das Staurohr zur Bestimmung der Geschwindigkeit
   d) die Flagge zur Zeichengebung in der Seefahrt

22. Was ist eine Primzahl?
   a) jede Zahl, die durch zehn teilbar ist
   b) eine Zahl, die nur durch sich selbst und durch eins teilbar ist
   c) eine positive ganze Zahl
   d) die Zahl, die sich ergibt, wenn eins durch sie geteilt wird

23. Wie hoch ist die Temperatur des Drahtes in der Glühlampe?
   a) ca. 1.000 °C
   b) ca. 400 °C
   c) über 2.000 °C
   d) ca. 100 °C

24. Was ist Quecksilber (Hg)?
   a) eine Legierung aus Silber und Eisen
   b) eine giftige, silberfarbige Lauge
   c) ein Element und Metall
   d) eine silberglänzende ätzende Säure

25. Woraus ist Bernstein entstanden?
   a) aus dem Harz von Nadelhölzern der Tertiärzeit
   b) aus Erdöl beim Zusammentreffen mit Lava unter Hitze- und Druckeinfluss
   c) aus fossilen Ablagerungen, ähnlich wie bei der Entstehung von Kohle
   d) aus dem Verpressen von Quarzsand durch das Gewicht eiszeitlicher Gletscher

26. Wann betrat mit Neil Alden Armstrong zum ersten Mal ein Mensch den Mond?
   a) am 17. 8. 1970
   b) am 21. 7. 1969
   c) am 30. 7. 1964
   d) am 21. 8. 1966

27. Welche der folgenden Lehren ist keine Naturwissenschaft?
   a) Astronomie
   b) Meteorologie
   c) Astrophysik
   d) Astrologie

28. Was versteht man unter dem spezifischen Gewicht?
   a) frühere Bezeichnung für das Gewicht von 1 $m^3$ eines Gegenstandes auf einem zweiachsigen Wagen, das von zwei Pferden in einer Minute 100 Meter weit gezogen werden konnte
   b) das Gewicht, das ein Stoff ohne jeglichen Einfluss der Erdanziehungskraft hätte
   c) das Gewicht eines Stoffes, das sich im Vergleich mit 1 $dm^3$ reinem Gold ergibt
   d) die Dichte eines Stoffes, also das Gewicht pro Raummaß ($g/cm^3$)

29. Wie lautet die Formel zur Berechnung der Fläche (A) eines Kreises?
   a) $A = \pi \times r^2$
   b) $A = 2\pi \times r$
   c) $A = \pi^2 \times r$
   d) $A = \pi \times 2r$

→

30. Wie viele Stunden zeigt die Skala einer Sonnenuhr an?
    a) 8 Stunden
    b) 12 Stunden
    c) 24 Stunden
    d) 10 Stunden

31. Können Diamanten verbrennen?
    a) nein, sie sind zu hart
    b) ja, ohne weitere Rückstände zu Kohlendioxid
    c) nein, auf Grund ihrer ungewöhnlichen Reinheit
    d) ja, wobei Stickstoff und Nickel entsteht

32. Wer war der/die Erfinder/in des ersten Gleitfluggerätes?
    a) die Brüder Wilbur und Orville Wright 1903
    b) Gabriele Raskopf 1888
    c) Otto Lilienthal 1891
    d) Elisabeth Boeing 1899

33. Was ist der Fachausdruck für »nach innen gewölbt«?
    a) konvex
    b) inkav
    c) introdux
    d) konkav

34. Was bezeichnet man als »weiches Wasser«?
    a) Wasser mit starkem Kalkgehalt
    b) Wasser ohne Kalkgehalt
    c) Wasser, das abgekocht wurde
    d) Wasser, das radioaktiv strahlt

35. Welche Funktion hat ein Transformator?
    a) die Überführung von mechanischer Energie (Bewegung) in elektrischen Strom
    b) die Vermeidung von Kurzschlüssen in einem elektrischen System
    c) die Umwandlung von niedrigen elektrischen Wechselspannungen in höhere oder umgekehrt
    d) die Speicherung von elektrischer Energie in Trafospeichern

36. Wieso ist ein schwarzes Loch (ein massereicher Reststern) schwarz?
   a) schwarze Löcher kommen nur in den äußersten Randbereichen des Alls vor, sie sind daher so lichtschwach, dass ihre Leuchtkraft von anderen Himmelskörpern überlagert wird
   b) da dieses immer der kleinere Teil eines Doppelsternes ist, wird seine Leuchtkraft immer vom lichtstärkeren Stern überlagert
   c) weil auf Grund seiner gewaltigen Masse und der daraus folgenden Gravitationskraft eine Fluchtgeschwindigkeit resultiert, die höher als die Lichtgeschwindigkeit ist, daher kann das Licht den Stern nicht verlassen, dieser ist somit nicht sichtbar
   d) ein schwarzes Loch (black hole) ist überhaupt nicht schwarz, der Name geht lediglich auf seinen Entdecker, den Astrophysiker Frank Black, zurück

37. Woraus wird Benzin gewonnen?
   a) aus Erdöl
   b) aus Steinkohle
   c) aus Erdgas
   d) aus Löschkalk

38. Welcher Stein schwimmt auf Wasser?
   a) Feuerstein
   b) Kalkstein
   c) Sandstein
   d) Bimsstein

39. Was zeigt ein Geigerzähler an?
   a) Röntgenstrahlen
   b) radioaktive Strahlung
   c) Wärmestrahlung
   d) Mikrowellen

40. Wie viele chemische Elemente sind der Wissenschaft bekannt?
   a) ca. 70
   b) deren Zahl gilt als unbegrenzt
   c) mehr als 100
   d) genau vier

→

41. Was versteht man in der Physik unter Entropie?
   a) ein Maß für die Ungeordnetheit in einem abgeschlossenen thermodynamischen System – je größer die Ordnung der Teilchen, desto kleiner die Entropie
   b) die Wärme, die freigesetzt wird, wenn ein Stoff von einem Aggregatzustand in einen anderen übergeht
   c) die Gesamtheit aller Moleküle, die sich an der Oberfläche eines festen Körpers befinden
   d) die Zeiteinheit, die notwendig ist, bis sich ein Gleichgewicht in einem thermodynamischen System eingestellt hat

42. Was ist ein Episkop?
   a) ein Gerät zum Messen von Schallwellen
   b) ein Apparat zur Projektion von Bildern
   c) ein Gerät zur Aufzeichnung von Erschütterungen durch Erdbeben
   d) eine Kleinstkamera, die in der Chirurgie eingesetzt wird

43. Was ist die Summe der drei Winkel eines Dreiecks?
   a) 360°
   b) 90°
   c) 100°
   d) 180°

44. Was versteht man unter einem Faradayschen Käfig?
   a) eine geschlossene Hülle aus Blechen oder Maschendraht, in die von außen kein elektrisches Feld eindringen kann
   b) der Raum eines Röntgenapparates, in dem sich die Röntgenstrahlung ausbreitet
   c) die Sicherheitshülle eines Atomreaktors, die die radioaktive Strahlung von der Außenwelt abschirmt
   d) ein geschlossenes physikalisches System, aus welchem keine Moleküle entweichen können

45. Wann und wo wurde die erste Atombombe militärisch eingesetzt?
   a) am 17. Juli 1945 in Nagasaki
   b) am 22. Dezember 1944 in Osaka
   c) am 6. August 1945 in Hiroshima
   d) am 14. Oktober 1944 auf den Midway-Inseln

46. Was ist ein Molekül?
   a) der kleinste Schwebepartikel aus Wasser im Nebel
   b) die kleinste Einheit einer chemischen Verbindung aus mindestens zwei Atomen, die noch die typischen Eigenschaften dieser Verbindung besitzt
   c) ein Kühlmittel, das vor allem in Kühlschränken zum Einsatz kommt
   d) das atomare Teilchen der Atmosphäre, durch das sich Lichtwellen ausbreiten

47. Wer stellte 1905 die spezielle Relativitätstheorie auf?
   a) Werner Heisenberg
   b) Otto Hahn
   c) Albert Einstein
   d) Stephen W. Hawking

48. Was wird als Fokus bezeichnet?
   a) das Ergebnis eines naturwissenschaftlichen Experimentes
   b) der Moment beim Startvorgang einer Rakete, in dem der Motor gezündet wird
   c) ein Teleskop mit Lichtverstärker zum Beobachten weit entfernter Objekte
   d) der Punkt, im dem sich Lichtstrahlen nach Brechung oder Konzentration vereinigen

49. Wie schnell ist das Licht?
   a) ca. 300.000 km/h
   b) ca. 300.000 km/sek
   c) ca. 10.000 km/sek
   d) ca. 10.000 km/h

50. Was ist eine Emulsion?
   a) die Feinverteilung zweier nicht mischbarer Flüssigkeiten in einem Raum
   b) ein scharfes Reinigungsmittel zum Lösen von Ölfarben
   c) eine hochexplosive Mischung
   d) eine besonders harte, aber dennoch sehr elastische Kunststoffverbindung

→

51. Wer war der Erfinder des Buchdrucks mit beweglichen Lettern?
   a) Friedrich A. Brockhaus 1604
   b) Johannes Gutenberg 1436
   c) Wolfgang Tappeser 1557
   d) Johann Gottfried von Herder 1776

52. Wann färbt sich der Indikator Lackmuspapier rot?
   a) bei Kontakt mit Basen
   b) bei Kontakt mit Sauerstoff
   c) bei Kontakt mit Säuren
   d) beim Gefrieren

53. Was ist in der Naturwissenschaft ein Quark?
   a) das kleinste bekannte Elementarteilchen, aus dem sich die Materie aufbaut
   b) die theoretisch kleinste Zeiteinheit
   c) ein schnell rotierender, blinkender Stern
   d) der Teil eines Moleküls, der chemische Reaktionen ermöglicht

54. Woraus besteht Seide?
   a) aus der Kunstfaser Perlon®
   b) aus der Rindenfaser des Seidenstrauches
   c) aus feingesponnener Edelbaumwolle
   d) aus einem proteinhaltigen Fadensekret der Seidenspinnerraupe

55. Was versteht man unter Kondensation?
   a) die Entladung elektrischer Spannung
   b) die Verdichtung von Stoffen durch Verpressen
   c) den Übergang vom gas- oder dampfförmigen in den flüssigen Aggregatzustand
   d) den Gehalt einer Lösung in einer Flüssigkeit

56. Wie lautet der binomische Satz (die Darstellung durch eine Reihe) der Potenz $(a+b)^2$?
   a) $2a + 2b$
   b) $a^2 + 2ab + b^2$
   c) $a^2 + b^2$
   d) $4ab$

57. Was ist die Abkürzung für das Binärzeichen in der elektronischen Datenverarbeitung?
   a) dig
   b) code
   c) log
   d) bit

58. Was bewirkt ein Katalysator in der Chemie?
   a) die Ermöglichung, Lenkung oder Beschleunigung einer chemischen Reaktion
   b) die Umwandlung organischer in anorganische Materie
   c) die Messung freigesetzter Wärmeenergie einer Reaktion
   d) die Abpufferung von Säuren

59. Wie lautet der Name des ersten Marsmobils, das am 4.7.1997 auf dem Mars landete?
   a) Hubble
   b) Voyager
   c) Explorer
   d) Sojourner

60. Was bedeutet in der Kernenergienutzung »GAU«?
   a) »General Atomic Union«, der US-Verband der Atomindustrie
   b) der »Gesamtverband der Atomnutzenden Unternehmen« in Deutschland
   c) der »größte anzunehmende Unfall«, eine Nuklearkatastrophe
   d) »general automatic unit«, das automatische Abschaltsystem in Kernreaktoren

61. Woraus besteht ein Schwingkreis?
   a) Kondensator und Spule
   b) Wechselstromwiderstand und Spule
   c) Kondensator und Gleichstromwiderstand
   d) Transistor und Spule

62. Wovon hängt die Induktivität einer Spule ab?
   a) von der Spannung
   b) vom Widerstand des Drahtes
   c) von der Beschaffenheit des Kernmaterials
   d) vom Durchmesser der Spule

→

63. Die Kapazität eines Kondensators wird vergrößert.
Wie verhält sich der Wechselstromwiderstand?
a) der Wechselstromwiderstand wird größer
b) der Wechselstromwiderstand wird kleiner
c) es ändert sich nichts
d) die Fragestellung ist falsch

64. Welche Spannung liegt an der Autozündkerze an?
a) 12 V
b) 15.000 V
c) 120 V
d) 24 V

65. Welche Reihenfolge nach spezifischem Gewicht ist die richtige?
a) Titan, Kupfer, Aluminium, Stahl
b) Kupfer, Stahl, Titan, Aluminium
c) Stahl, Kupfer, Titan, Aluminium
d) Aluminium, Titan, Stahl, Kupfer

66. Die Differenz zwischen Blitz und Donner beträgt 13 Sekunden.
Wie weit ist das Gewitter entfernt?
a) ½ km
b) 12 km
c) 2 km
d) 4 km

67. In einem Kettenkarussell sitzen eine schwere und
eine leichte Person. Wer wird weiter herausgetragen?
a) beide gleich
b) die leichte Person
c) die schwere Person
d) die Fragestellung ist falsch

68. Vorteile des V-Motors gegenüber dem Reihenmotor:
a) mehr Leistung
b) höheres Drehmoment
c) kürzere Bauweise
d) günstigerer Verbrauch

69. Zwei gleiche Pendel werden verschieden weit ausgelenkt. Welches der Pendel schwingt schneller?
a) beide gleich
b) das weniger weit ausgelenkte
c) das weiter ausgelenkte
d) die Frage ist falsch formuliert

70. Wie oft dreht die Kurbelwelle eines 8-Zylinder-4-Takt-Motors, bis alle Zylinder einmal gezündet haben?
a) 1 Umdrehung
b) 2 Umdrehungen
c) 4 Umdrehungen
d) 8 Umdrehungen

71. Wie viele Ventile hat ein normaler 4-Zylinder-4-Takt-Motor?
a) 8
b) 24
c) 4
d) 2

72. Ein Großkreis ist ein Kreis auf der Kugeloberfläche, dessen Mittelpunkt mit dem Kugelmittelpunkt identisch ist. Wieviele Großkreise gibt es?
a) 360
b) 1
c) 180
d) mehr als 360

73. Welches Bauteil lässt keinen Gleichstrom durch?
a) Widerstand
b) Spule
c) Transistor
d) Kondensator

74. Welches Bauteil verwandelt AC in DC?
a) Transistor
b) Gleichrichterdiode
c) Spule
d) Kondensator

→

75. Wie bewegen sich die Elektronen in einem Leiter?
   a) entgegen der Stromrichtung von – nach +
   b) mit der Stromrichtung von + nach –
   c) ist nicht genau definiert
   d) die Frage ist falsch formuliert

76. Womit wird ein Bleiakku gefüllt?
   a) Wasser
   b) Verdünnung
   c) Salzsäure
   d) Verdünnte Schwefelsäure

77. Ein Wasserrohr hat drei unterschiedliche Bohrungen. Der Druck ist konstant 3 kp/cm². Welcher Wasserstrahl reicht am höchsten?
   a) der des kleinsten Loches
   b) der des größten Loches
   c) alle gleich
   d) der des mittleren Loches

78. Welche Strahlen haben die höchste Frequenz?
   a) Röntgenstrahlen
   b) elektrische Wellen
   c) Infrarotstrahlung
   d) Technische Strahlen (Rundfunk, Fernsehen)

79. Woraus besteht ein Blitzableiter?
   a) Kupfer
   b) Zinn
   c) Eisen
   d) Aluminium

80. Was ergibt die Reaktion Salzsäure + Lauge?
   a) Wasser und Zucker
   b) Schwefelsäure
   c) Wasser und Salz
   d) Salzsäure

**Lösungen siehe Seite 290**

## Exkurs:
## Physikalische Grundlagen

### *Kraft F*

- Ursache dafür, dass ein Körper seinen Bewegungszustand ändert (Einheit: Newton).
- Jeder Körper, der auf einen anderen Körper eine Kraft ausübt, erfährt auch von diesem Körper eine eigene Kraft, sodass auf jeden der beiden Körper eine Kraft wirkt. Die beiden Kräfte sind gleich groß und entgegengesetzt gerichtet.
  Ein Körper übt mit seinem Gewicht immer eine Kraft Richtung Erde aus ($F_G$). Diese lässt sich wie folgt berechnen: $F_G = m \times g$.
  m = Masse
  g = Ortsfaktor, Erde: ø 9,81 N/kg = 9,81 m/s² (Erdbeschleunigung)
  Auf Grund der von der Erdrotation verursachten Zentrifugalkraft sind g und damit sämtliche Massen in großer Höhe bzw. am Äquator ein wenig geringer als in Meereshöhe bzw. an den Polen.

### *Drehmoment M*

- Produkt aus Kraftbetrag F und Hebelarm a : $M = F \times a$ (Einheit Nm).
- An einem Hebel herrscht Gleichgewicht, wenn die Summe aller rechtsdrehenden Drehmomente gleich der Summe aller linksdrehenden Drehmomente ist.

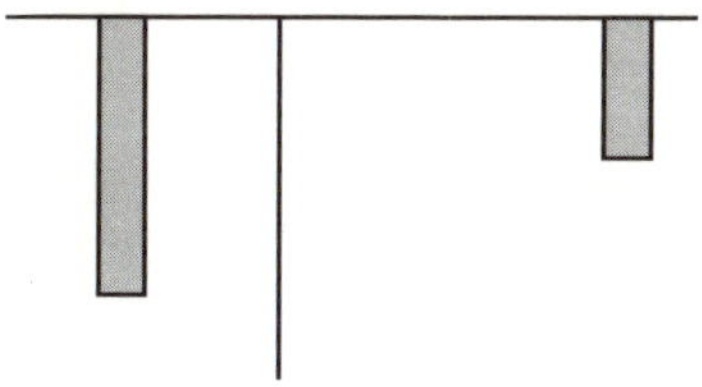

$$F_1 \times a_1 = M = F_2 \times a_2$$

- Jeder Körper verhält sich so, als würde die ganze Gewichtskraft in einem Punkt angreifen. Dieser Punkt wird als Schwerpunkt bezeichnet.

### *Impuls p*

- Produkt aus Masse m und der Geschwindigkeit v : $p = m \times v$ (Einheit: kg x m/s).
- Stößt eine Kugel der Masse $m_1$ mit der Geschwindigkeit $v_1$ auf eine zweite Kugel mit der Masse $m_2$, übernimmt diese den Impuls der ersten. Der Impuls bleibt in seiner Größe erhalten, denn $p_1 = p_2$. Die erste Kugel bleibt stehen, die zweite bewegt sich nun aber mit veränderter Geschwindigkeit auf Grund ihrer Masse weiter ($p_2 = m_2 \times v_2$).

### *Maschinen*

- Goldene Regel der Mechanik: Kräfte kann man mit Maschinen einsparen. Dafür ist der Weg, den man zurücklegt, länger. Das Produkt aus Kraft und Weg (Arbeit) bleibt konstant.
- Leistung P: Quotient aus Arbeit W und Zeit t (Einheit: Watt).
- In einer bestimmten Zeit verrichtete Arbeit: $P = W/t$.

***Fadenpendel***

- Die Schwingungsdauer T und die Elongation (der Ausschlag) eines Fadenpendels sind vom Gewicht des angehängten Körpers unabhängig. Die Schwingungsdauer wächst aber mit der Länge l des Fadens nach dem Gesetz:
  $T = 2\pi \times \sqrt{(l/g)} \rightarrow T \sim \sqrt{l}$

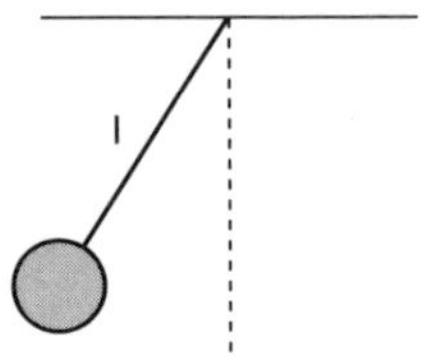


***Druck***

*Hydraulik*

- Übt man auf eine eingeschlossene Flüssigkeit eine Kraft aus, entsteht ein Druck p (Einheiten bar und Pascal).
- Der Druck wirkt in alle Richtungen auf das die Flüssigkeit einschließende Gefäß sowie auf die in der Flüssigkeit befindlichen Objekte.
- Die Druckgröße p ergibt sich aus dem Quotienten der druckerzeugenden Kraft F und ihrer Wirkungsfläche A: $p = F/A$.
- Flüssigkeiten lassen sich nicht komprimieren, übertragen aber Kräfte mittels Druck.
- Da der untere Teil eines eingetauchten Körpers einem größeren Schweredruck ausgesetzt ist als der obere Teil, entsteht ein Auftrieb.
- Die Auftriebskraft, die ein eingetauchter Körper erfährt, ist so groß wie die Gewichtskraft auf die vom Körper verdrängte Flüssigkeit (archimedisches Prinzip).
- Ein Körper sinkt, wenn die Auftriebskraft kleiner ist als seine Gewichtskraft.
- Ein Körper schwebt, wenn die Auftriebskraft gleich seiner Gewichtskraft ist.
- Ein Körper steigt, wenn die Auftriebskraft größer ist als seine Gewichtskraft.
- Alle drei Fälle lassen sich vorhersagen, wenn man die Flüssigkeitsdichte und die mittlere Dichte des Körpers kennt.

*Pneumatik*

- Anders als Flüssigkeiten kann man Gase komprimieren. Dabei erhöht sich der Druck.

***Thermodynamik***

- Absoluter Nullpunkt = – 273 °C = 0 K
- Die Siedetemperatur einer Flüssigkeit hängt vom Druck ab, der über der Flüssigkeit herrscht.

*Optik*

- Man stellt sich vor, dass ein Gegenstand aus unzähligen Punkten besteht. Im Idealfall erhält man bei einer optischen Abbildung zu jedem Gegenstandspunkt einen Bildpunkt. Daraus folgt, dass man sich auch das Bild eines Gegenstandes aus einzelnen Punkten zusammengesetzt vorstellen muss.

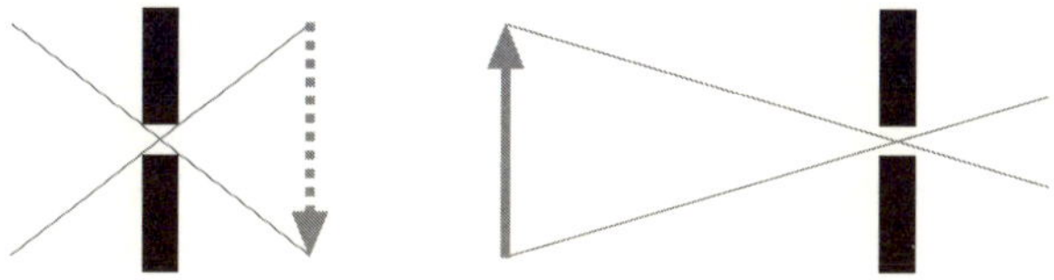

- Das Verhältnis der Bildgröße B zur Gegenstandsgröße G ist genauso groß wie das der Bildweite b zur Gegenstandsweite g. Dieses Verhältnis heißt Abbildungsmaßstab A: $A = B/G = b/g$.
- Konvexe Krümmungen vergrößern das Spiegelbild oder ziehen es in die Länge.
- Konkave Krümmungen verkleinern das Spiegelbild oder drücken es zusammen. Dies gilt aber nur für den Bereich zwischen Spiegel und Brennpunkt F. Dahinter wird das Bild wieder größer, steht aber auf dem Kopf.
- Ein Regenbogen ist nach den Spektrallinien aufgeteilt: Am Außenrand des Kreises liegt rot, am Innenrand blauviolett.
- Bei einer Konvexlinse/Sammellinse wird die Brechung des Lichtes dazu benutzt, um Gegenstände größer erscheinen zu lassen. Ein einfallender Lichtstrahl wird zweimal gebrochen:

Je stärker, dicker eine Linse ist, desto kürzer ist die Brennweite, da das Licht stärker gebrochen wird.

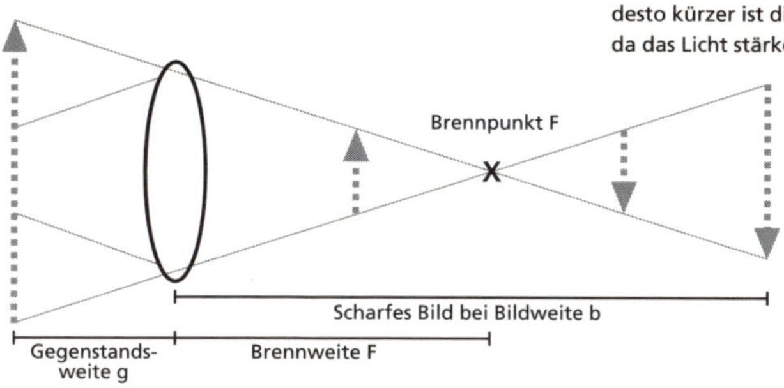


- Wenn man sich ein Bild aus einzelnen Punkten zusammengesetzt vorstellt, gehen von jedem Punkt des Objektes gestreute Lichtreflexionen aus, die von der Linse zu einem Punkt auf der anderen Seite zusammengelenkt werden. Blickt man im Abstand b durch die Linse, sieht man das Objekt vergrößert auf dem Kopf stehen.

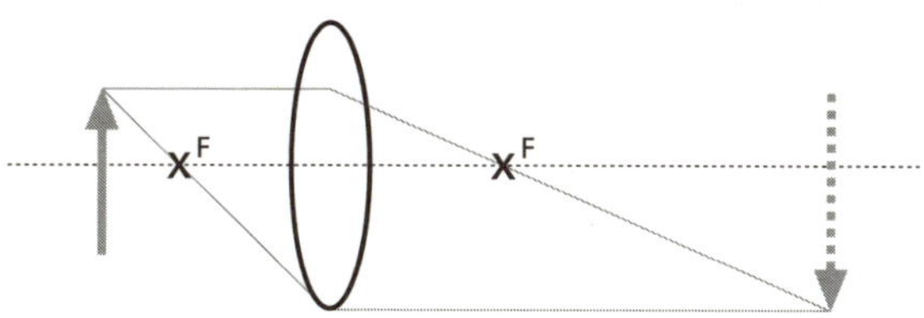

- Liegt das Bild genau im Abstand f zur Linse, entsteht kein Bild:

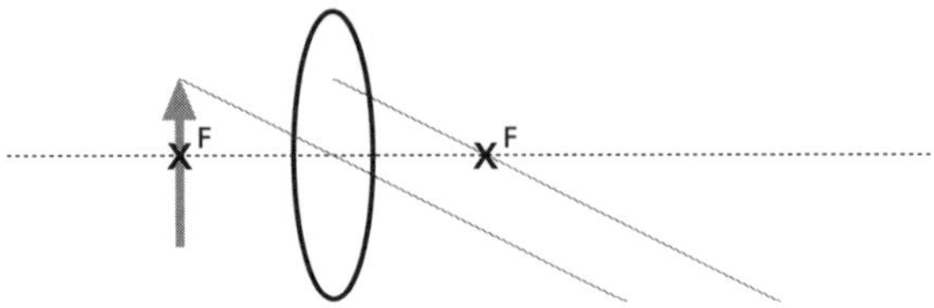


- Liegt das Objekt zwischen F und Linse, entsteht ein vergrößertes, virtuelles Bild:

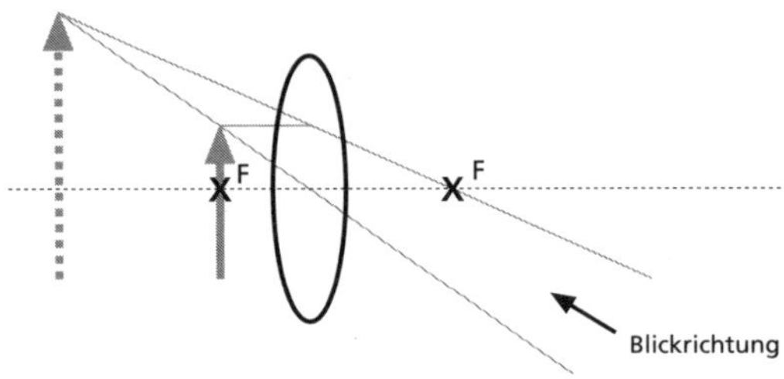


- Bei der Konkavlinse/Streulinse wird die Brechung des Lichtes dazu benutzt, um Gegenstände kleiner erscheinen zu lassen. Ein einfallender Lichtstrahl wird zweimal gebrochen:

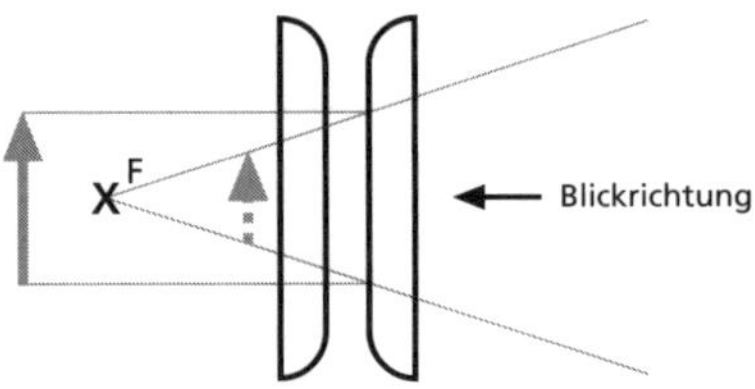


Anders als bei der Sammellinse steht das Bild immer richtig herum. Blickt man durch die Linse, so sieht man das Objekt verkleinert.

- Ein normales Fernrohr besitzt im Okular und im Objektiv Sammellinsen. Das Bild steht auf dem Kopf:

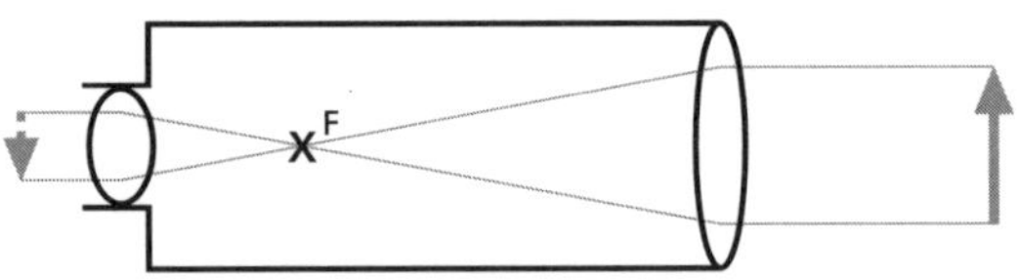


- Kurzsichtige haben ein zu langes Auge. Die Ebene b liegt vor der Netzhaut. Das Bild ist unscharf. Die Korrektur erfolgt mit einer Streulinse.
- Weitsichtige haben ein zu kurzes Auge. Die Ebene b läge hinter der Netzhaut. Das Bild ist unscharf. Die Korrektur erfolgt mit einer Sammellinse.

***Elektrik***

- Stromstärke I: Ladung Q, die in einer Zeit t durch einen elektrischen Leiter fließt: $I = Q/t$ (Einheit: Ampere)

- Spannung U: Potentialdifferenz zwischen den beiden Polen eines Stromkreises. Sie gibt an, welche Arbeit nötig ist, um die Elektronen im Stromkreis von einem Punkt zum nächsten zu verschieben (Einheit: Volt).
- U definiert sich als Quotient aus der Leistung P der Quelle, die zum Antreiben der Elektrizität nötig ist, und der Stromstärke I: $U = P/I = W/Q$

- Widerstand R: Quotient aus Spannung U und Stromstärke I (Einheit: Ohm): $R = U/I$
- Ohm'sches Gesetz: $I \sim U$
- Verhältnis zwischen R, U und I bei der Reihenschaltung:

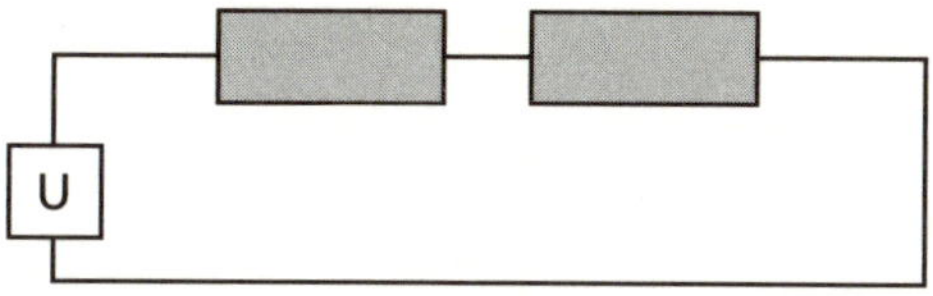


  - Da bei der Reihenschaltung alle Widerstände zusammen zu einem unverzweigten Stromkreis gehören, fließt durch alle der gleiche Strom. Man misst überall die gleiche Stromstärke: $I = I_1 = I_2 = I_3$ usw.
  - Die Spannung der Quelle verteilt sich auf die einzelnen Widerstände. Die Summe der Teilspannungen ist genauso groß wie die Spannung der Quelle: $U = U_1 + U_2 + U_3$ usw.
  - In Reihe geschaltete Widerstände hemmen die Bewegung der Elektronen wie ein einziger Ersatzwiderstand, der genauso groß ist wie die Summe der Teilwiderstände: $R = R_1 + R_2 + R_3$ usw.

- Verhältnis zwischen R, U und I bei Parallelschaltung:

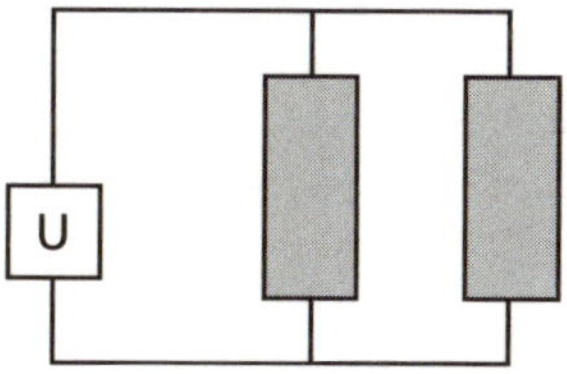


  - Bei der Parallelschaltung ist der Gesamtstrom durch die Spannungsquelle genauso groß wie die Summe der Teilströme durch die einzelnen Widerstände: $I = I_1 + I_2 + I_3$ usw.

- Weil jeder Widerstand unmittelbar mit der Spannungsquelle verbunden ist, misst man an jedem Widerstand die gleiche Spannung wie an der Quelle: $U = U_1 = U_2 = U_3$ usw.
- Ein einzelner Widerstand, der mehrere parallel geschaltete Widerstände ersetzt, muss kleiner sein als jeder der Teilwiderstände. Für den Ersatzwiderstand gilt: $1/R = 1/R_1 + 1/R_2 + 1/R_3$ usw.

- Leistung P: Die Leistung von Elektrogeräten (Einheit: Watt) kann man als Produkt aus Spannung und Stromstärke berechnen: $U = P/I \rightarrow P = U \times I$

- Mit einem Transformator können ohne Energieverlust Spannung und Stromstärke verändert werden.
- Er funktioniert nach dem Prinzip der Induktion und muss daher mit Wechselstrom betrieben werden.
- Er besteht aus zwei Spulen, die durch einen geschlossenen Eisenkern miteinander verbunden sind:

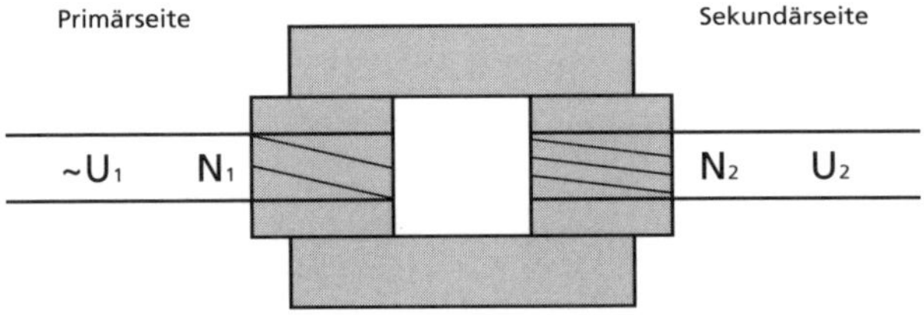


- Zwischen den Anschlüssen der Induktionsspule wird die Sekundärspannung $U_2$ erzeugt. Sie hängt von $U_1$ an der Primärspule und den Windungszahlen der Spulen ab. Ist an die Induktionsspule kein Verbraucher angeschlossen, gilt: $U_1/U_2 = N_1/N_2$
- Ist am Trafo ein Gerät/Verbraucher angeschlossen, so wird Energie verbraucht und der Primärstrom $I_1$ nimmt zu. Um wie viel er zunimmt, hängt von $I_2$ und den Windungszahlen ab. Der Sekundärstrom bestimmt den Primärstrom. Bei belastetem Trafo gilt: $I_2/I_1 = N_1/N_2$
- Zusammenfassung:
  $U_1 \times I_1 = U_2 \times I_2$
  $U_1 \times N_2 = U_2 \times N_1$
  $I_2 \times N_2 = I_1 \times N_1$
- Im Kraftwerk wird mit Generatoren Wechselstrom erzeugt. Mittels Trafos wird dieser für den Haushaltsgebrauch auf 220 Volt gesenkt. Der Wechselstrom hat eine Frequenz von 50 Hertz.

***Energieübertragung und Hochspannung***

- Ein elektrischer Schwingkreis besteht aus einer Parallelschaltung von Spule und Kondensator.

***Aerodynamik***

- Der Luftwiderstand kann durch Stromlinienförmigkeit eines Körpers minimiert werden. Bei nicht vorhandener Stromlinienförmigkeit wächst der Widerstand mit dem Quadrat der Geschwindigkeit.
- Im Reiseflug dient der Triebwerksschub eines Flugzeuges lediglich der Überwindung des Luftwiderstands.

Zum Schluss noch ein Link auf eine Website der FH Frankfurt am Main, auf der Sie nützliche Hinweise zum Thema »Elektrotechnik« finden:
www-fbr.fh-frankfurt.de/lbwww/eltueb/index.htm?page=/lbwww/eltueb/kap1/Skript_13.htm.

## Flugzeug-Positionierungstest

Der Flugzeug-Positionierungstest dient dazu, Ihre zweidimensionale Vorstellungsfähigkeit zu testen. Ihre Aufgabe besteht darin, ausgehend von einer bestimmten Position eines Flugzeugs jeweils mehrere Richtungsänderungen nach Anweisung vorzunehmen. Am Ende muss eine Aussage darüber getroffen werden, um wie viel Grad das gedrehte Flugzeug nochmals gedreht werden müsste, um es in eine weitere vorgegebene Position zu bringen. Dafür gibt es die Lösungsvorschläge A, B, C und D, von denen jeweils nur einer richtig ist.

Ein Beispiel:

| | A | B | C | D |
|---|---|---|---|---|
| | 0 | 90R | 180 | 90L |

→ 270R 180 90L 270R 90L ↓

Der Pfeil ganz links außen (→), der die Richtung des Flugzeugs bezeichnet, zeigt nach rechts. Ausgehend von dieser Position wird das Flugzeug um 270° nach rechts (R) gedreht, danach um 180°, um 90° nach links (L), um 270° nach rechts und um 90° nach links. Als Ergebnis erhält man eine Position mit der Pfeilspitze nach links (←). Um das Flugzeug nun in die vorgegebene Position, also mit der Pfeilspitze nach unten, zu bringen, muss es noch einmal um 90° nach links gedreht werden. Richtig für diese Aufgabe ist also Lösungsvorschlag D.

Bitte lösen Sie nun die folgenden 4 Aufgabenblöcke in je 2 Minuten.

## *Übungsaufgaben*

*1. Block*

| | | | | | | | | A | B | C | D |
|---|---|---|---|---|---|---|---|---|---|---|---|
| | | | | | | | | 0 | 90R | 180 | 90L |
| 1. | ↑ | 90L | 180 | 270L | 270R | 180 | ← | | | | |
| 2. | ← | 90R | 90R | 180 | 270R | 90L | ↑ | | | | |
| 3. | → | 90L | 270R | 180 | 90L | 180 | → | | | | |
| 4. | ↓ | 180 | 180 | 180 | 270L | 270R | ↓ | | | | |
| 5. | ↑ | 90R | 270L | 180 | 90L | 90R | ← | | | | |
| 6. | → | 180 | 270R | 90L | 180 | 90R | → | | | | |
| 7. | → | 180 | 90L | 270L | 180 | 270L | ↑ | | | | |
| 8. | ← | 90R | 270L | 90R | 180 | 180 | ← | | | | |
| 9. | ↑ | 90R | 180 | 90R | 270L | 90R | ↑ | | | | |
| 10. | ↓ | 90L | 180 | 270R | 180 | 90L | → | | | | |

*2. Block*

| | | | | | | | | A | B | C | D |
|---|---|---|---|---|---|---|---|---|---|---|---|
| | | | | | | | | 0 | 90R | 180 | 90L |
| 1. | ↑ | 180 | 270R | 90R | 270L | 180 | ↓ | | | | |
| 2. | ↑ | 180 | 90L | 90R | 180 | 90R | ← | | | | |
| 3. | ↓ | 90R | 270R | 180 | 180 | 90L | ↑ | | | | |
| 4. | ← | 180 | 270R | 180 | 270L | 90R | → | | | | |
| 5. | ↑ | 90L | 270L | 90L | 180 | 90R | ↓ | | | | |
| 6. | → | 90L | 180 | 270L | 270R | 180 | ← | | | | |
| 7. | ↑ | 90L | 180 | 270R | 180 | 90L | → | | | | |
| 8. | ← | 90L | 180 | 270L | 270R | 180 | ← | | | | |
| 9. | ↓ | 90L | 180 | 270L | 270R | 180 | ← | | | | |
| 10. | ↓ | 180 | 270R | 270R | 90L | 180 | ↓ | | | | |

→

*3. Block*

| | | | | | | | | A | B | C | D |
|---|---|---|---|---|---|---|---|---|---|---|---|
| | | | | | | | | 0 | 90R | 180 | 90L |
| 1. | ← | 90R | 180 | 270L | 90R | 90R | ↑ | | | | |
| 2. | ← | 180 | 90L | 90L | 270R | 180 | ↑ | | | | |
| 3. | → | 180 | 270R | 270R | 270R | 180 | ↑ | | | | |
| 4. | ↑ | 90L | 90L | 180 | 90R | 270L | ← | | | | |
| 5. | ↓ | 180 | 270R | 270R | 180 | 90L | → | | | | |
| 6. | → | 90L | 90L | 270L | 180 | 90R | ↓ | | | | |
| 7. | ↓ | 180 | 180 | 180 | 90L | 270R | ↑ | | | | |
| 8. | ← | 90L | 90L | 90L | 90R | 180 | → | | | | |
| 9. | ↓ | 180 | 90R | 270L | 90R | 270L | ← | | | | |
| 10. | → | 90R | 270L | 180 | 270L | 90R | ↓ | | | | |

*4. Block*

| | | | | | | | | A | B | C | D |
|---|---|---|---|---|---|---|---|---|---|---|---|
| | | | | | | | | 0 | 90R | 180 | 90L |
| 1. | ↓ | 90R | 270L | 90R | 180 | 90L | ← | | | | |
| 2. | ↓ | 180 | 270L | 180 | 90R | 270L | ↑ | | | | |
| 3. | → | 90R | 180 | 270L | 90R | 180 | → | | | | |
| 4. | ← | 90R | 180 | 270L | 90R | 180 | ↓ | | | | |
| 5. | ↑ | 180 | 270R | 90L | 180 | 270L | ↑ | | | | |
| 6. | ↓ | 90R | 270L | 180 | 90L | 180 | ← | | | | |
| 7. | ↑ | 180 | 270L | 90R | 180 | 90L | → | | | | |
| 8. | ← | 90R | 180 | 270R | 180 | 90L | ↓ | | | | |
| 9. | ↑ | 270R | 90L | 180 | 270R | 180 | ↑ | | | | |
| 10. | → | 270R | 270R | 180 | 90L | 180 | ↓ | | | | |

**Lösungen siehe Seite 290**

## Zweidimensionaler Vorstellungstest

Mit diesem Test soll Ihre zweidimensionale Vorstellungskraft beurteilt werden. Er ist das direkte Äquivalent zum Flugzeug-Positionierungstest (siehe Seite 132ff.). Haben Sie Letzteren unterdurchschnittlich abgeschlossen, so können Sie dieses negative Ergebnis mit dem zweidimensionalen Vorstellungstest – überdurchschnittlich gut abgeschlossen – ausgleichen.

Vor Testbeginn bekommen Sie Kästchenpapier ausgeteilt. Pro Blatt (es sind circa 3–4) gibt es je sechs Aufgabenfelder. In jedes dieser Aufgabenfelder ist ein Pfeil eingezeichnet, von dessen Zeigerichtung aus verschiedene Anweisungen nachvollzogen werden sollen, die Ihnen per Tonband vorgegeben werden. Pro Anweisung zeichnen Sie ein Kästchen weiter. Zeigt der Pfeil z.B. nach unten (↓) und die Anweisung lautet »rechts«, so müssen Sie ein Kästchen weiter nach links zeichnen (das Bild sähe wie folgt aus: ← ↓).

Die besondere Schwierigkeit besteht darin, dass die Ansagegeschwindigkeit zunehmend steigt und Ihnen nicht genügend Zeit bleibt, das Blatt zur Vereinfachung zu drehen. Hier ein Übungsbeispiel zur Verdeutlichung:

Beispiel:

Die Anweisungen zum Zeichnen sind folgende:
rechts, geradeaus, rechts, links, links, rechts, links, links, rechts, links

Ausgangsfeld:

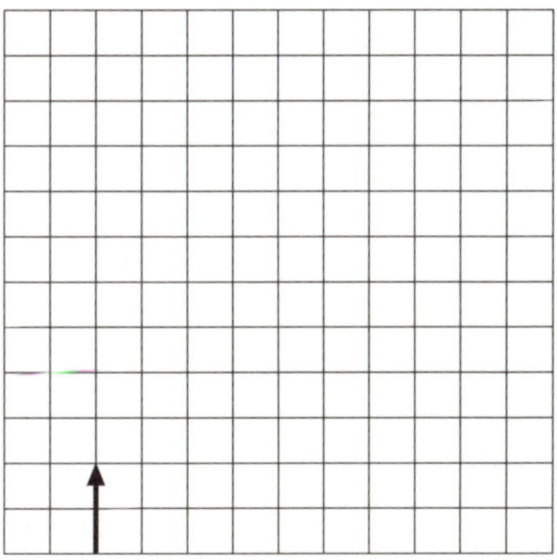

Lösungsfeld:

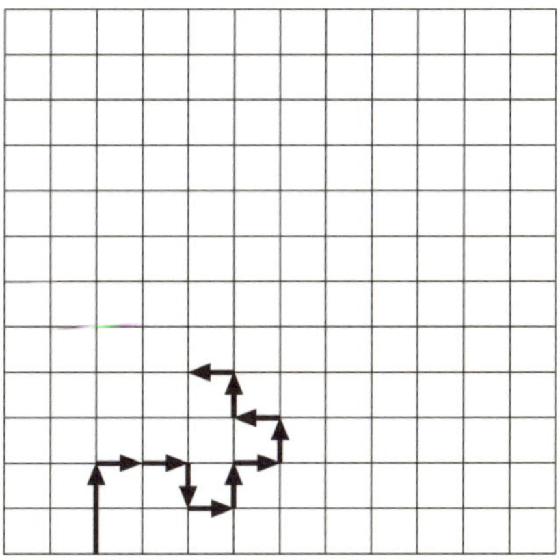

Bearbeiten Sie nun mit einem Helfer die folgenden Aufgaben. Beachten Sie, dass die Ansagegeschwindigkeit zunehmend steigen soll und Sie als »Getesteter« keinesfalls das Blatt drehen dürfen. Randnotizen sind nicht erlaubt.

### *Übungsaufgaben*

*Anweisungen:*

1. links, links, rechts, geradeaus, links, rechts, rechts, rechts, links, links
2. links, rechts, rechts, links, links, geradeaus, geradeaus, geradeaus, links, rechts
3. links, links, links, geradeaus, rechts, links, rechts, geradeaus, links, links
4. geradeaus, geradeaus, geradeaus, links, rechts, rechts, geradeaus, rechts, links, links
5. geradeaus, links, rechts, rechts, links, links, rechts, rechts, links, rechts
6. links, rechts, links, rechts, links, rechts, links, rechts, rechts, links
7. geradeaus, links, links, rechts, geradeaus, links, rechts, rechts, geradeaus, rechts
8. links, rechts, rechts, links, geradeaus, links, rechts, rechts, geradeaus, rechts
9. geradeaus, links, rechts, rechts, geradeaus, rechts, links, geradeaus, links, links
10. links, rechts, geradeaus, links, rechts, links, rechts, rechts, geradeaus, geradeaus
11. rechts, links, links, rechts, rechts, links, rechts, rechts, links, rechts
12. links, rechts, geradeaus, geradeaus, links, geradeaus, links, links, rechts, rechts

1.

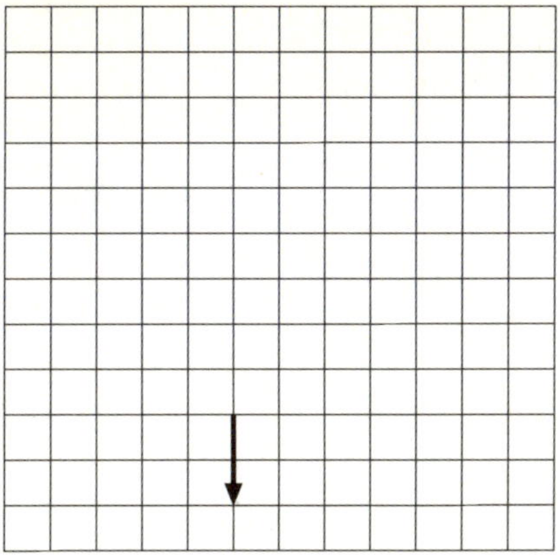

2.

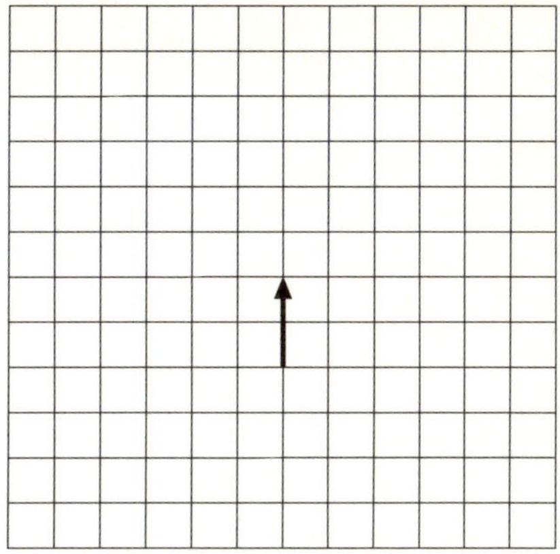

3.

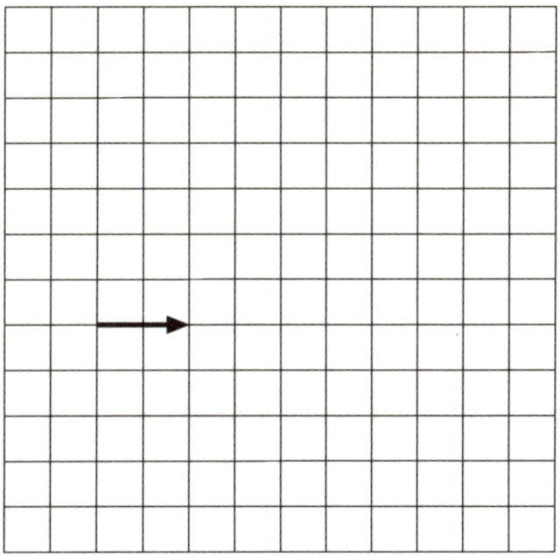

4.

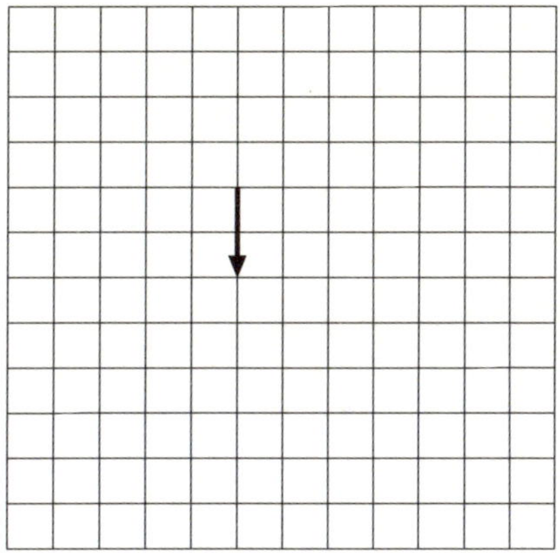

5.

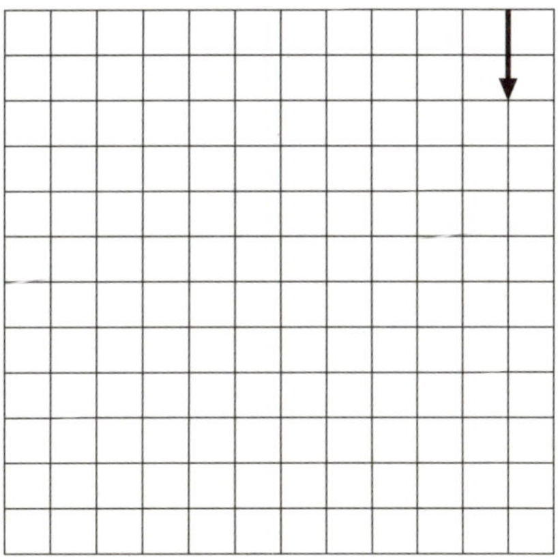

6.

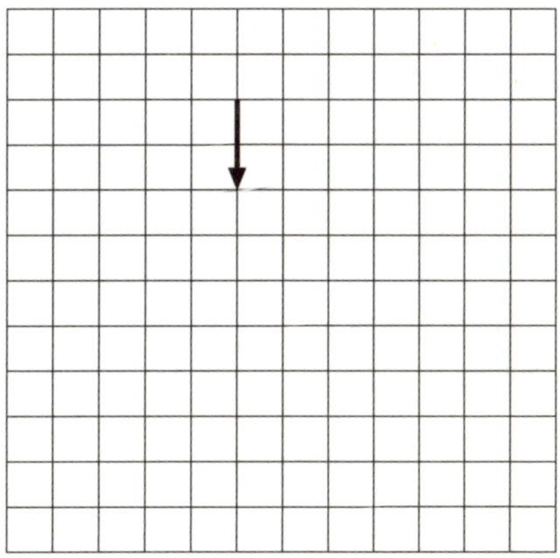

→

7.

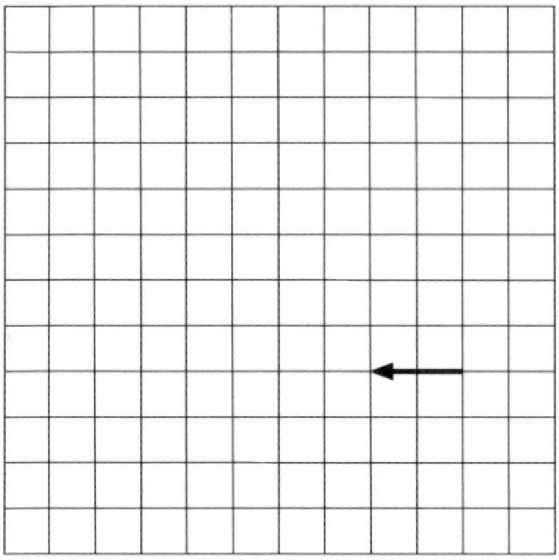

8.

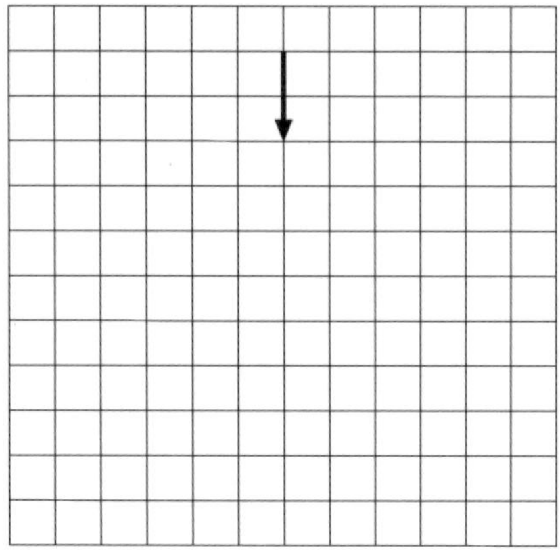

9.

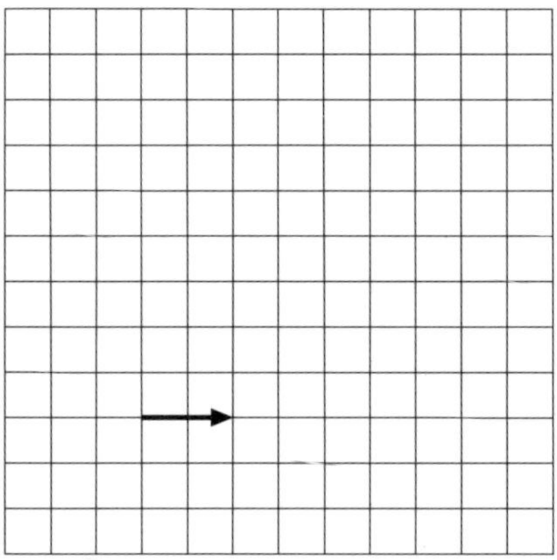

10.

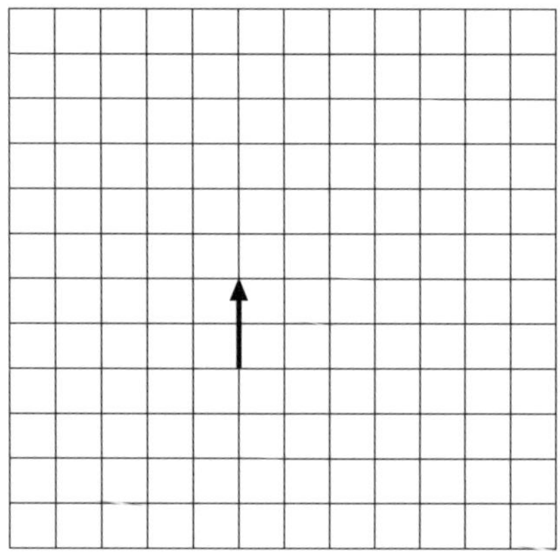

11.

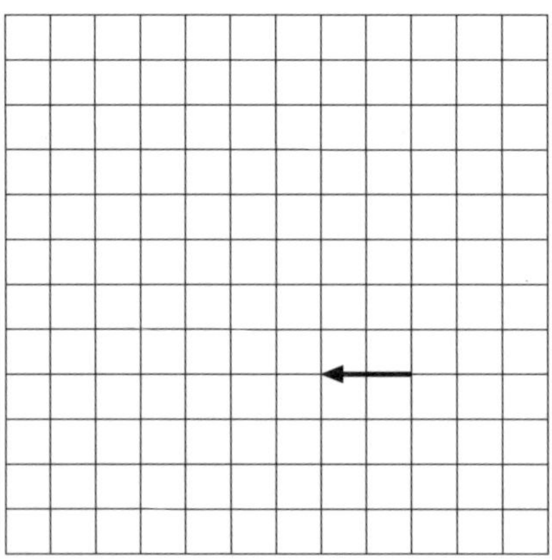

12.

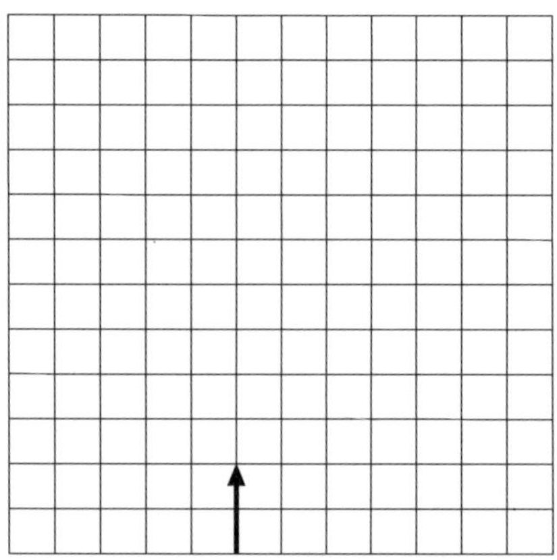

**Lösungen siehe Seite 291–292**

## Rechts- und Linksabbiegen

Hier geht es darum, Rechts- und Linkskurven auszuzählen, natürlich unter einem enormen Zeitdruck.

Das folgende Übungsbeispiel (linkes Bild L) zeigt die Linkskurven, die zu zählen sind. Beim rechten Bild (R) sollen die Rechtskurven gezählt werden. In der akustischen Anleitung wird die Anweisung gegeben, sich in die Pilotenkanzel eines Flugzeugs zu versetzen und die Strecke inklusive aller Kurven abzufliegen.

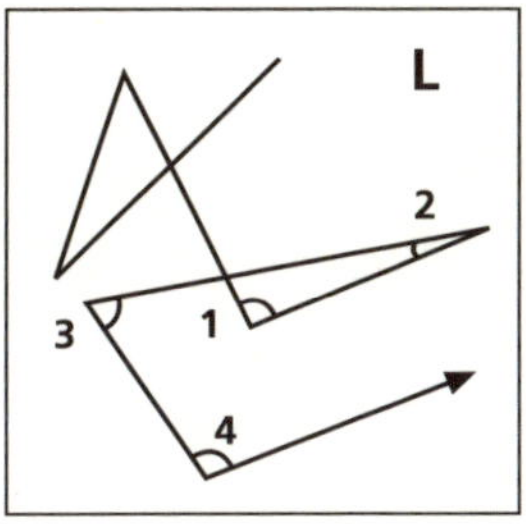


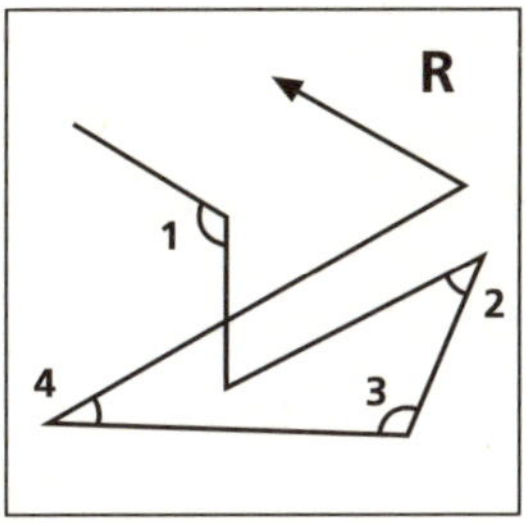


Sie können sich diesen Test folgendermaßen vereinfachen: Wenn Sie z.B. bei dem oberen Beispiel die Linkskurven zählen sollen, setzen Sie Ihren Stift links von der Startlinie an, fahren diese entlang und zählen alle Innenwinkel. Bei Rechtskurven setzen Sie entsprechend den Stift rechts an.

Bitte zählen Sie im ersten Aufgabenfeld alle Links-, im zweiten Aufgabenblock alle Rechtskurven. Für die folgenden zweimal 20 Aufgaben haben Sie je 3 Minuten Zeit.

*Linkskurven*

1.

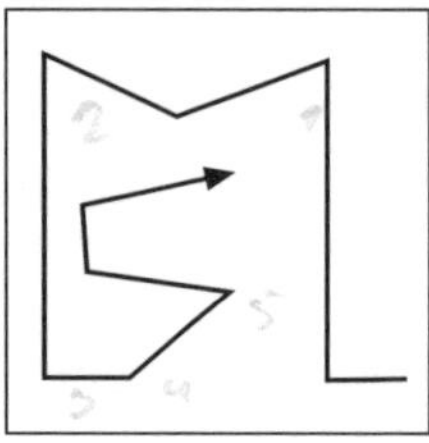

2.

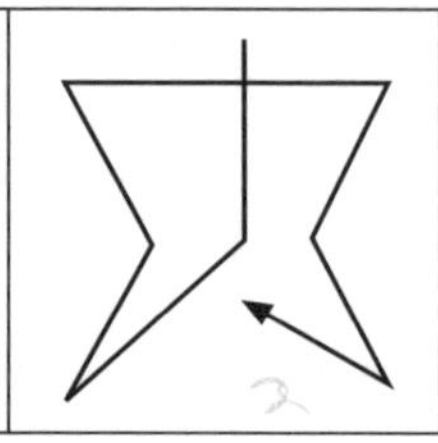

3.

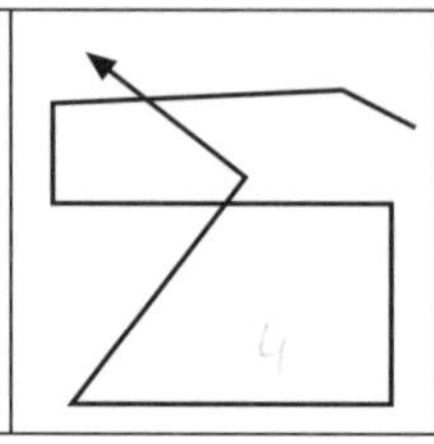

4.

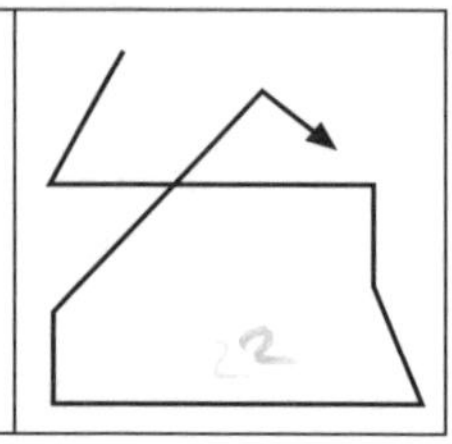

5.

6.

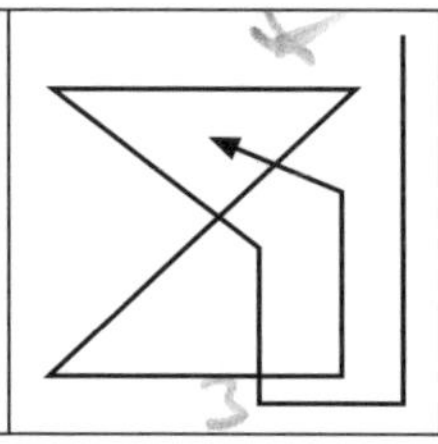

7.

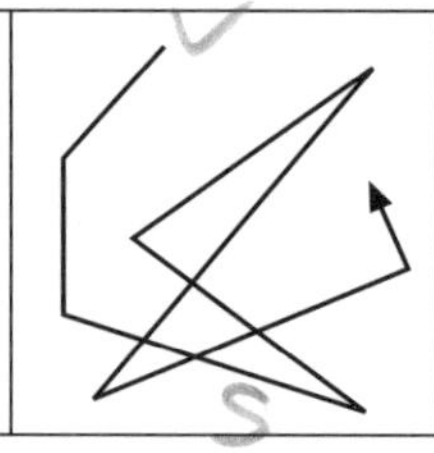

8.

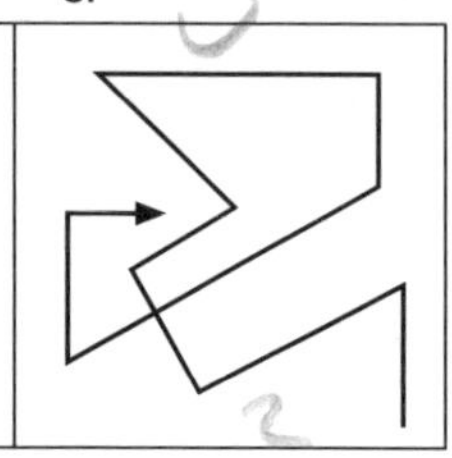

9.

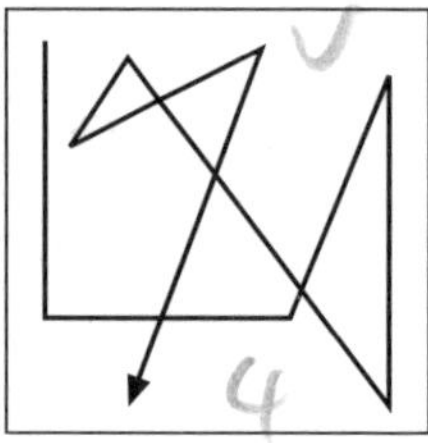

10.

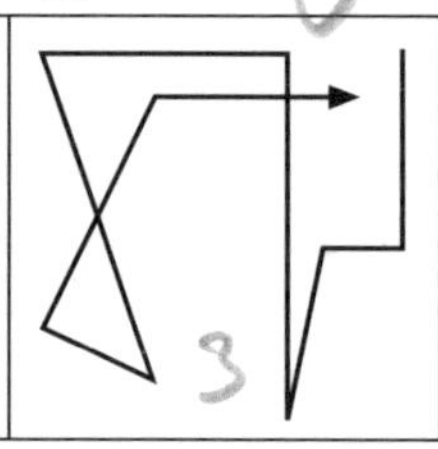

11.

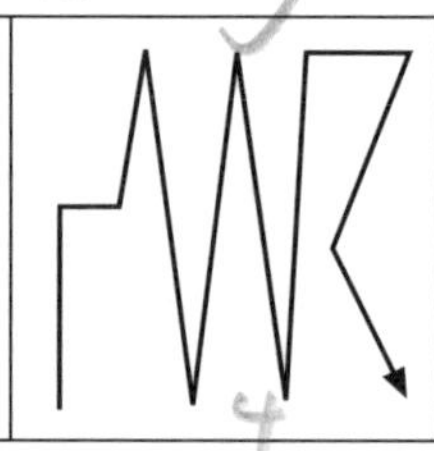

12.

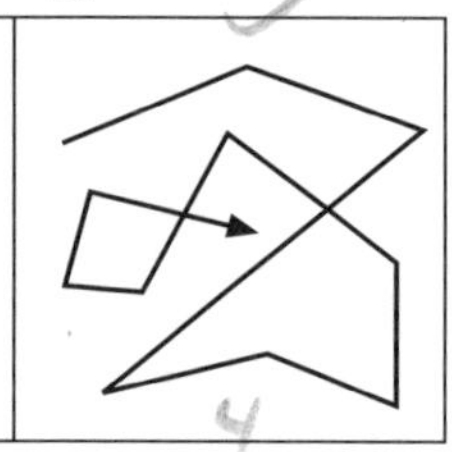

13.

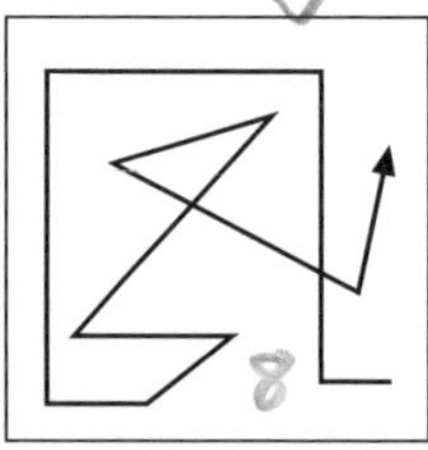

14.

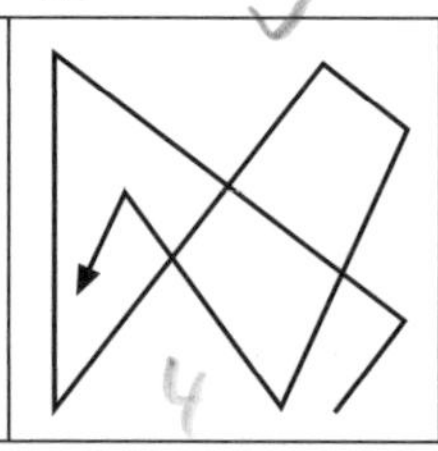

15.

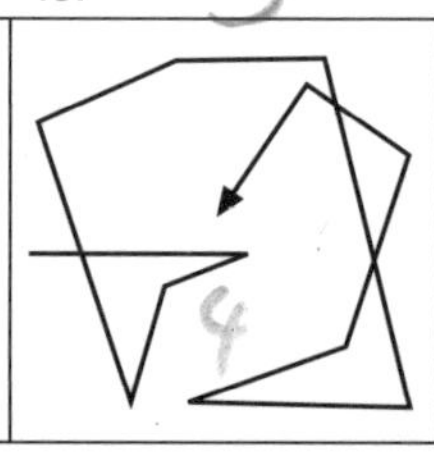

16.

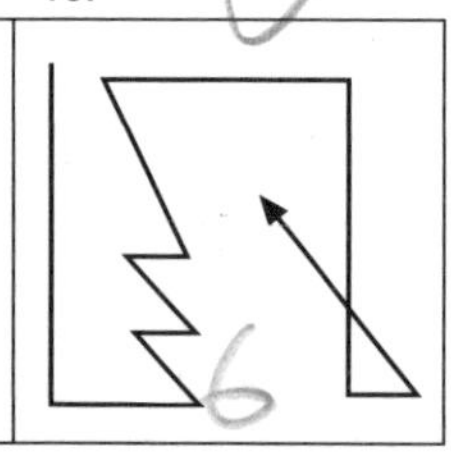

17.

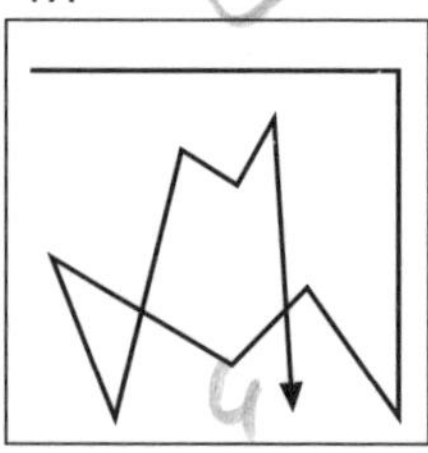

18.

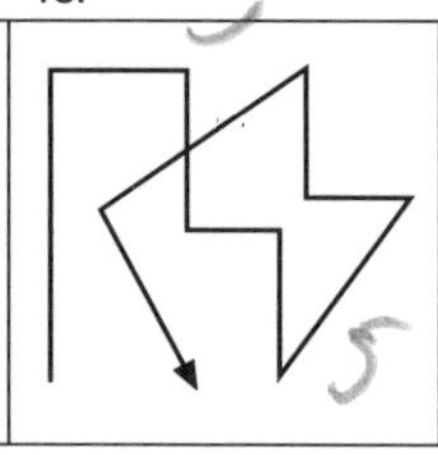

19.

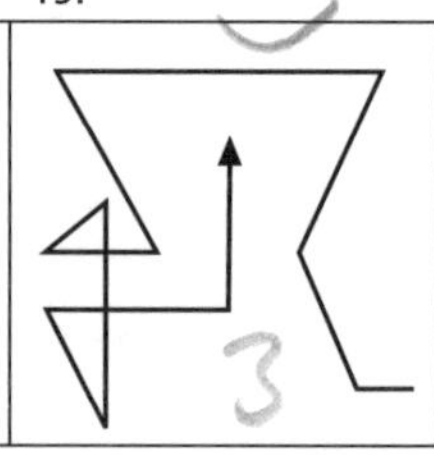

20.

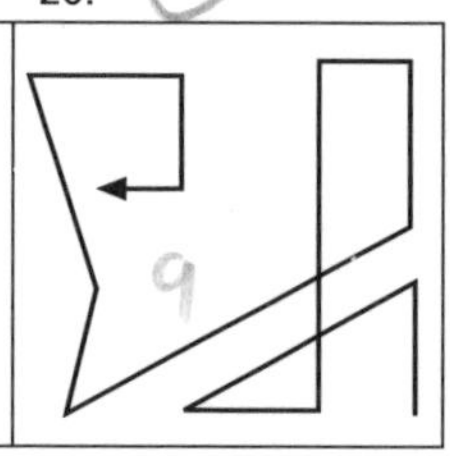

*Rechtskurven*

1.

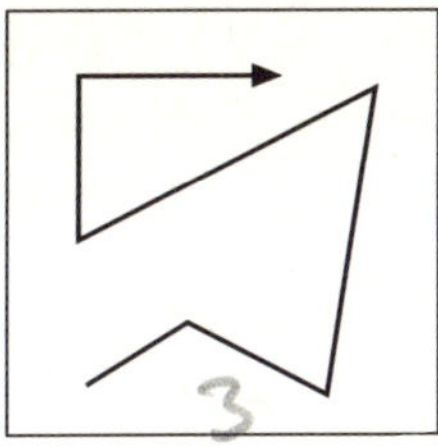

2.

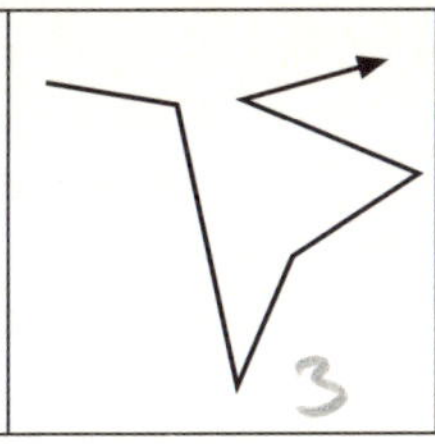

3.

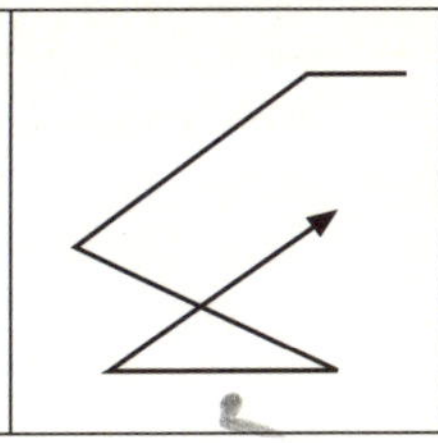

4.

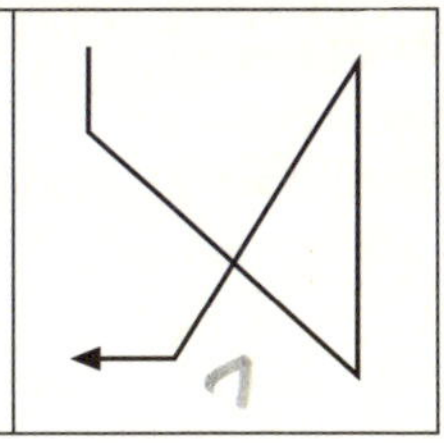

5.

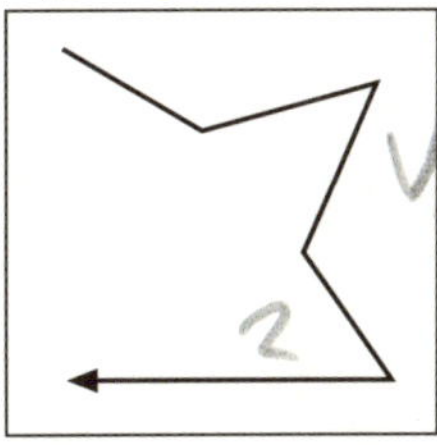

6.

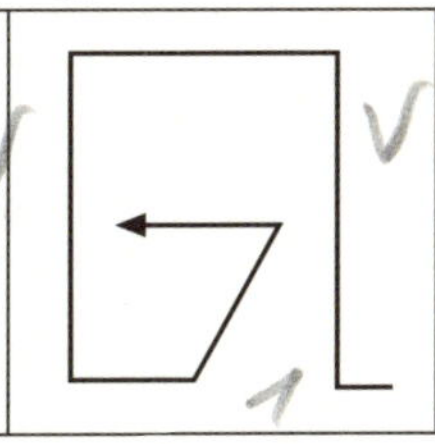

7.

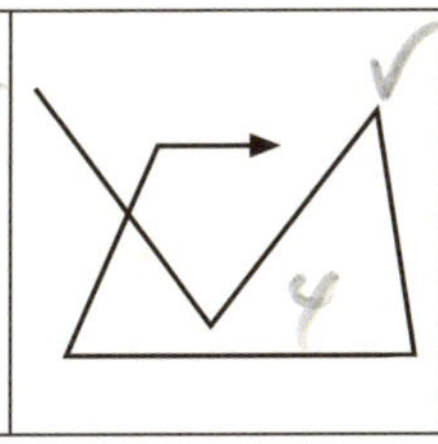

8.

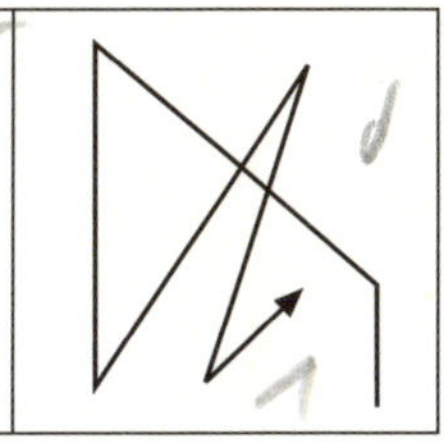

9.

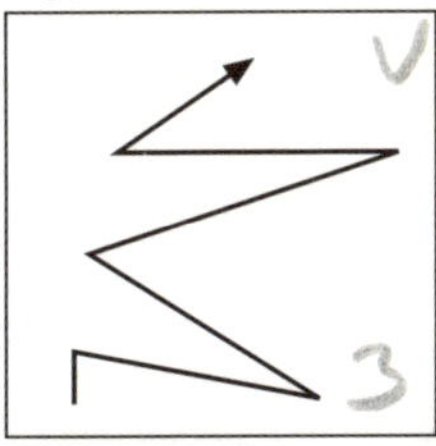

10.

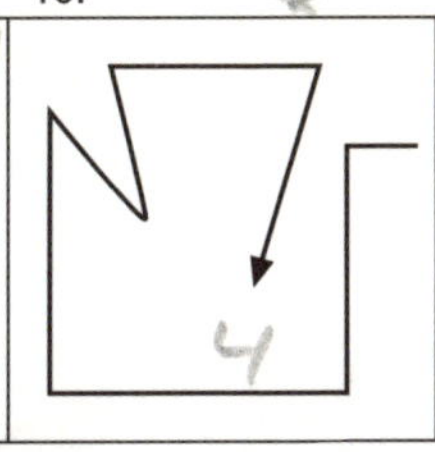

11.

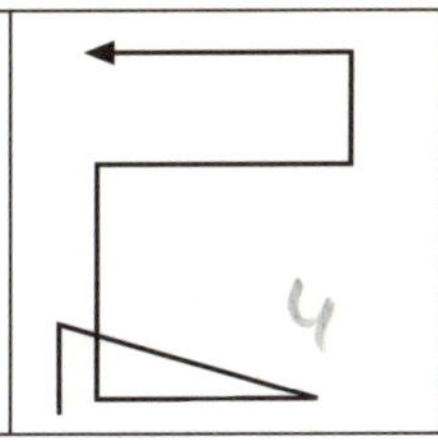

12.

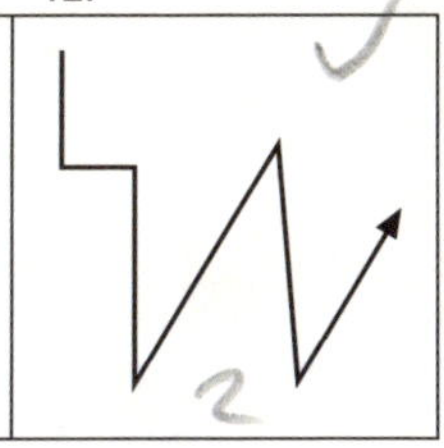

13.

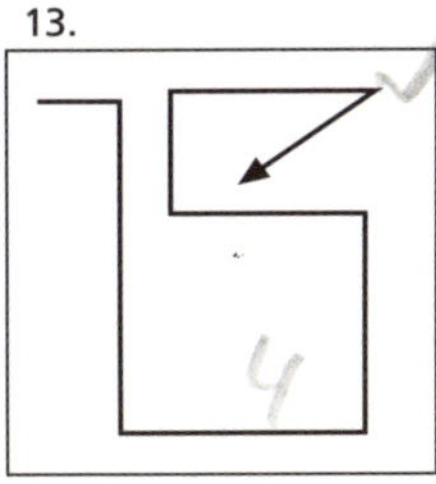

14.

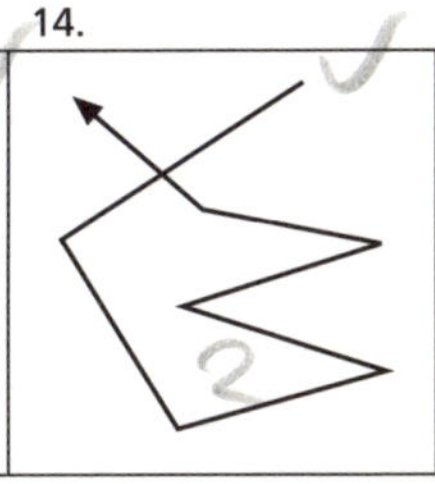

15.

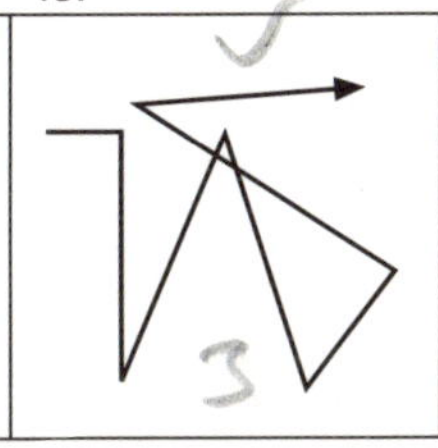

16.

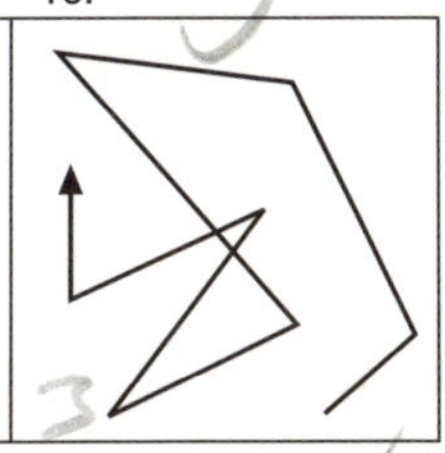

17.

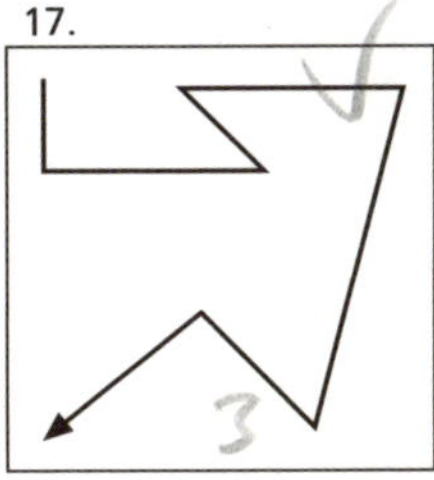

18.

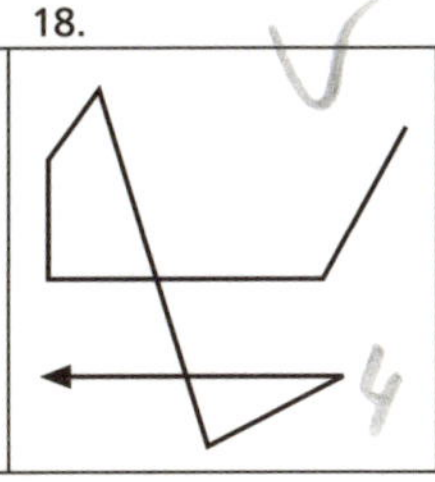

19.

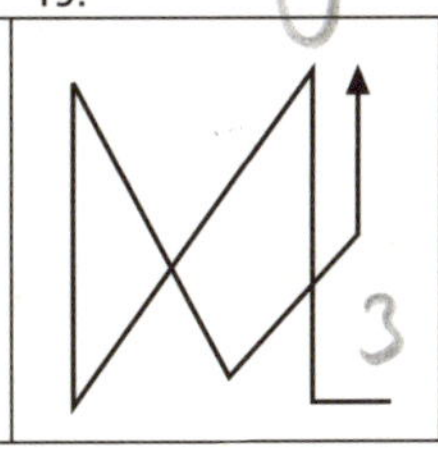

20.

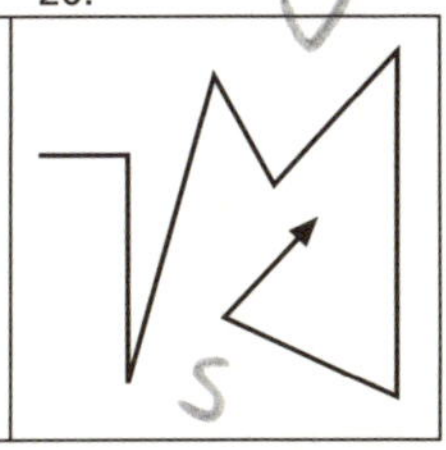

**Lösungen siehe Seite 293**

## Abwicklungen

Auch wenn Ihnen dieses Wort schon einmal in einem anderen Zusammenhang untergekommen ist, hier geht es um die Frage, welcher der vier dargestellten Körper aus der gegebenen Faltvorlage gebildet werden kann. Die Faltvorlage stellt immer die Außenseite des Körpers dar.

1. Beispiel:

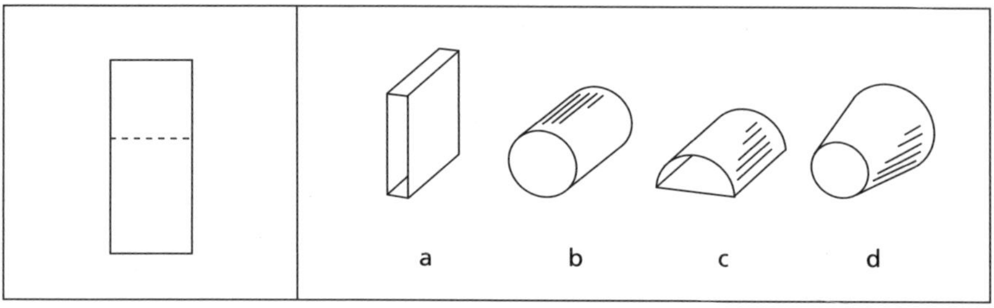


Lösung: c

2. Beispiel:

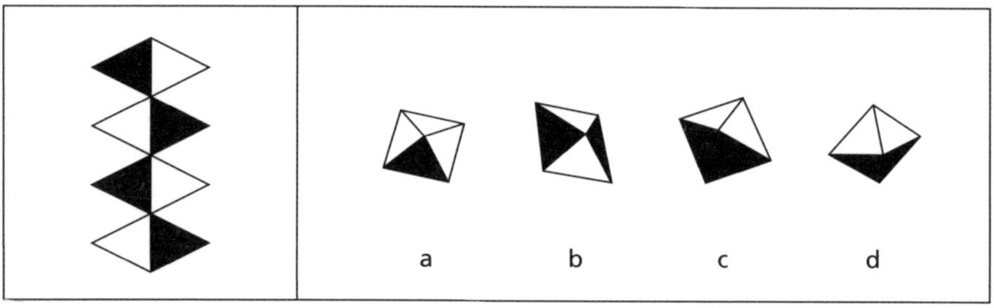


Lösung: b

Für die folgenden 20 Aufgaben haben Sie 10 Minuten Zeit.

## *Übungsaufgaben*

| | |
|---|---|
| 1. 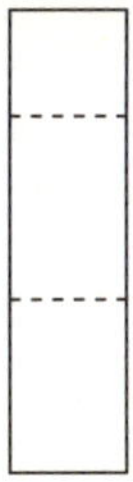 | 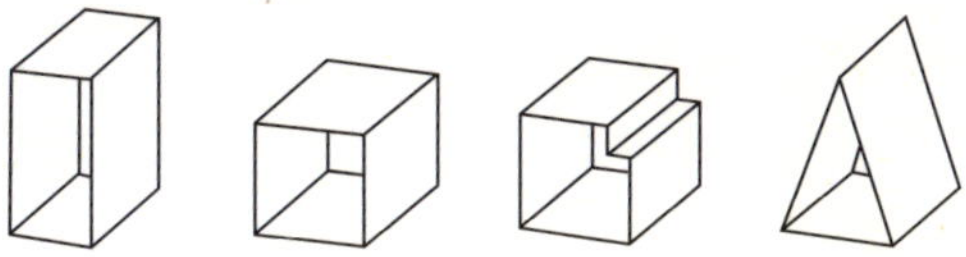 a b c d |
| 2.  | 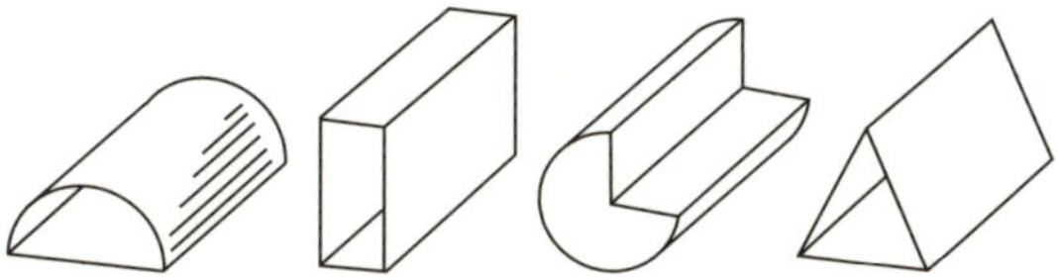 a b c d |
| 3. 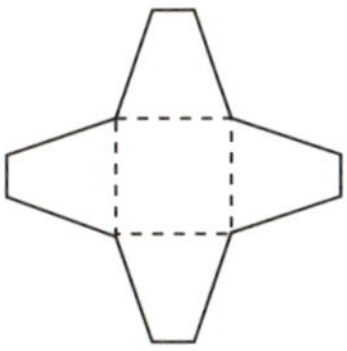 | 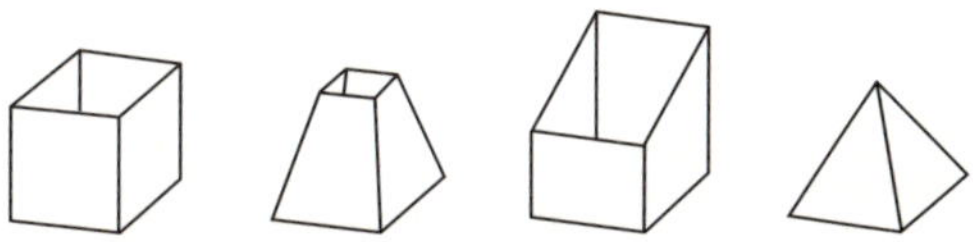 a b c d |
| 4. 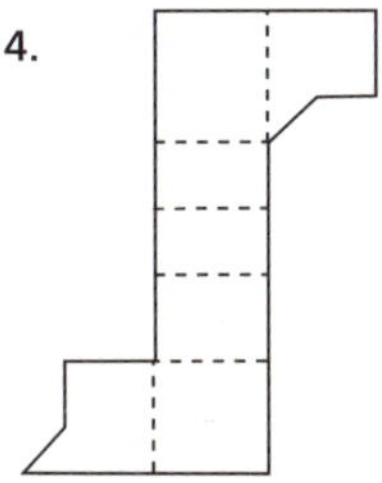 | 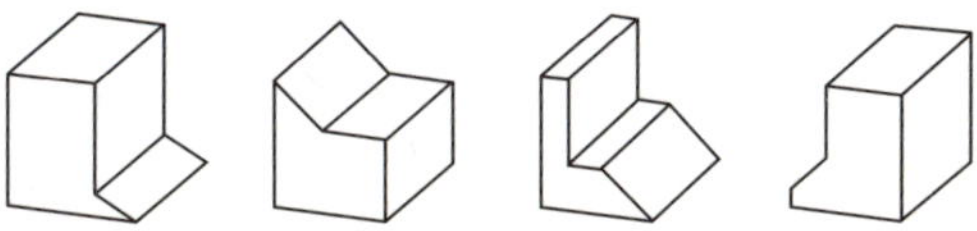 a b c d |
| 5. 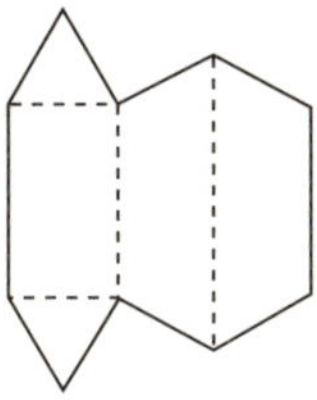 | 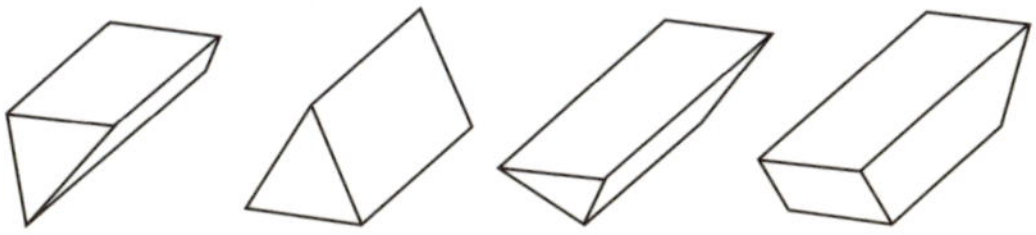 a b c d |

| | |
|---|---|
| 6. 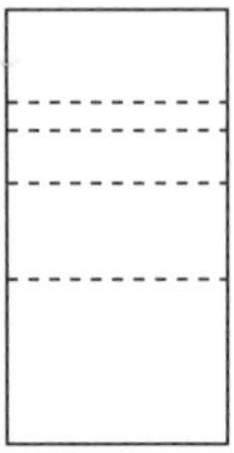 | 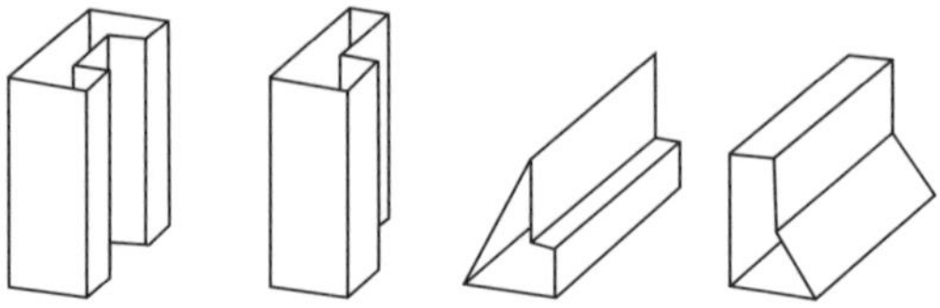 a b c d |
| 7. 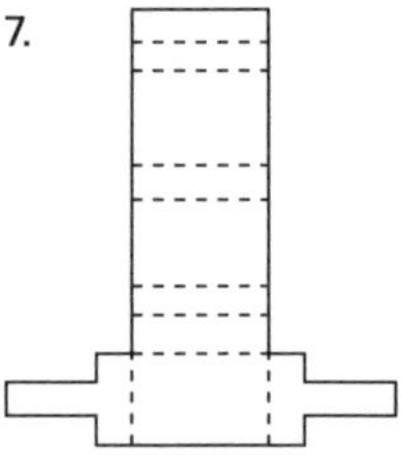 | 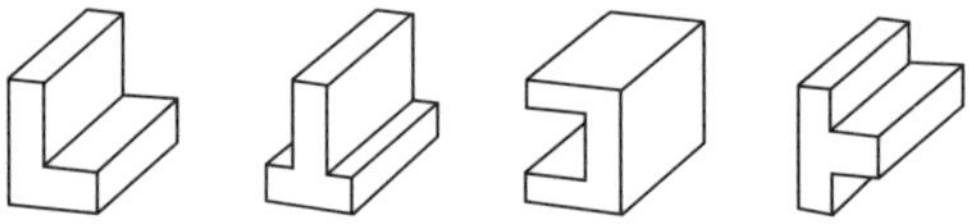 a b c d |
| 8. 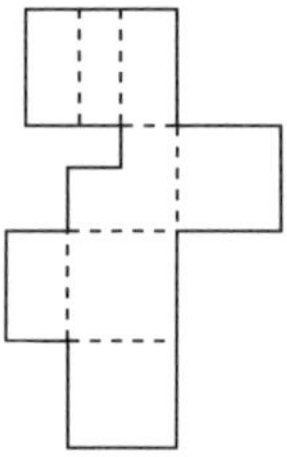 | 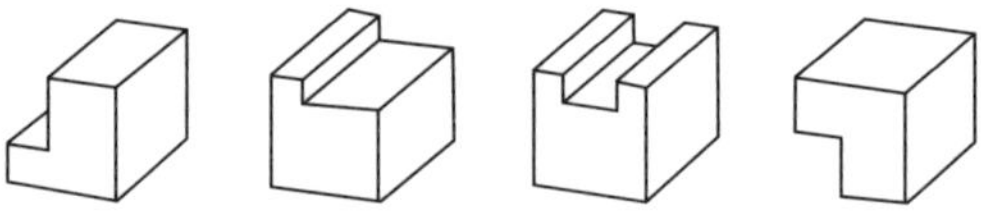 a b c d |
| 9. 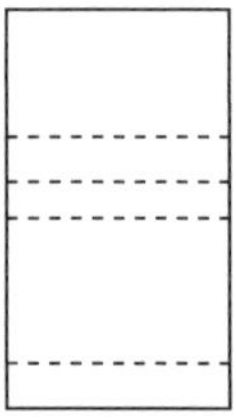 | 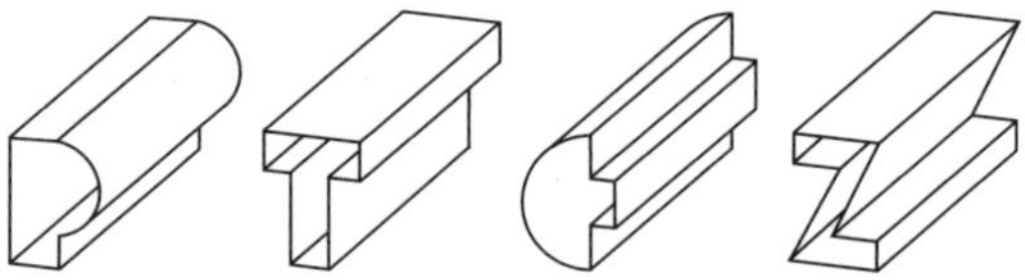 a b c d |
| 10. 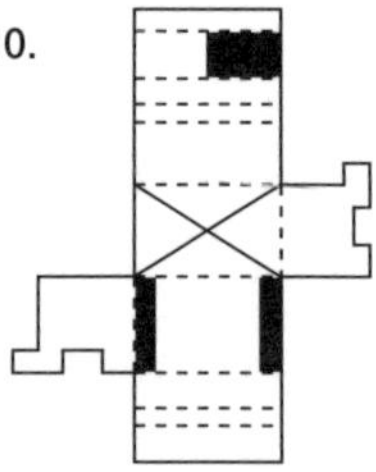 | 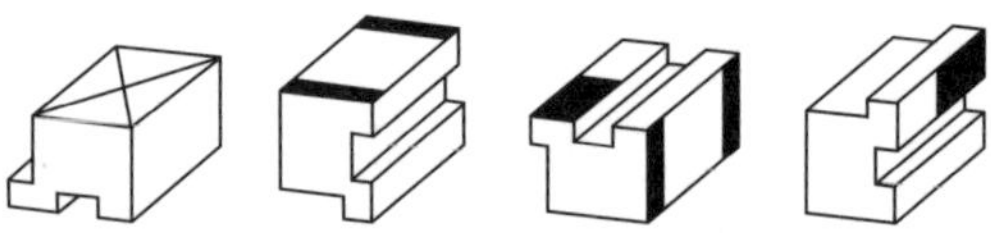 a b c d |

| | |
|---|---|
| 11. 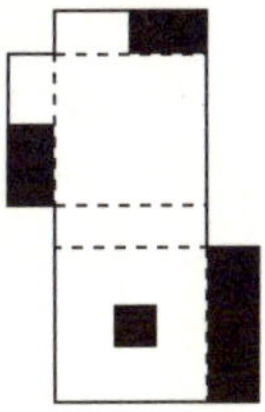 | 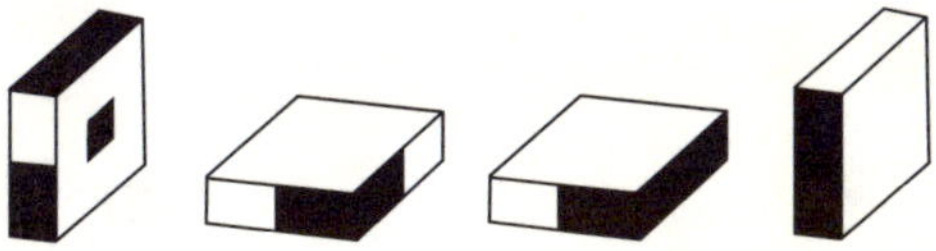 a b c d |
| 12. 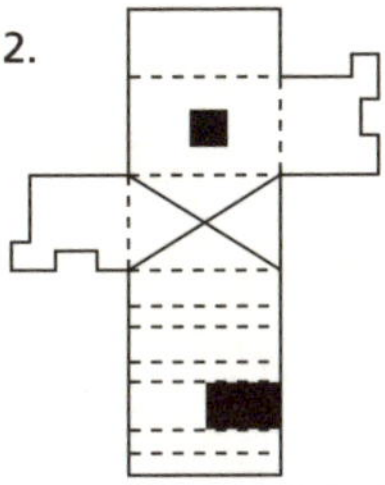 | 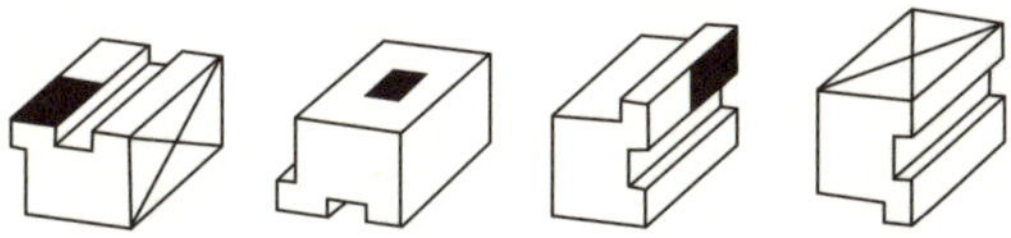 a b c d |
| 13. 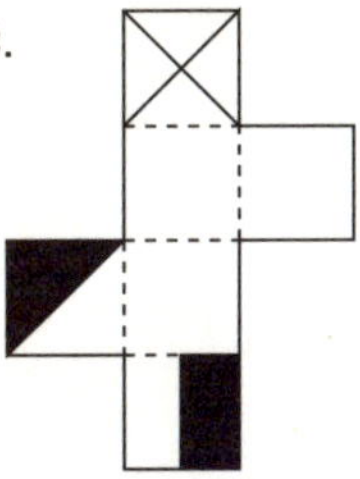 | 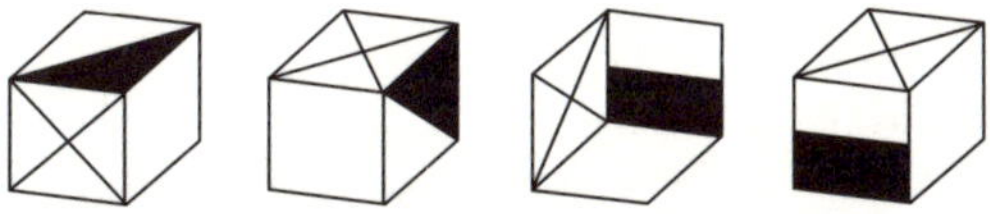 a b c d |
| 14. 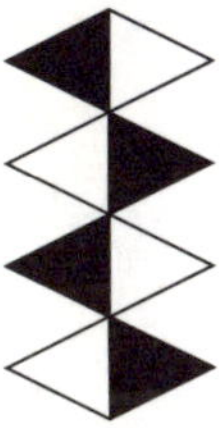 |  a b c d |
| 15. 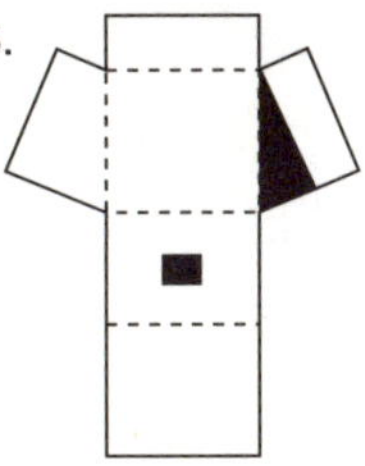 | 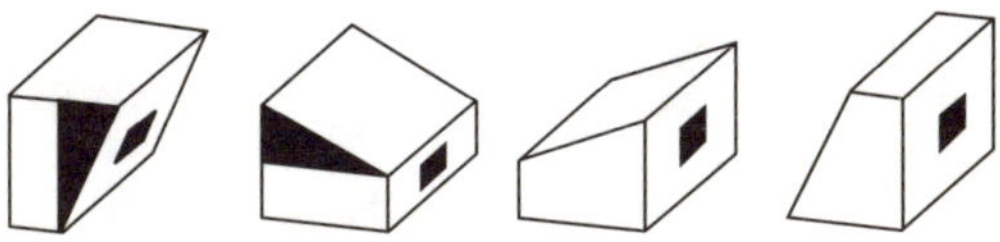 a b c d |

16.

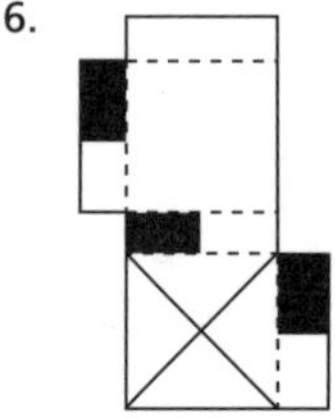

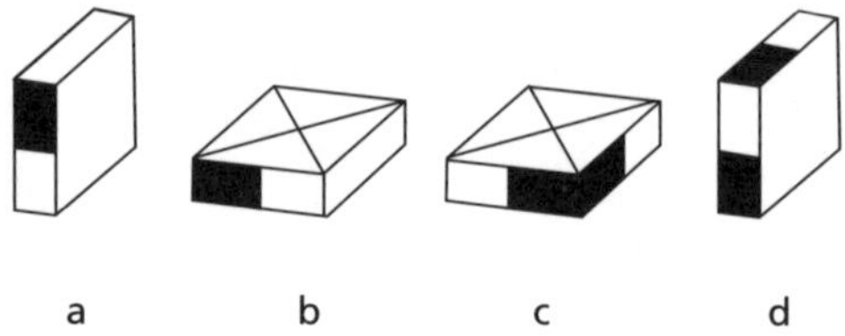


17.

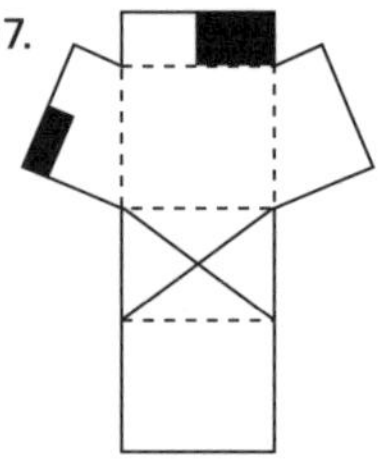

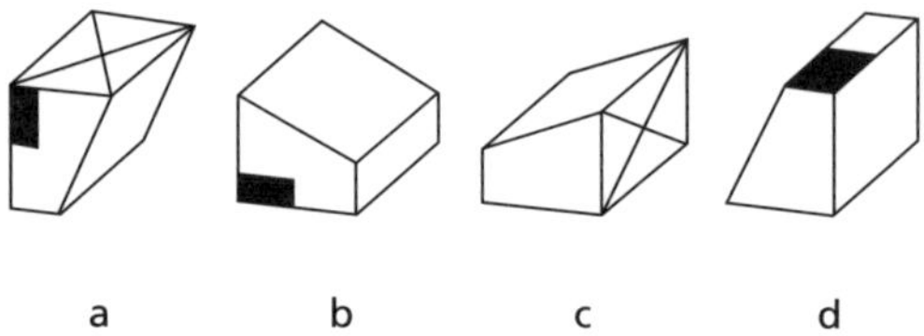


18.

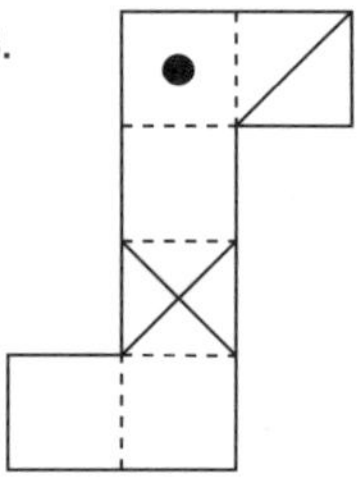

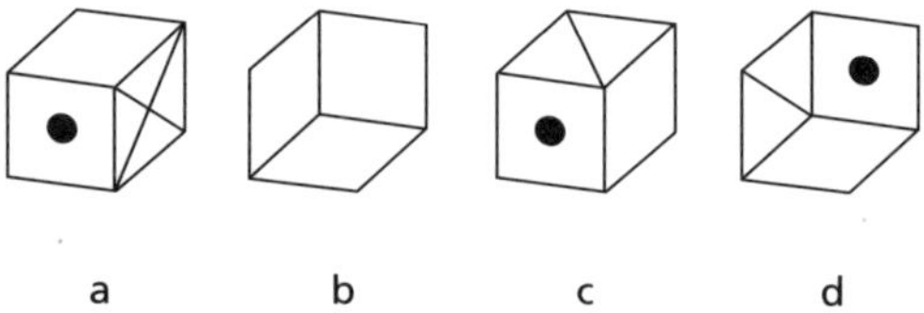


19.

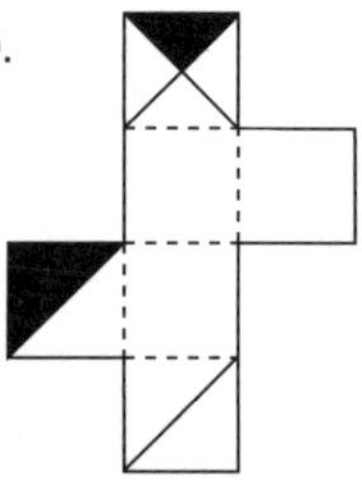

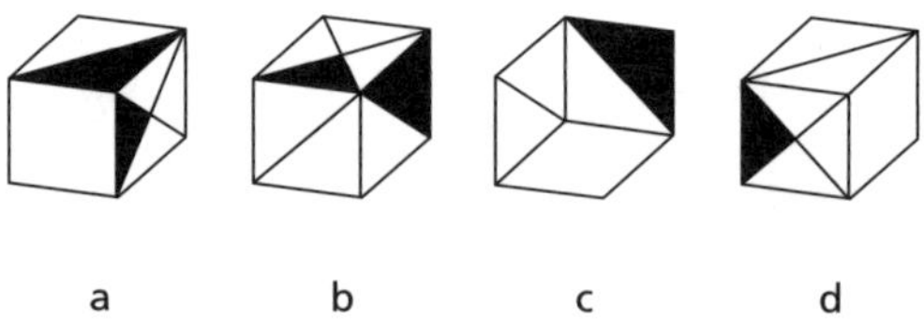


20.

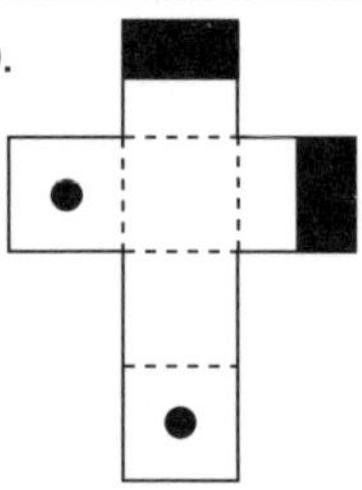

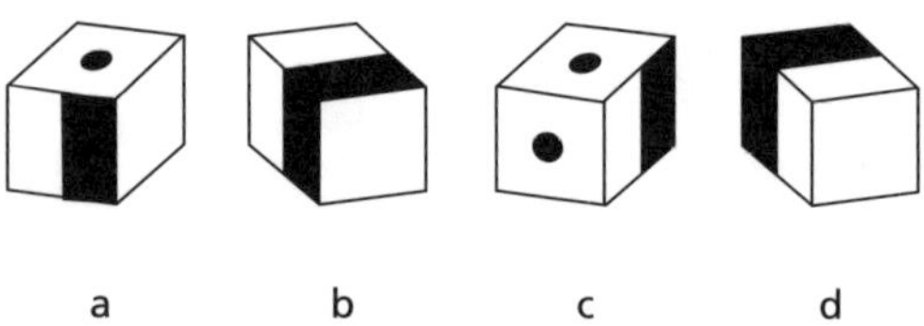


**Lösungen siehe Seite 293**

## Würfel-Rotationstest

Ihre Aufgabe bei diesem Test besteht darin, sich einen Würfel vorzustellen, der auf einer Seite mit einem Kreuz markiert wurde. Über Tonband bekommen Sie Anweisungen, wie Sie in Ihrer Vorstellung den Würfel zu kippen haben. Nachdem alle Kippbewegungen so durchgeführt wurden, müssen Sie angeben, auf welcher Seite sich das Kreuz befindet. Beachten Sie, dass der Würfel immer nur über eine Kante gekippt, aber niemals gedreht werden darf.

Zur Erläuterung betrachten Sie die folgende Skizze:

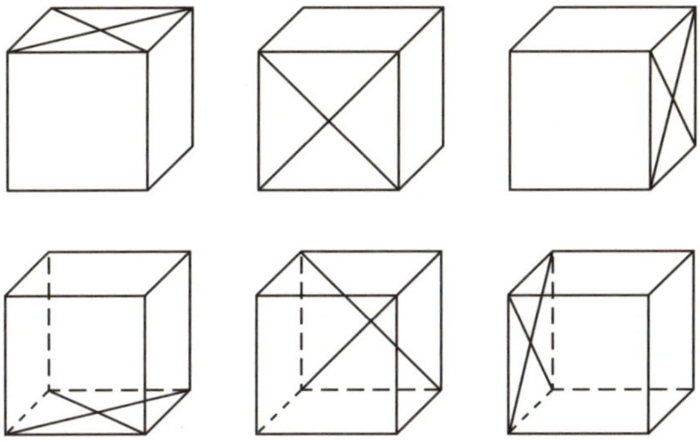

Der Würfel kann
in vier Richtungen
gekippt werden:

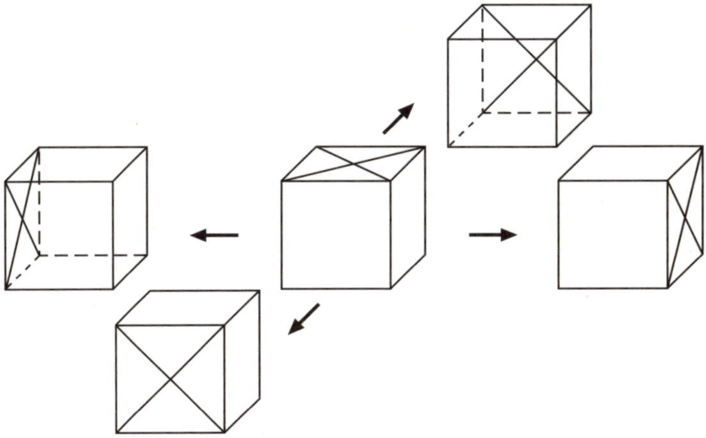

Durch die zunehmende Geschwindigkeit der Anweisungen wird der Schwierigkeitsgrad noch gesteigert. Um sich die Lösung etwas zu vereinfachen, gibt es folgende Möglichkeit: Halten Sie während des Tests Ihren Bleistift so in der Hand, dass die Bleistiftspitze das Kreuz ersetzt.

Vollziehen Sie dann mit Hilfe des Stiftes die akustischen Anweisungen nach. Dort, wo die Spitze des Stiftes zum Schluss hinzeigt, befindet sich das Kreuz.

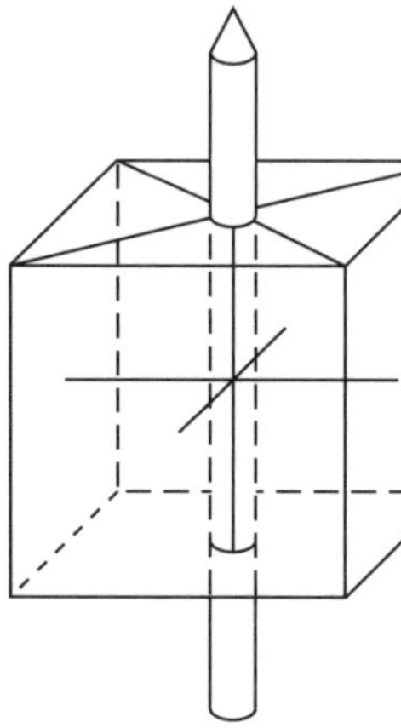

Seit neuestem ist die Benutzung jeglicher Hilfsmittel bei diesem Test untersagt. Im realen Testgeschehen können Sie jedoch statt eines Bleistifts beispielsweise auch einen Ring benutzen, bei dem eine Seite besonders auffällig ist (Frauen haben es da etwas leichter: einfach einen Ring mit einem Stein nehmen). So haben Sie zumindest für die Vor- und Zurückbewegungen eine kleine Hilfe.

Bei der Lufthansa bekommen Sie zurzeit bei diesem Test immer nur eine Anweisung (z.B. »links«). Haben Sie geistig die Würfelbewegung nachvollzogen, so drücken Sie eine Taste »Weiter« und bekommen die nächste Anweisung, usw. Dies vereinfacht den Test natürlich, lädt aber auch zum »Bummeln« ein. Wir empfehlen Ihnen deshalb, den Test auf bewährte Weise mit einem Helfer zu üben, der Sie dann durchaus auch mal durch den Test »jagen« darf. Schwerer wird es dann beim DLR auf keinen Fall.

Versuchen Sie nun mit einem Helfer, die folgenden Übungsaufgaben zu lösen. Lassen Sie sich die Ausgangsposition und die Kippbewegungen angeben, wobei der Helfer das Ansagetempo langsam steigern soll.

## *Übungsaufgaben*

| | Ausgangslage | Drehungen |
|---|---|---|
| 1. | oben | vor, rechts, vor, rechts, zurück, links |
| 2. | hinten | zurück, links, vor, rechts, vor, links |
| 3. | unten | links, vor, links, zurück, rechts, vor |
| 4. | links | vor, rechts, zurück, links, vor, links |
| 5. | rechts | zurück, rechts, zurück, links, vor, vor |
| 6. | vorne | rechts, vor, rechts, zurück, links, vor |
| 7. | hinten | rechts, rechts, links, vor, vor, rechts |
| 8. | oben | vor, vor, vor, rechts, links, vor |
| 9. | unten | vor, links, rechts, links, rechts, vor |
| 10. | rechts | rechts, vor, links, links, rechts, vor |
| 11. | unten | vor, links, rechts, vor, links, zurück |
| 12. | rechts | zurück, links, vor, links, zurück, vor |
| 13. | links | links, links, vor, rechts, links, vor |
| 14. | hinten | vor, links, rechts, links, vor, vor |
| 15. | oben | vor, zurück, links, links, zurück, zurück |
| 16. | unten | links, vor, rechts, links, vor, rechts |
| 17. | oben | vor, rechts, rechts, vor, rechts, vor |
| 18. | unten | links, vor, rechts, zurück, zurück, rechts |
| 19. | rechts | rechts, rechts, vor, vor, zurück, links |
| 20. | links | links, links, vor, rechts, vor, zurück |
| 21. | oben | zurück, zurück, zurück, links, links, zurück |
| 22. | rechts | zurück, rechts, vor, links, rechts, vor |
| 23. | links | links, vor, rechts, zurück, rechts, vor |
| 24. | unten | zurück, zurück, rechts, vor, links, zurück |
| 25. | oben | rechts, vor, links, zurück, rechts, vor, links |
| 26. | unten | links, rechts, rechts, vor, links, vor |
| 27. | oben | links, rechts, zurück, zurück, rechts, zurück |
| 28. | unten | vor, links, rechts, zurück, links, links |
| 29. | rechts | rechts, rechts, vor, vor, links, links |
| 30. | links | links, vor, rechts, zurück, links, vor |

**Lösungen siehe Seite 293**

## Figuren wieder erkennen

Ihre Aufgabe ist es, aus einem Satz angebotener Lösungsteile eine der angebotenen Ausgangsfiguren zusammenzusetzen.

Beachten Sie hierzu bitte das Aufgabenbeispiel, zunächst die Ausgangsfiguren:

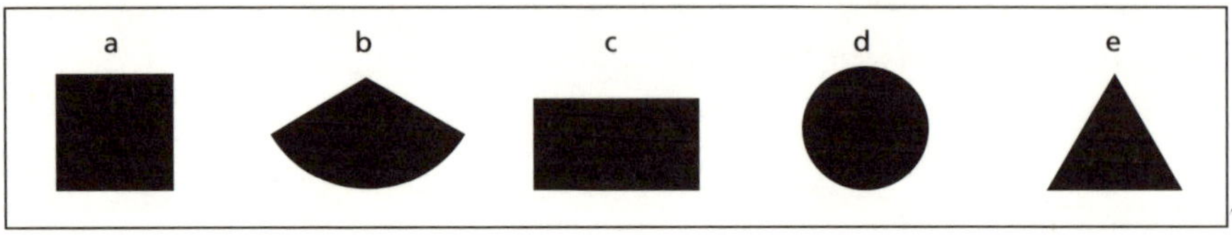


Welche der nachstehend gezeigten Teile gehören zu welcher Figur?

Lösungen:
1e, 2c, 3a, 4b, 5d

Für die nun folgenden 20 Aufgaben haben Sie 6 Minuten Zeit.

## *Übungsaufgaben*

A

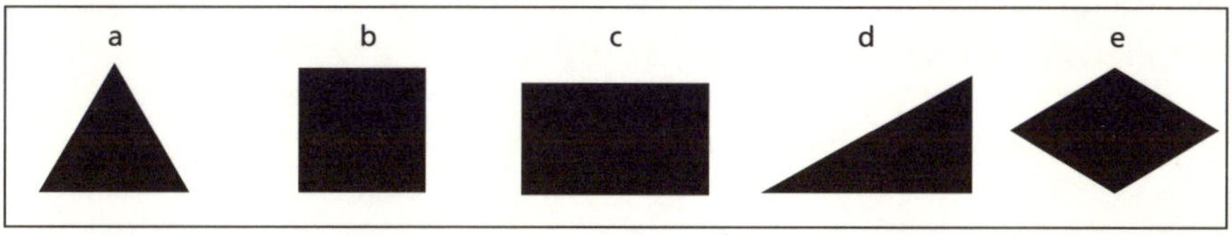


1. 2. 3. 4. 5.

6. 7. 8. 9. 10.

B

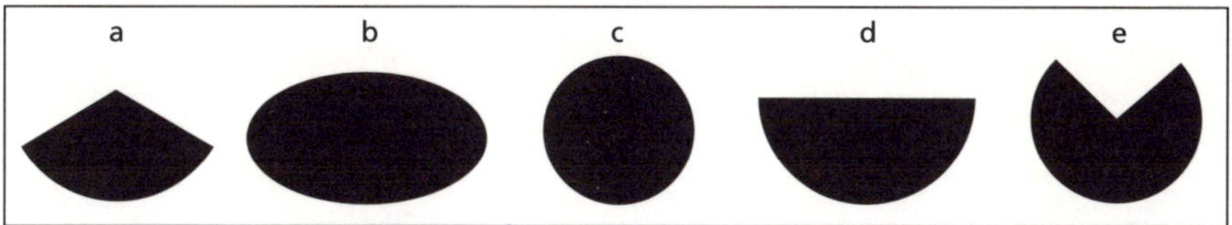


11. 12. 13. 14. 15.

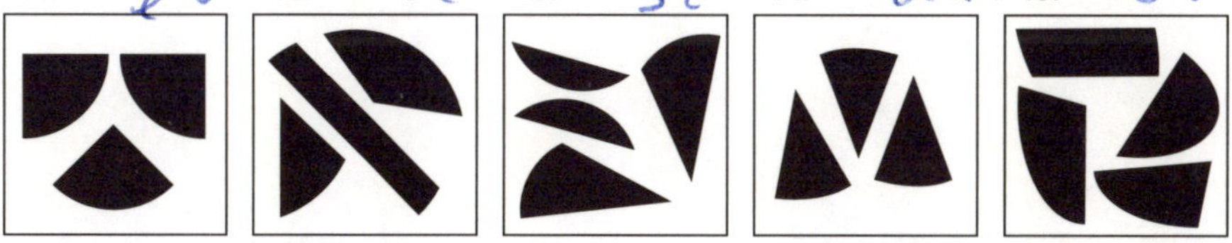

16. 17. 18. 19. 20.

**Lösungen siehe Seite 293**

## Figuren ergänzen

Bei diesem Test sind Figuren bzw. graphische Abbildungen, die in verschiedene Richtungen gedreht oder gekippt wurden, mit einem Bleistift – entsprechend der Vorlage – zu vervollständigen.

Hier zwei Aufgabenbeispiele:

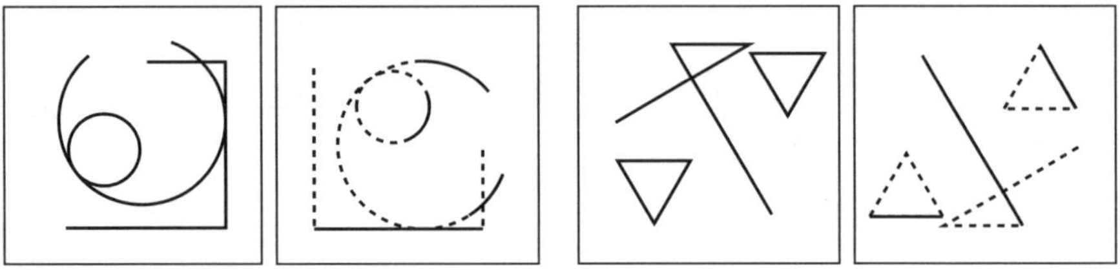

Für jeden Block mit 10 Aufgaben haben Sie 5 Minuten Zeit.

## *Übungsaufgaben*

*1. Block*

1.

2.

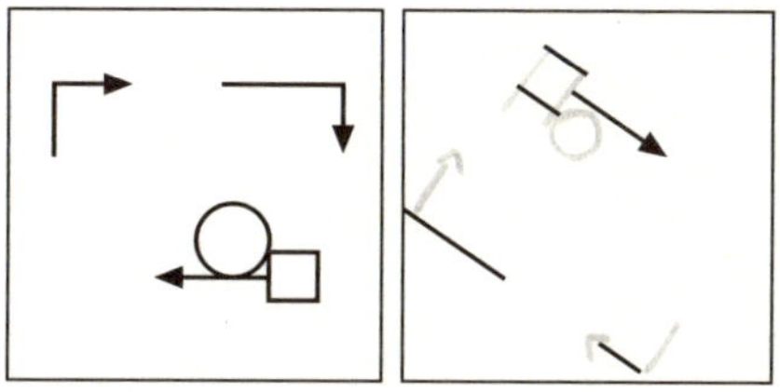

3.

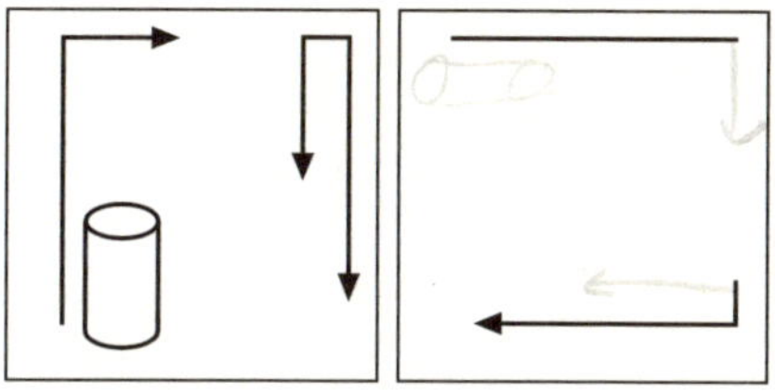

4.

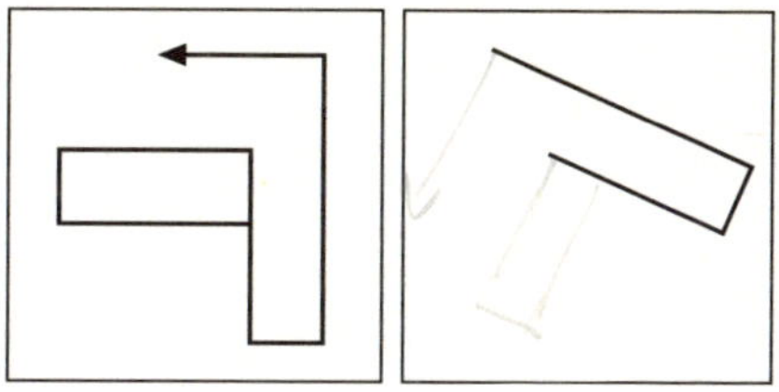

5.

6.

7.

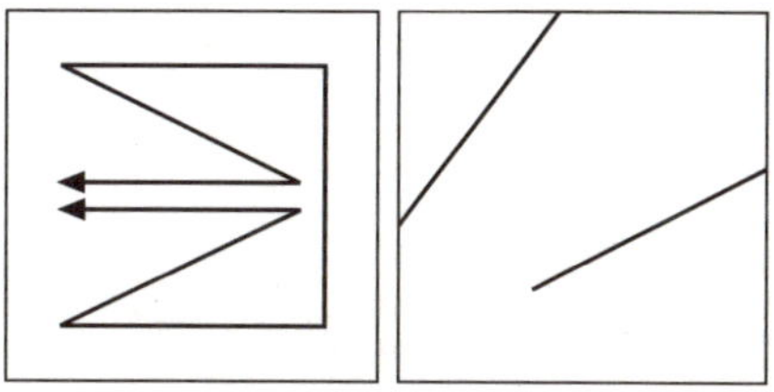

8.

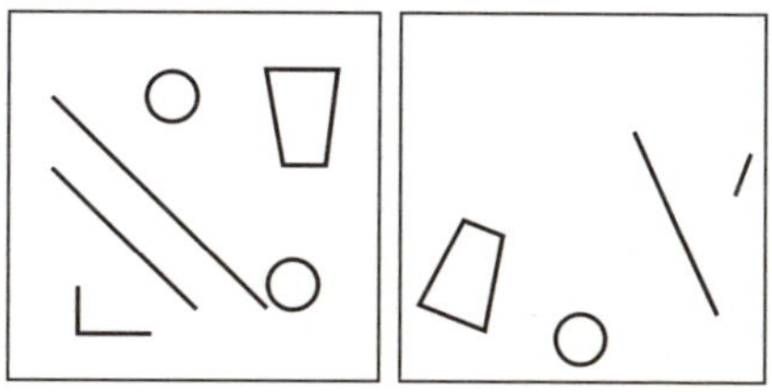

9.

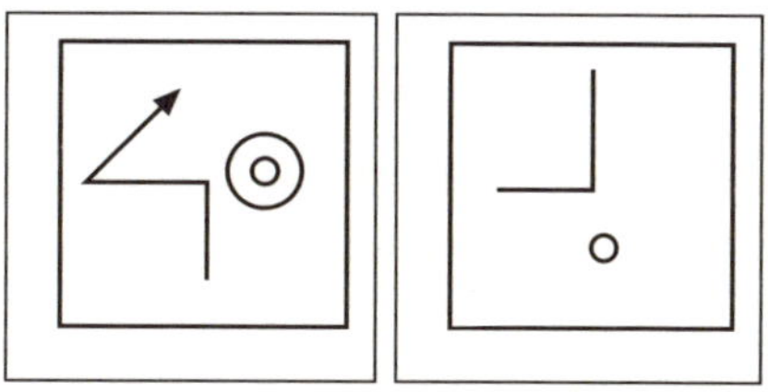

10.

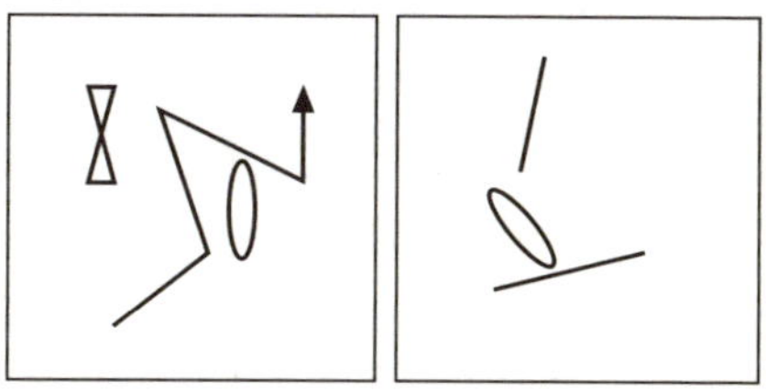

→

## *2. Block*

1.

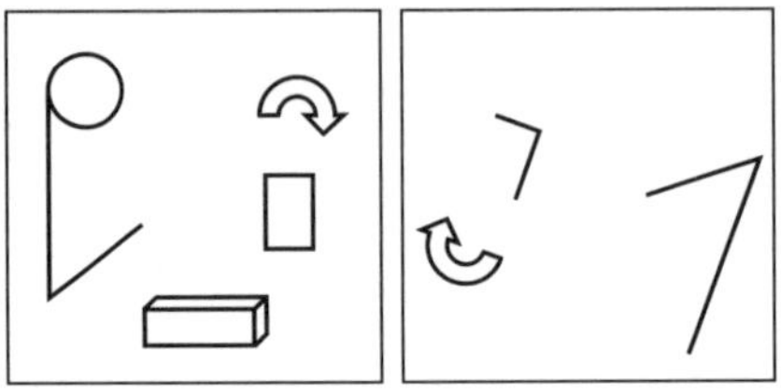

2.

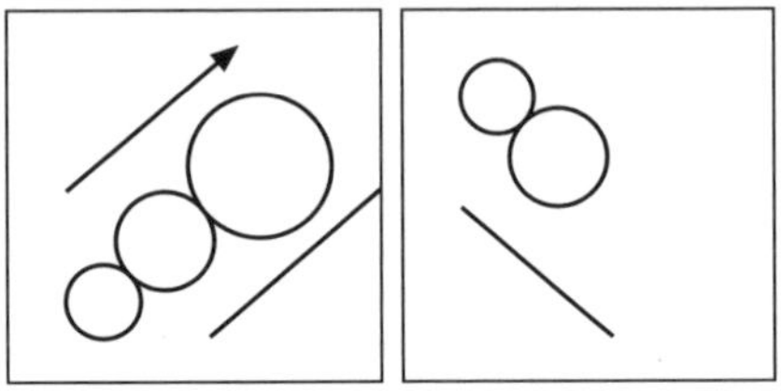

3.

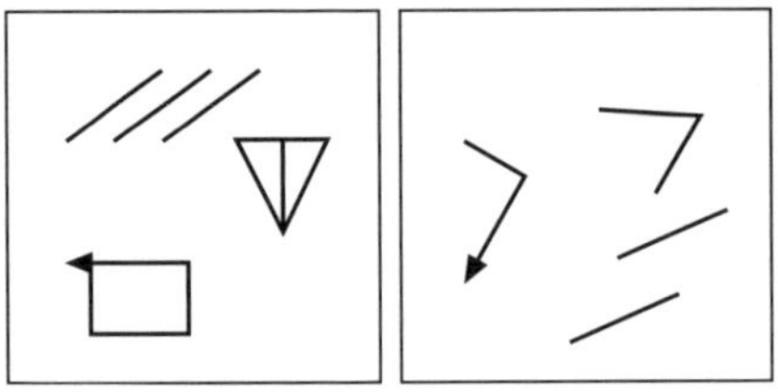

4.

5.

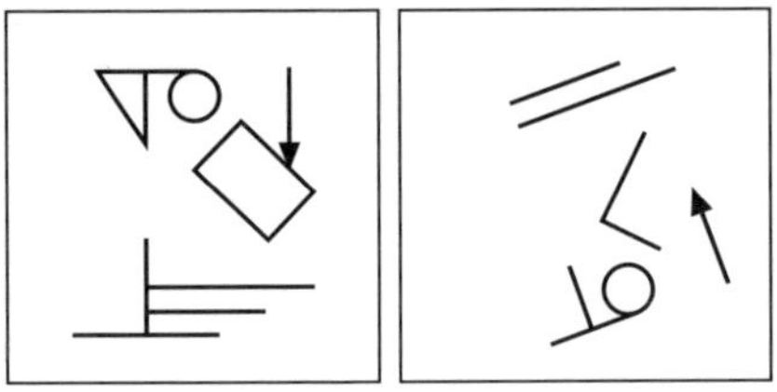

6.

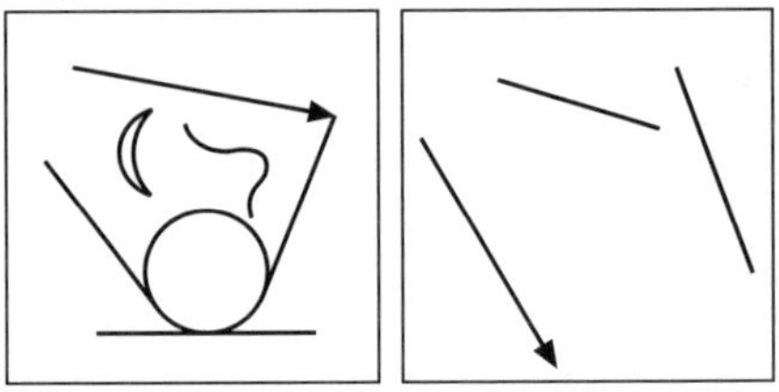

7.

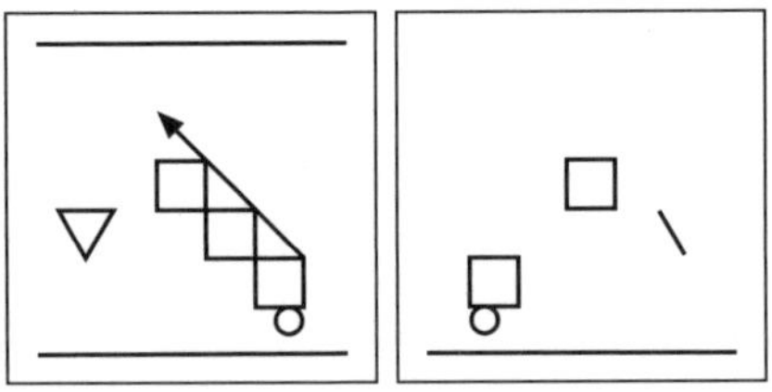

8.

9.

10.

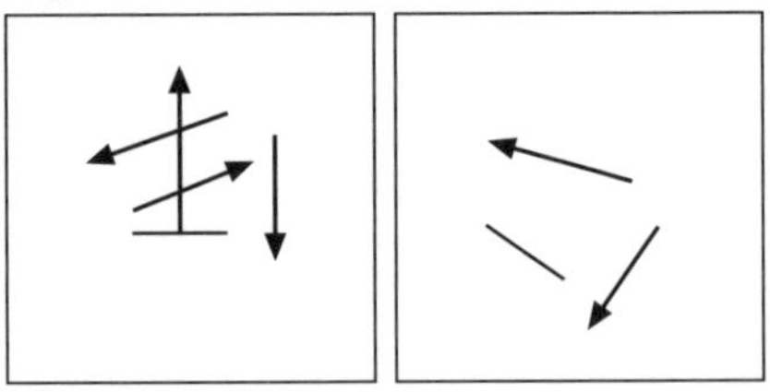

**Lösungen siehe Seite 294–295**

## Flugwissentest

Bei diesem Test soll bereits vorhandenes fliegerisches Wissen bei »Ready Entries«, also Bewerbern mit bereits abgeschlossener fliegerischer Ausbildung, abgeprüft werden. Für Neueinsteiger kommt er laut Aussage des DLR so nicht vor. Sich den Test anzusehen wird aber sicherlich nicht schaden. Der Flugwissentest ist nach dem Multiple-Choice-Verfahren gestaltet, das heißt, es ist pro Frage immer nur eine Antwort anzukreuzen. Bei Unsicherheiten empfiehlt es sich, nach dem Ausschluss-Verfahren vorzugehen, also die Antworten auszuschließen, die garantiert nicht richtig sind, und zu versuchen, aus den verbleibenden Antworten die richtige zu erraten. Die Zeit ist für diesen Test mehr als ausreichend, Sie können also in Ruhe arbeiten.

Versuchen Sie nun, die folgenden Übungsaufgaben zu lösen.

### *Übungsaufgaben*

*1. Teil*

1. Was bedeutet »Overwing exit«?
   a) Personaltoilette
   b) spezielle Rollbahn
   c) Notausgang über die Tragfläche
   d) Hinterausgang

2. Was bedeutet »Pic«?
   a) ein technischer Ausdruck
   b) Bezeichnung für eine besondere Gefahrensituation
   c) Zwischenlandung zum Auftanken
   d) Bezeichnung für den verantwortlichen Piloten im Cockpit

3. Worum geht es beim INS?
   a) spezielles Navigationssystem
   b) isländische Fluggesellschaft
   c) Einrichtung zum Brandschutz
   d) Transportnorm auf internationalen Flügen

→

4. Was versteht man unter »Rerouting«?
   a) Abschnitt der Pilotenprüfung
   b) Teil der Berechnung des Kerosinverbrauches
   c) Änderung der geplanten Streckenführung
   d) flugtechnische Maßnahme zur Verringerung der Flughöhe

5. Was ist ein »Taxiway«?
   a) Zufahrtstraße für Taxis zum Flughafen
   b) Landebahn
   c) Startbahn
   d) Rollbahn

6. Was ist »Reverse«?
   a) Flugstreckenänderung
   b) Austausch der Besatzung
   c) Bezeichnung für Rückflug
   d) Umkehrschub

7. Was versteht man unter dem Begriff »Mayday«?
   a) einen schönen Maientag
   b) alte englische Bezeichnung für den Tag der Arbeit
   c) Notsignal
   d) andere Bezeichnung für Charterflug

8. Wofür steht »LBA«?
   a) Luftfahrtbundesamt
   b) Luxemburgische British Airways
   c) Landebahn-Anrollweg
   d) Luftfahrt-Beförderungsanweisungen

9. Die APU ist …
   a) ein System zur Überwachung der Geschwindigkeit
   b) ein Radarsystem, welches bei der Flugsicherung zum Einsatz kommt
   c) ein Turbinenwerk, das Strom und Pressluft zum Anlassen der Triebwerke erzeugt
   d) ein Notlandesystem

10. Was versteht man unter »Windscherung«?
    a) Luftstrom, der durch die Turbinen erzeugt wird
    b) Spaltung des Windes beim Umströmen des Flugzeugs
    c) Windrichtungsänderung
    d) Messung der Windgeschwindigkeit

11. Die Machzahl wird wie folgt berechnet:
    a) Geschwindigkeit : Schallgeschwindigkeit
    b) Geschwindigkeit : Schallgeschwindigkeit x 1,2
    c) Schallgeschwindigkeit : Geschwindigkeit
    d) Schallgeschwindigkeit : Geschwindigkeit x 1,2

12. Was ist ILS?
    a) System, mit dem man nach Instrumenten landen kann
    b) isländische Fluggesellschaft
    c) Notausstieg im Heck eines Flugzeugs
    d) Steuereinheit für die Querruder

13. Welche Funktion hat das Querruder am Flugzeug?
    a) Drehungen um die Horizontalachse erzeugen
    b) Drehungen um die Längsachse erzeugen
    c) nach links oder rechts lenken
    d) keine Antwort ist richtig

14. Was versteht man unter ADF?
    a) automatisches Warngerät vor Kollisionen
    b) automatische Auslösung der Notrutschen bei Notlandungen
    c) automatisches Warngerät bei plötzlichem Höhenabfall
    d) automatisches Peilgerät (zur Navigation)

15. Wofür wird TCAS benutzt?
    a) zur Navigation
    b) bei der Landung, um sich am Leitstrahl zu orientieren
    c) um Kollisionen in der Luft zu vermeiden
    d) als zusätzliche Schubkraft beim Start

16. Was ist ein »Runway«?
    a) Laufpiste für die Passagiere zum Ein- und Aussteigen
    b) Start-/Landebahn
    c) Piste, die bei Notlandungen benutzt wird
    d) Notausgang im Flughafen

→

17. Was ist ein CFIT?
    a) körperliches Trainingsprogramm für Piloten
    b) Gegenteil von TCAS
    c) kontrollierter Flug ins Gelände (»controlled flight into terrain«)
    d) Gerät zur Stabilisierung eines Flugzeugs bei starkem Trudeln

18. Was wird als »Rotation« bezeichnet?
    a) Kehrtwende eines Flugzeugs in der Flugrichtung um 180°
    b) Wechsel der Pilotenbesatzung
    c) Flugübung beim Kunstflug
    d) Moment, in dem beim Start das Bugrad abhebt

19. Was ist »gieren«?
    a) Flatterbewegungen eines Flugzeugs bei starkem Wind
    b) plötzliches Abfallen eines Flugzeugs in der Höhe
    c) Drehung des Flugzeugs um die Hochachse
    d) Trudelbewegungen bei zu schnellem Starten

20. Was ist ein GPWS?
    a) Satellitennavigationssystem
    b) Bodenannäherungswarnsystem
    c) Warnsystem vor Zusammenstößen in der Luft
    d) Raketenwarnsystem der militärischen Luftfahrt

21. Was ist ein »Transponder«?
    a) Radarantwortgerät
    b) Spannungswandler von Wechsel- in Gleichstrom
    c) Flugschreiber
    d) Gerät zur Berechnung des Spritverbrauches beim Fliegen

22. Was sind die Landelichter?
    a) Begrenzungslichter der Landebahn
    b) Bodenscheinwerfer zur Beleuchtung der Landebahn
    c) Lichter am Flugzeug zur Beleuchtung der Landebahn
    d) Blinklichter an einem Hubschrauber zur Warnung bei Punktlandungen

23. (Ein) Spoiler ...
    a) sind Klappen an den Tragflächen, mit denen der Auftrieb vermindert wird
    b) sind Klappen an den Tragflächen, mit denen der Abtrieb vermindert wird
    c) ist ein starres Stabilisationssystem, welches sich am Bug des Flugzeugs befindet
    d) verhindert ungewollte Pendelbewegungen um die Längsachse

24. Was versteht man unter »Elevation«?
    a) die Entwicklung der Technik in der Fluggeschichte
    b) aktuelle Position eines Flugzeugs
    c) Verein der Piloten zur Kontrolle der Flugsicherheit
    d) Höhe eines bestimmten Punktes über dem Meeresspiegel

25. Die ICAO ist ...
    a) ein internationales Gremium aller Pilotenvereinigungen
    b) eine internationale Zivilluftfahrtorganisation
    c) eine Organisation zur Verbesserung/Optimierung der Flugsicherheit
    d) eine Flugschule für Militärflieger

*2. Teil*

Dies sind noch einige zusätzliche Fragen zum Thema »Flugwissen«. Beim DLR werden diese Fragen (angeblich) nicht bewertet und man arbeitet nicht unter Zeitdruck. Deshalb gibt es bei diesem Test auch keine Zeitvorgabe.

1. Welcher ist der Hauptgrund, warum die Klappen nach dem Start eingezogen werden?
    a) weniger Windwiderstand beim Flug
    b) um bei einer Notlandung besser segeln zu können
    c) um eine höhere Reisegeschwindigkeit zu erreichen
    d) um weniger Treibstoff zu verbrauchen

2. Welches Instrument dient der Navigation beim Landen?
    a) TCAS
    b) ILS
    c) CPR
    d) T-flight

→

3. Nennen Sie ein großes (häufiger abgestürztes) Verkehrsflugzeug mit drei Düsen:
   a) Boeing 737
   b) Airbus A 310
   c) Bell 212
   d) DC 10

4. Aus welchem Material sind moderne Verkehrsflugzeuge überwiegend gebaut?
   a) Duraluminium
   b) Titan
   c) Blech
   d) Stahl

5. Welche Firma hat sich besonders auf den Bau von Hubschraubern spezialisiert?
   a) Sikorsky
   b) Boeing
   c) Airbus
   d) Seaking

6. Wo befinden sich die Querruder?
   a) unter dem Flugzeug
   b) außen, hinten an den Tragflügeln
   c) innen, hinten an den Tragflügeln
   d) einfahrbar in den Tragflügeln

7. Was ist ein MRCA?
   a) Nachfolgemodell der Raumfähre Challenger
   b) Nachfolgemodell der russischen MIG 29
   c) Nachfolgemodell der Augusta 112
   d) Nachfolgemodell des Starfighters

8. Wie heißt der größte Flugzeugtransporter der Welt?
   a) C2A Galaxy
   b) C3A Galaxy
   c) C4A Galaxy
   d) C5A Galaxy

9. Woran erkennt der Segelflieger Thermik?
   a) am Temperaturabfall
   b) am Temperaturanstieg
   c) am Niederschlag
   d) an der Konstellation der Wolken

10. Was ist eine Zyklone?
   a) ein Tiefdruckgebiet
   b) ein Hochdruckgebiet
   c) ein Gewittersturm
   d) drei Wochen Sonnenschein

11. Wodurch entsteht hauptsächlich Nebel?
   a) geringe Temperatur/Abkühlung
   b) geringe Temperatur/Erwärmung
   c) hohe Temperatur/Abkühlung
   d) hohe Temperatur/Erwärmung

12. Wie lautet die Gleitzahl moderner Segelflugzeuge (ohne Konstruktionsbeschränkungen)?
   a) 1:45
   b) 1:85
   c) 1:58
   d) 1:20

13. Wie funktioniert das Prinzip der Schubumkehr?
   a) mit Unterdruck
   b) durch Klappen
   c) mit Überdruck
   d) über einen Zweigverschluss mit Unterdruck

**Lösungen siehe Seite 296**

## Pilotentestfragen

Dieser Test betrifft alle Bewerber, die bereits eine Pilotenlizenz haben und die ihren Arbeitgeber wechseln wollen. Er ist jedoch sicher auch für alle Erstbewerber interessant, da er das Vorwissen zu Luftrecht-, Luftverkehrs- und Flugsicherungsvorschriften, Meteorologie, Technik, zum Verhalten in besonderen Fällen und zur Navigation prüft. Auch hier wird das Multiple-Choice-Verfahren angewendet, pro Frage gibt es nur eine richtige Antwort. Für die Beantwortung der 50 Fragen haben Sie 12 Minuten Zeit.

### *Übungsaufgaben*

1. Welche Rechtsvorschriften regeln den Luftverkehr über der Bundesrepublik Deutschland?
   a) LuftBO
   b) LuftVZO
   c) LuftGerPO
   d) LuftVG

2. Welche Regel haben zwei sich nähernde Flugzeugführer zu beachten?
   a) beide Flugzeugführer müssen ihre Kurse nach rechts ändern
   b) beide Flugzeugführer müssen ihre Kurse nach links ändern
   c) das schnellere Flugzeug muss ausweichen
   d) das langsamere Flugzeug muss ausweichen

3. Was bezeichnet man in der Fliegerei als Anstellwinkel?
   a) den Winkel zwischen der anströmenden Luft und der Profilsehne der Tragfläche
   b) den Winkel zwischen der anströmenden Luft und der Tragflächenoberseite
   c) Winkel, in dem die Tragflächen vom Flugzeugrumpf abstehen
   d) Winkeleinstellung der Querruder

4. Was gehört zum Rollfeld eines Flugplatzes?
   a) die Startbahn, die Landebahn, die Rollwege und das Vorfeld
   b) die Startbahn, die Landebahn, die Rollwege
   c) die Startbahn, die Landebahn
   d) alles innerhalb des begrenzenden Zaunes

5. Was bedeutet die Abkürzung TRA?
   a) »transition altitude«
   b) zeitweise gesperrter Luftraum
   c) zeitweise reservierter Luftraum
   d) Beschränkungsgebiet

6. Was bedeutet es, wenn man von einer Erdsicht oder Bodensicht spricht?
   a) die Erdsicht wird von einer amtlich beauftragten Person festgestellt, die Bodensicht vom Piloten
   b) die Erdsicht ist die Sicht vom Flugzeug zum Boden, die Bodensicht ist die Sicht auf einen Flugplatz
   c) die Bodensicht ist die Sicht von einem Flugzeug zum Boden, die Erdsicht ist die Sicht auf den Erdboden
   d) es gibt keinen Unterschied

7. Ein auf ein in der Luft befindliches Flugzeug gerichtetes Blinksignal in Grün bedeutet:
   a) Halt
   b) Freigabe zur Landung
   c) benutzte Landefläche sofort räumen
   d) ungeachtet aller früheren Anweisungen zur Zeit nicht landen

8. Welche Mindesthöhe aus Gründen der Sicherheit muss über dichtbesiedeltem Gebiet und/oder Menschenansammlungen eingehalten werden?
   a) 1.000 m über dem höchsten Hindernis im Umkreis von 1.000 m
   b) mindestens 300 m über dem höchsten Hindernis im Umkreis von 600 m
   c) 1.500 m über dem höchsten Hindernis
   d) mindestens 1.000 ft über dem höchsten Hindernis im Umkreis von 1.000 m

9. Nach dem Einflug in eine Kontrollzone fällt plötzlich der Funk aus. Wie müssen Sie sich dann verhalten?
   a) die Kontrollzone schnellstmöglich verlassen
   b) entsprechend der erteilten Freigabe weiterfliegen und landen
   c) entsprechend der erteilten Freigabe weiterfliegen und auf Lichtsignale vom Kontrollturm warten
   d) Mayday senden

→

10. Ein in der Signalfläche ausgelegtes weißes Kreuz bedeutet:
    a) zur Zeit kein Segelflugbetrieb
    b) Segelflugbetrieb
    c) ab hier ist gesperrt
    d) Platz für längere Zeit gesperrt

11. Wann muss ein Flugzeugführer eine Wetterberatung einholen?
    a) immer, vor jedem Flug
    b) vor jedem Flug außerhalb der Platznähe
    c) vor jedem Flug mit Flugplan
    d) nach eigenem Ermessen bei der Wetterbeurteilung

12. Die Abkürzung O/R bedeutet in der Luftfahrt:
    a) auf Anforderung
    b) vorherige Genehmigung erforderlich
    c) ohne Empfänger
    d) zwischen Sonnenauf- und Sonnenuntergang

13. Der Flugberatungsdienst hat welche Abkürzung?
    a) FIS
    b) FBS
    c) AIS
    d) FBD

14. Die Angabe der Geschwindigkeit des Fluges erfolgt in einem Flugplan als
    a) km/h
    b) MPH
    c) KIAS
    d) kt

15. Was regelt die LuftVZO?
    a) die Zulassung von Luftfahrgerät
    b) die Zulassung der Flugverkehrsvorschriften
    c) die Zulassung von Flugplätzen, Luftfahrtgerät und -personal
    d) die Zulassung von Funkgeräten in der Luftfahrt

16. 14.35 MEZ entspricht welcher GMT-Zeit?
    a) 1345
    b) 1678
    c) 1335
    d) 1514

17. Wovon ist die Höhe der Tropopause abhängig?
    a) nur von der Temperatur
    b) von der Lage (Pol oder Äquator) und der Temperatur
    c) nur von der Lage (Pol oder Äquator)
    d) von der Windgeschwindigkeit

18. Wie groß ist die relative Feuchte der Standardatmosphäre?
    a) 100 %
    b) 98 %
    c) 0 %
    d) 20 %

19. Was ist Föhn?
    a) eine Wettererscheinung, die nur in Waldgebieten auftritt
    b) eine Wettererscheinung mit sehr niedrigen Temperaturen
    c) eine Wettererscheinung, hervorgerufen durch adiabatische Vorgänge beim Umströmen von Hindernissen
    d) eine Wettererscheinung, die bei Winden auftritt, die Luft parallel zu Bergkämmen abtreibt

20. Ihr Höhenmesserstand ist abends 350 ft, am nächsten Morgen 400 ft. Was könnte die Ursache dafür sein?
    a) der Druck ist um ca. 2 mb gestiegen
    b) der Druck ist um ca. 2 mb gefallen
    c) die Platzhöhe hat sich geändert
    d) der Druck ist um ca. 4 mb gestiegen

21. Von den Lokalwinden ist der Mistral eine bekannte Windströmung. Wo tritt er auf?
    a) im Harz
    b) im Sommer in Gibraltar
    c) im Rhônetal
    d) im Winter in Israel

22. Unter Konvergenzen versteht man …
    a) auseinander strömende Luftmassen
    b) zusammenströmende Luftmassen, die aufsteigen
    c) zusammenströmende Luftmassen, die absteigen
    d) Scherwinde

→

23. Was ist physikalisch die Kondensation?
    a) die Änderung des Aggregatzustandes von gasförmig in fest
    b) die Änderung des Aggregatzustandes von flüssig in gasförmig
    c) die Änderung des Aggregatzustandes von gasförmig in flüssig
    d) die Änderung des Aggregatzustandes von fest in gasförmig

24. Welche Wolkenfamilie besteht aus Eiswolken?
    a) Stratus
    b) Cumulus
    c) Cirrus
    d) Cb

25. Welches sind die häufigsten Zylinderanordnungen für Motoren in Leichtflugzeugen?
    a) Boxer- und Reihenmotor
    b) Sternmotor
    c) V-Motor
    d) Ottomotor

26. Welcher Flugzustand wird mit dem Wendezeiger überwacht?
    a) Drehungen um die Längsachse
    b) Drehungen um die Hochachse
    c) Drehungen um die Querachse
    d) Drehungen um alle Achsen

27. Was bedeuten rote Striche auf den Fluginstrumenten?
    a) Vorsichtsbereich
    b) Eichmarke
    c) verbotener Bereich
    d) optimaler Bereich

28. Was zeigt die Rutschmarke auf der Bereifung eines Flugzeuges an?
    a) ob noch genügend Profiltiefe vorhanden ist, sodass das Flugzeug beim Landen nicht rutscht
    b) ob der Reifenluftdruck den richtigen Wert hat
    c) ob der richtige Markenreifen verwendet wurde
    d) ob die Bereifung den richtigen Sitz auf der Felge hat

29. Was ist ein Laminarprofil?
   a) ein Profil mit einer großen Dickenrücklage
   b) ein Profil mit einer sehr geringen Dickenrücklage
   c) ein symmetrisches Profil
   d) ein konkaves Profil

30. Was heißt Flächenbelastung?
   a) das Gewicht, das erreicht wird bis zum Brechen der Tragflächen
   b) das Verhältnis von Fläche zu Gewicht ($m^2$/kg)
   c) das Bruchlastvielfache der Fläche, angegeben in tkg
   d) die Menge des Niederschlages pro $m^2$ Tragfläche

31. Was bewirken die Rippen am Zylinder eines Verbrennungsmotors?
   a) eine Gewichtsersparnis
   b) eine Leistungssteigerung
   c) eine bessere Raumausnutzung
   d) eine bessere Kühlung

32. Wodurch entsteht der Anzeigefehler des Magnetkompasses beim Kurvenflug?
   a) durch die Trägheit der Kompassrose
   b) die Kompassnadel versucht, den magnetischen Feldlinien der Erde zu folgen
   c) durch die Einwirkung der Seitenführungskräfte
   d) durch die erschwerte Ablesbarkeit beim Kurvenflug

33. Der künstliche Horizont zeigt welche Fluglagen an?
   a) Drehungen um die Hoch- und Querachse
   b) Drehungen um die Längs- und Querachse
   c) Drehungen um die Querachse
   d) Drehungen um alle Achsen

34. Was bewirkt der Vorflügel?
   a) eine Verringerung der Überziehgeschwindigkeit
   b) eine Erhöhung der Überziehgeschwindigkeit
   c) eine stabilere Landemöglichkeit
   d) leisere Fluggeräusche

→

35. Wann spricht man von Abreißen der Strömung?
  a) wenn sie von turbulent in laminar übergeht
  b) wenn sie von laminar in turbulent übergeht
  c) wenn sie sich am Seitenleitwerk verwirbelt
  d) beim Sackflug

36. Welches Fluginstrument versagt bei Druckverlust nicht?
  a) der Höhenmesser
  b) der Fahrtmesser
  c) der Wendezeiger
  d) das Variometer

37. Was wird durch eine im Flug verstellbare Trimmung erreicht?
  a) ein besserer Steigflug
  b) ein besserer Sinkflug
  c) ein besserer und schnellerer Reiseflug
  d) schnellere Kurvengeschwindigkeiten

38. Die Motorleistung wird mit zunehmender Höhe geringer, weil ...
  a) die Temperatur sinkt
  b) die Luftdichte abnimmt
  c) die Dichtehöhe abnimmt
  d) die Druckhöhe steigt

39. Welche Folgen kann ein Sauerstoffmangel schon in 3.000 m NN haben?
  a) Müdigkeit und verlangsamte Reaktionen
  b) akute Erstickungsgefahr durch Sauerstoffmangel
  c) geringere Motorleistung
  d) zu fettes Gemisch

40. Die Faustformel für die Umrechnung von km in NM lautet:
  a) km x 2
  b) km x 1,5
  c) (km : 2) + 10 %
  d) (km : 2) – 10 %

41. Wie viele cm ergeben 105 km auf einer Karte mit dem Maßstab 1 : 500.000?
    a) 21,0 cm
    b) 22,0 cm
    c) 2,2 cm
    d) 2,1 cm

42. Der Äquator wird von allen Meridianen unter einem Winkel von ... Grad geschnitten.
    a) 0°
    b) 90°
    c) 180°
    d) 360°

43. Die Faustformel für die Umrechnung von m in ft lautet:
    a) (m x 3) – 10 %
    b) (m x 3) + 30 %
    c) m x 3
    d) m x 3 + 25 %

44. Was wissen Sie über Meridiane?
    a) es gibt 180 davon
    b) es gibt 360 davon
    c) es gibt 90 Nord- und 90 Süd-Meridiane
    d) sie laufen parallel zum Äquator

45. Wie groß ist der Erdumfang am Äquator?
    a) 40.000 NM
    b) 80.000 NM
    c) 10.610 NM
    d) 21.600 NM

46. Das Längenmaß NM ist abgeleitet von ...
    a) der englischen Landmeile
    b) einem Längengrad
    c) einem Breitengrad
    d) einer Breitenminute

→

47. Welche Flüsse münden in den Rhein?
    a) Mosel, Main, Werra
    b) Neckar, Main, Mosel
    c) Donau, Weser, Main
    d) Isar, Elbe, Fulda

48. Wie dreht sich die Erde?
    a) im Uhrzeigersinn um die magnetischen Pole
    b) von West nach Ost um die magnetischen Pole
    c) von Ost nach West um die magnetischen Pole
    d) von West nach Ost um die geographischen Pole

49. Welcher Faktor beeinflusst die Startleistung am meisten?
    a) die Startbahnlänge
    b) die Lufttemperatur
    c) der Luftdruck
    d) die Luftdichte

50. Wann kontrollieren Sie die Funktionstüchtigkeit der Bremsen eines Flugzeuges?
    a) vor dem Verlassen des Abstellplatzes
    b) vor dem Start, auf dem Rollweg beim Rollen
    c) auf der Startbahn
    d) beim Landen

**Lösungen siehe Seite 296**

## Positions-Logik-Test

Dieser Test funktioniert ähnlich wie Zahlenreihen-Aufgaben. Nach einem bestimmten System werden Zeilen und Zeichen (statt Zahlen) aufgebaut. Die Aufgaben bestehen aus fünf Zeilen mit jeweils 24 Punkten.

```
1. Zeile: . . . . . . . . . . . . . . . . . . . . . . . .
2. Zeile: . . . . . . . . . . . . . . . . . . . . . . . .
3. Zeile: . . . . . . . . . . . . . . . . . . . . . . . .
4. Zeile: . . . . . . . . . . . . . . . . . . . . . . . .
5. Zeile: . . . . . . . . . . . . . . . . . . . . . . . .
```

In der Beispielaufgabe sehen Sie anstelle einzelner Punkte in den ersten vier Zeilen je ein Sternchen (*). Die Position dieses Sternchens wird durch zwei Regeln bestimmt, und es ist Ihre Aufgabe, diese Regeln zu erkennen. In der Lösungszeile (= 5. Zeile) müssen Sie die richtige Position für das Sternchen bestimmen.

Beispiel:

```
1. Zeile: . . . . .   . . . . .   . . . . .   . * . . .
2. Zeile: . . . . .   . . . . .   . . * . .   . . . . .
3. Zeile: . . . . .   . . . . .   . . . . .   . * . . .
4. Zeile: . . . . .   . . . . .   . . * . .   . . . . .
5. Zeile: . * . . .   . . . . .   . . * . .   . * . . .
            A                         B         C
```

In diesem Beispiel gibt es nicht nur Punkte, sondern auch Leerzeichen. Sie haben die Funktion, innerhalb einer Zeile mehrere Punktgruppen zu schaffen. In diesem Beispiel stehen in jeder Zeile gleich große Fünfer-Punktgruppen. Welcher Stern in Zeile 5 (Stern A, B oder C) steht logisch richtig und erfüllt zwei Regeln?

Lösung: C

Diese Lösung erklärt sich durch folgende zwei Regeln:
1. Regel: In jeder Zeile gibt es vier Punktgruppen, und der Stern steht abwechselnd in der 3. und 4. Gruppe.
2. Regel: Die Position des Sterns wechselt zwischen der 2. zur 3. Position innerhalb einer Punktgruppe.

2. Beispiel:

```
.... ..... ...*.. . ....
. .. ...*.... .... .....
. . ...*........ . ..  .
........ ... ...*.. ....
...*.. . ...*..*. ...*..
   A        B  C     D
```

Nach welchem System sind die Zeilen aufgebaut, und welche Regel bestimmt die Position des Sternchens? Ist in der letzten Zeile Sternchen A, B, C oder D richtig?

Lösung: B

1. Regel: Das Sternchen befindet sich immer in der 3. Punktgruppe.
2. Regel: Die Position innerhalb einer Punktgruppe für das Sternchen ist Platz 4.

Versuchen Sie, die folgenden 10 Aufgaben in 20 Minuten zu lösen.

## *Übungsaufgaben*

1.

```
.*.. ..... ..... .......
..... .* ..... .........
... ... .*...... .......
...... ... .. .*........
....... ... .*. ... .*.*
             A       B C
```

2.

```
.. ...*.. ..............
....... ..... .......*..
.. ........*.. .........
.... .... ..*.. ........
.....*.. .*..........*..
     A    B          C
```

3.

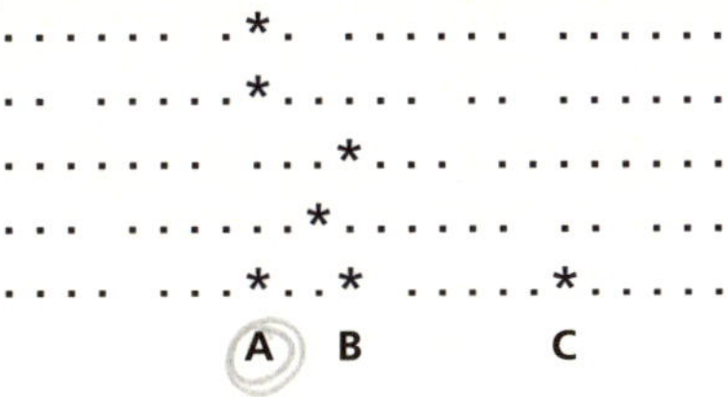


4.

5.

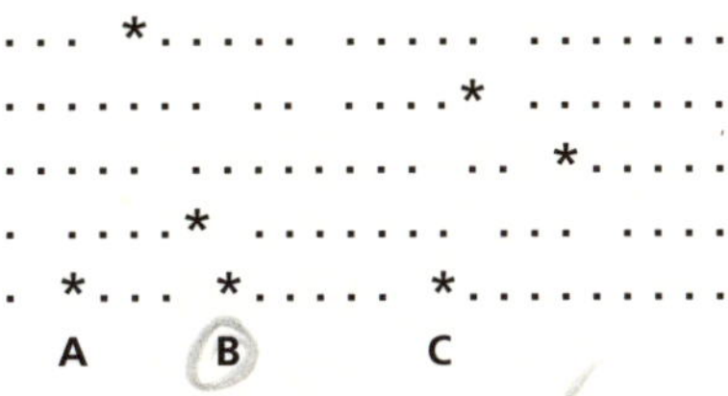


6.

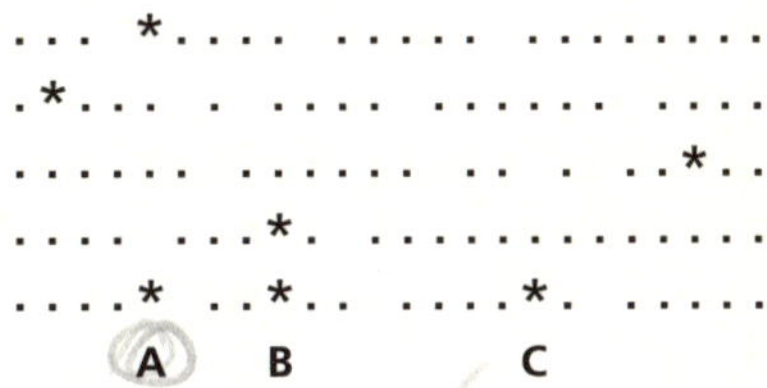


7.

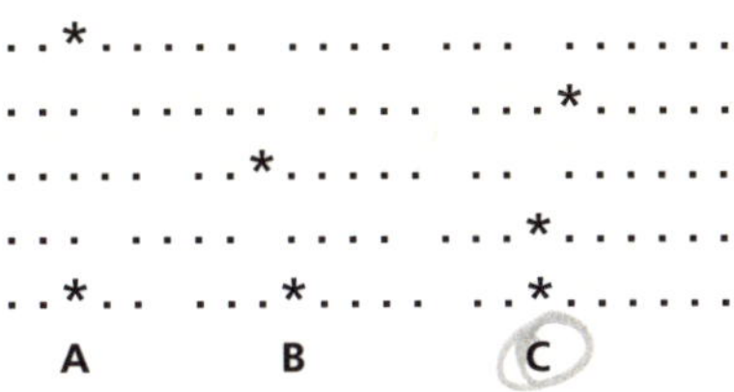


8.

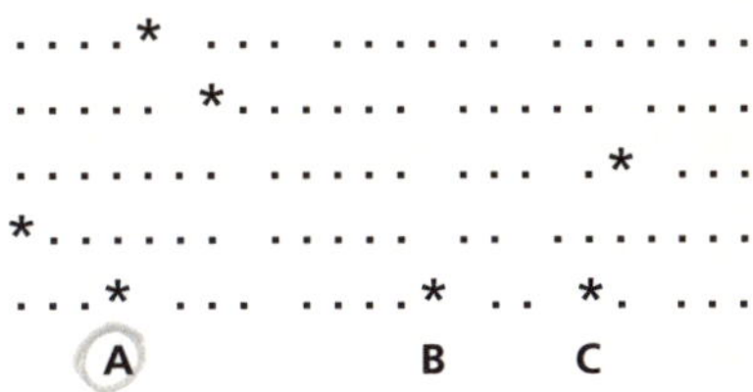


9.

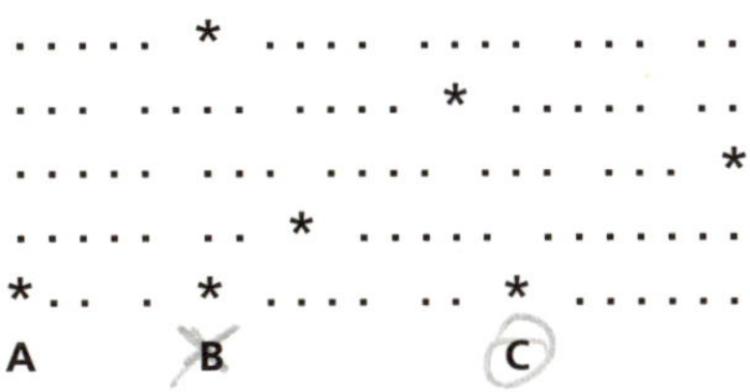


10.

**Lösungen siehe Seite 296–297**

## Approach-Control-Test
### (nur für eine Bewerbung als Fluglotse)

Der Approach-Control-Test ist einer der wenigen Tests, bei denen man als angehender Fluglotse eine Verbindung zum angestrebten Beruf sehen kann. Der Test ist vom Aufbau her relativ kompliziert. Weiß man jedoch, worum es geht und worauf es ankommt, so lässt er sich leicht üben.

Hier eine Kurzbeschreibung:
Drei Flugzeuge müssen auf eine zu ermittelnde Landebahn gelotst werden. Pro Zug für ein Flugzeug hat man zwei Sekunden Zeit. Gelandet wird immer mit Gegenwind, die Windrichtung ändert sich auch während des Tests.

Als Erstes werden die Flugfelder ausgeteilt. Sie sind wie im Beispielflugfeld dargestellt. Jeder Teilnehmer bekommt im realen Test eine Flugfeldskizze, auf der er sich keine Notizen machen darf und die er nach dem Test wieder abgeben muss. Wie Sie sehen, ist das Flugfeld von verschiedenen Luftstraßen durchzogen. Jede Kreuzung dieser Luftstraßen hat eine eigene Nummer. In der Mitte sind zwei graue Rechtecke, die die Landebahnen darstellen.

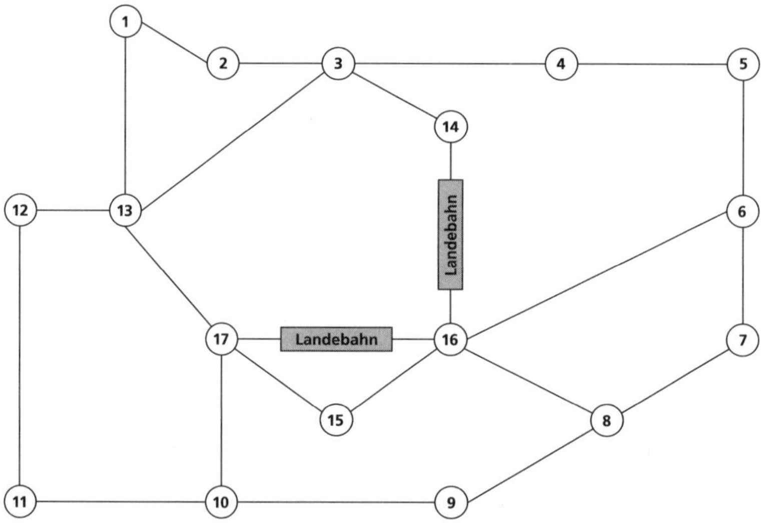


Als Nächstes werden die Antwortblätter ausgeteilt. Auf diesen muss anhand der Windrichtung eine Landebahn ausgewählt und die Nummer der Landebahn in das entsprechende Feld eingetragen werden. Die Windrichtung wird Ihnen vorgelesen. Mit Hilfe einer Tabelle ermittelt der Testteilnehmer die Landebahn.

Die Antwortblätter sehen wie folgt aus:
Über der Tabelle (Ziffern 1//2) wird die ermittelte Landebahn eingetragen bzw. die neue Landebahn, sofern sich die Windrichtung ändert.
Die Flugzeuge werden durch die Buchstaben A, B und C dargestellt.
x1, x2 und x3 bezeichnet die den Flugzeugen jeweilig zugehörige Höhe.
Die Position und die Höhe der Flugzeuge sind bereits vor Testbeginn eingetragen.

Antworttabelle:

1//2

| | | | | | | | |
|---|---|---|---|---|---|---|---|
| **A x1** | **H1** | | | | | | |
| **B x2** | **H2** | | | | | | |
| **C x3** | **H3** | | | | | | |

Zeichenerklärung:
A, B, C = Flugzeuge
x1, x2, x3 = Höhe der jeweiligen Flugzeuge
H1, H2, H3 = momentane Position der Flugzeuge
1 = Windrichtung bzw. entsprechende Landebahn
2 = geänderte Windrichtung, geänderte Landebahn

Folgende Regeln müssen beim Test beachtet werden:
- Anhand einer vorgelesenen Windrichtung muss in einer Tabelle die zugehörige Landebahn ermittelt werden. Dabei gilt, dass immer mit Gegenwind gelandet wird.
- Die aktuelle Position der Flugzeuge muss in die Antwortfelder (Tabelle) eingetragen werden.
- Es darf nicht vorgeschrieben werden.
- Pro Zug für 3 Flugzeuge hat man insgesamt 6 Sekunden Zeit.
- Pro Zug verliert ein Flugzeug 1.000 Fuß an Höhe.
- Gelandet wird immer mit einer Höhe von 1.000 Fuß.
- 180°-Wendungen sind verboten.
- 2 Flugzeuge auf einem Punkt sind verboten (auch in unterschiedlichen Höhen!).
- Flugzeuge dürfen sich nicht entgegenkommen.
- Es muss immer die kürzeste Route gewählt werden.
- Während des Tests ändert sich zufällig die Windrichtung und es werden Punkte gesperrt. Gesperrte Punkte dürfen nicht angeflogen werden.

Sind alle Antwortbögen verteilt, so wird ein Beispieldurchlauf mit einem Flugzeug gestartet. Lassen Sie uns nun zur Verdeutlichung auch einen Beispieldurchlauf starten: »Windrichtung West!«

Landebahntabelle:

| **Windrichtung** | **Landebahn** |
|---|---|
| Nord | 16 |
| Nord-Ost | 17 |
| Ost | 17 |
| Süd-Ost | 14 |
| Süd | 14 |
| Süd-West | 16 |
| West | 16 |
| Nord-West | 16 |

16//

| | | | | | | | |
|---|---|---|---|---|---|---|---|
| **A 5000** | **12** | 13 | 17 | 15 | 16 | | |
| **B 2000** | **14** | 16 | | | | | |
| **C 1000** | **4** | 5 | 6 | 16 | | | |

Das Flugzeug A befindet sich in einer Höhe von 5.000 Fuß in Punkt 12. Pro Feld sinkt es um 1.000 Fuß, sodass mit der gewählten Route eine Landung aus 1.000 Fuß Höhe möglich ist. Gleiches ist auch mit den beiden anderen Flugzeugen parallel möglich. Eine Änderung der Windrichtung oder die Sperrung einzelner Punkte ist bei diesem Durchlauf nicht erfolgt. Wäre z.B. der Punkt Nr. 15 gesperrt gewesen, so hätte das Flugzeug A über die Route 13, 17, 10, 9, 8 und 16 gelotst werden müssen. Alternativ wäre natürlich auch die Route 11, 10, 9, 8, 16 möglich gewesen.

Ein weiteres Beispiel:
»Windrichtung Ost, Punkte 3 und 15 gesperrt!«
Bitte beachten Sie: Beim DLR werden auch während des Tests Punkte gesperrt oder es ändert sich die Windrichtung.

17//

| | | | | | | | |
|---|---|---|---|---|---|---|---|
| **A 6000** | **1** | 13 | 12 | 11 | 10 | 17 | |
| **B 6000** | **5** | 6 | 7 | 8 | 9 | 10 | 17 |
| **C 3000** | **8** | 9 | 10 | 17 | | | |

Was hier noch relativ leicht aussieht, erweist sich aber – sofern man die Anweisungen des DLR beachtet – als sehr anspruchsvoll und stressig. Beachten Sie auf keinen Fall die Anweisung, *nicht* vorzuschreiben. Es werden nur ganz wenige Male Punkte während des Tests gesperrt bzw. Windrichtungsänderungen angegeben. Diese Änderungen geschehen zumeist auch zu Testbeginn, sodass eine zügige Korrektur noch möglich ist.

### *Übungsaufgaben*

Kopieren Sie sich als Erstes das Flugfeld, die Windrichtungstabelle sowie die Antworttabellen auf den folgenden Seiten dieses Buches heraus. Nur diese Materialien dürfen Sie während des Tests benutzen. Beachten Sie auch, dass keine Randnotizen erlaubt sind – das Einzeichnen aktueller Flugzeugpositionen in das Flugfeld ist strengstens verboten!

Ihr Helfer muss nun mit Hilfe einer Digital- oder Stoppuhr jeweils zu Testbeginn die Anweisungen vorlesen und Ihnen alle sechs Sekunden (zwei Sekunden pro Flugzeug) den Befehl »Weiter« geben, als Zeichen, die drei Flugzeuge jeweils ein Feld weiter zu setzen. Eventuelle Sondermeldungen (Änderung der Windrichtung oder Punktsperrung) werden in der Reihenfolge, in der sie vorkommen, mit vorgelesen. Lassen Sie sich nicht verwirren: Einige Beispiele sind wie so viele Tests nicht zu schaffen, sondern dienen nur dazu, Sie zu verunsichern! Denken Sie auch daran, eventuell geänderte Landebahnen mit in die Tabellen einzutragen.

1. Windrichtung Ost
2. Windrichtung Nord-West
3. Windrichtung Nord-Ost
4. Windrichtung Ost
   Helferanweisungen: Weiter, Windrichtung West, Weiter,
   Weiter, Weiter, Weiter, Ende
5. Windrichtung Süd
   Helferanweisungen: Weiter, Weiter, Windrichtung West,
   Weiter, Weiter, Weiter, Ende
6. Windrichtung Nord
7. Windrichtung Nord, Punkt 15 gesperrt
8. Windrichtung Süd, Punkt 8 gesperrt
9. Windrichtung Süd-West, Punkte 6 und 7 gesperrt
10. Windrichtung West
    Helferanweisungen: Weiter, Weiter, Punkt 4 gesperrt,
    Weiter, Weiter, Weiter, Ende

Da es für diesen Test mehrere Lösungsmöglichkeiten gibt, kontrollieren Sie nach Testende Ihre Flugbewegungen in Ruhe an Hand der Ihnen bekannten Regeln (siehe Seite 175).

→

1. //

| | | | | | | | |
|---|---|---|---|---|---|---|---|
| **A 2000** | **5** | | | | | | |
| **B 4000** | **1** | | | | | | |
| **C 4000** | **8** | | | | | | |

2. //

| | | | | | | | |
|---|---|---|---|---|---|---|---|
| **A 2000** | **3** | | | | | | |
| **B 6000** | **12** | | | | | | |
| **C 4000** | **13** | | | | | | |

3. //

| | | | | | | | |
|---|---|---|---|---|---|---|---|
| **A 3000** | **7** | | | | | | |
| **B 4000** | **10** | | | | | | |
| **C 1000** | **6** | | | | | | |

4. //

| | | | | | | | |
|---|---|---|---|---|---|---|---|
| **A 3000** | **11** | | | | | | |
| **B 4000** | **15** | | | | | | |
| **C 1000** | **9** | | | | | | |

5. //

| | | | | | | | |
|---|---|---|---|---|---|---|---|
| **A 3000** | **13** | | | | | | |
| **B 5000** | **4** | | | | | | |
| **C 3000** | **7** | | | | | | |

6. //

| | | | | | | | |
|---|---|---|---|---|---|---|---|
| **A 1000** | **15** | | | | | | |
| **B 3000** | **4** | | | | | | |
| **C 5000** | **2** | | | | | | |

7. //

| | | | | | | | |
|---|---|---|---|---|---|---|---|
| **A 5000** | **9** | | | | | | |
| **B 2000** | **10** | | | | | | |
| **C 4000** | **1** | | | | | | |

8. //

| | | | | | | | |
|---|---|---|---|---|---|---|---|
| **A 5000** | **1** | | | | | | |
| **B 4000** | **9** | | | | | | |
| **C 1000** | **3** | | | | | | |

9. //

| | | | | | | | |
|---|---|---|---|---|---|---|---|
| **A 2000** | **6** | | | | | | |
| **B 5000** | **12** | | | | | | |
| **C 4000** | **8** | | | | | | |

10. //

| | | | | | | | |
|---|---|---|---|---|---|---|---|
| **A 4000** | **12** | | | | | | |
| **B 3000** | **8** | | | | | | |
| **C 5000** | **9** | | | | | | |

*Kopiervorlage*
*für eigene Beispiele*

//

| | | | | | | | |
|---|---|---|---|---|---|---|---|
| **A** | | | | | | | |
| **B** | | | | | | | |
| **C** | | | | | | | |

//

| | | | | | | | |
|---|---|---|---|---|---|---|---|
| **A** | | | | | | | |
| **B** | | | | | | | |
| **C** | | | | | | | |

//

| | | | | | | | |
|---|---|---|---|---|---|---|---|
| **A** | | | | | | | |
| **B** | | | | | | | |
| **C** | | | | | | | |

//

| | | | | | | | |
|---|---|---|---|---|---|---|---|
| **A** | | | | | | | |
| **B** | | | | | | | |
| **C** | | | | | | | |

//

| | | | | | | | |
|---|---|---|---|---|---|---|---|
| **A** | | | | | | | |
| **B** | | | | | | | |
| **C** | | | | | | | |

//

| | | | | | | | |
|---|---|---|---|---|---|---|---|
| **A** | | | | | | | |
| **B** | | | | | | | |
| **C** | | | | | | | |

//

| | | | | | | | |
|---|---|---|---|---|---|---|---|
| **A** | | | | | | | |
| **B** | | | | | | | |
| **C** | | | | | | | |

//

| | | | | | | | |
|---|---|---|---|---|---|---|---|
| **A** | | | | | | | |
| **B** | | | | | | | |
| **C** | | | | | | | |

//

| | | | | | | | |
|---|---|---|---|---|---|---|---|
| **A** | | | | | | | |
| **B** | | | | | | | |
| **C** | | | | | | | |

# Die Firmenqualifikation (FQ)

**(Der Haupttest)**

## Flugstreifen-Test

Dieser Test ähnelt sehr der zukünftigen Aufgabe als Fluglotse und wird von den meisten Teilnehmern als angenehm beschrieben.

Auf dem Bildschirm sind einzelne Flughäfen dargestellt. Diesen sind entsprechende Flugstreifen zugeordnet. Über Ihrem Computer hängt eine Karte, die Ihnen die Flugstrecken zwischen den einzelnen Flughäfen und deren Anordnung verdeutlichen soll. Nach einer ausführlichen Einweisung sollen Sie dann folgende Aufgaben an den Flughäfen Lingen, Düsseldorf, Dortmund, Hamburg, Erfurt, Magdeburg und Leipzig bewältigen:

1. Sortieren Sie die Flugstreifen an jedem Flughafen nach den Ankunftszeiten der Flieger.
2. Reihen Sie neu hinzukommende Flugstreifen ein (diese erscheinen in einer Spalte über dem Flughafen auf Ihrem PC-Bildschirm).
3. Überquert ein Flugzeug den nächsten Flughafen, so muss der Flugstreifen dieses Flugzeugs für den vorigen Flughafen aussortiert werden.
4. Man soll sowohl »opposite conflicts« (wenn sich zwei Flugzeuge im gleichen Zeitraum bei ähnlicher Höhe entgegenkommen), als auch »local conflicts« (wenn zwei Flugzeuge in zu geringem Abstand einander folgen) registrieren und melden.
5. Mit Hilfe von akustischen Meldungen sollen Angaben auf den Flugstreifen aktualisiert werden.

## Flugstreifen vervollständigen
### (nur für die Bewerbung zum Fluglotsen)

Dieser Test ist ein Gruppentest, bei dem 6 Teilnehmer zusammen eine Aufgabe bewältigen sollen. Jeder Teilnehmer bekommt mehrere so genannte »Flugstreifen«, auf denen wichtige Angaben fehlen. Ein Flugstreifen ist – wenn er vollständig ist – wie folgt aufgebaut:

| Kontrollsektorzugehörigkeit | Nah- oder Fernbereich | Abflugzeit | Ankunftszeit | Startpunkt | Landepunkt |
|---|---|---|---|---|---|

Bei jedem Teilnehmer fehlen verschiedene Angaben. Aufgabe ist es, möglichst entspannt, teamorientiert und kontaktfähig mit den anderen Teilnehmern zusammen die fehlenden Angaben zu vervollständigen. Danach müssen die Scheine noch so sortiert werden, dass sie auch in der richtigen Reihenfolge vorliegen, also ein Flugzeug z.B. von Kontrollsektor 1 über die Sektoren 2, 3, 4 und 5 zu seinem Ziel in Kontrollsektor 6 gelangt.

Ihr Test wird während Ihrer Bearbeitung bis zu 4-mal unterbrochen und man fordert Sie auf, einen von mehreren Umschlägen zu ziehen. Die Aufgabe im Umschlag sollen Sie als Gruppe gemeinsam lösen. Erst danach dürfen Sie mit dem Vervollständigen der Flugstreifen fortfahren.

Die Umschlagaufgaben können wie folgt aussehen:

1. Schätzen Sie die durchschnittliche Entfernung Ihrer Wohnorte von Paris.
2. Wie groß ist die Spannweite eines A320-200 mit einer Länge von 37 m?
3. Bearbeiten Sie umgehend alle Kontrollstreifen, die Sektor C als Nahbereich enthalten.
4. (der Umschlag enthält weitere Flugstreifen mit ergänzenden Angaben)

Für diese Gruppenaufgabe haben Sie insgesamt 30 Minuten Zeit. Überschreiten Sie das Zeitlimit, ist die Aufgabe nicht gelöst. Während des Tests werden Sie von 6 Psychologen begutachtet.

Weitere Testtipps für den Bereich Assessment Center, zu dem auch dieser Flugstreifentest zählt, finden Sie auf den Seiten 204–211.

## Dyadic-Cooperation-Test – I
### (Straßen beladen – Einzeltest)

Dieser Test wird als Einzelaufgabe am Computer bearbeitet. Gegeben sind insgesamt 4 Straßen mit einer variierenden Gesamtlast sowie 5 verschiedene Fahrzeugtypen. Die Fahrzeugtypen haben je ein unterschiedliches Gewicht und eine unterschiedliche Punktzahl. Für unser Beispiel nehmen wir eine Gesamtlast der Straßen von 32 an, wobei es beim DLR keine Angaben über kg, Tonnen o. Ä. gibt. Betrachten Sie nun den Bildschirmaufbau, so wie er sie beim DLR erwarten könnte:

Sondermeldungen:

Machen Sie möglichst viele Punkte

Sie sind für die Straßen 2 und 4 verantwortlich

Straße 2 muss im Verhältnis 7:1 beladen werden

Straße 4 nur zu ½ belastbar

Baustellen könnten zu einem Problem werden

(Dieses Textfeld wird nur ab und zu verwendet,
um den Kandidaten z.B mit Restzeitangaben zu verunsichern.)

Punkte

| Typ | Anzahl | Gewicht | Punkte |
|---|---|---|---|
| 1 | 6 | 13 | 16 |
| 2 | 5 | 6 | 7 |
| 3 | 4 | 10 | 12 |
| 4 | 6 | 2 | 11 |
| 5 | 0 | 5 | 5 |

1 Typ wurde noch nicht benutzt

Funk

| Straße | | | |
|---|---|---|---|
| 1 | ........ | 27 | ........ |
| 2 | ........ | 13 | ........ |
| 3 | ........ | 12 | ........ |
| 4 | ........ | 23 | ........ |

Ihre Aufgabe besteht darin, jede Straße möglichst maximal zu beladen und dabei ein gutes Punktergebnis zu erzielen. Je optimaler die Straßen innerhalb einer bestimmten Zeit beladen werden, desto mehr Punkte gibt es. Um 4 Straßen zu beladen, haben Sie 4 Minuten Zeit.

Für die Überladung einer Straße, z.B. 34, gibt es einen Punktabzug und die gesamte Straße wird gelöscht (auch die auf ihr benutzten Fahrzeugtypen). Erreichte Punktzahlen von 100–140 sind in Ordnung, alles darüber als gut zu werten.

*Hinweise:*

- Es macht einen guten Eindruck – kann als Abwandlung des Tests sogar Pflicht sein – jeden Fahrzeugtyp mindestens einmal zu benutzen. Von daher ist es wichtig, sich zu merken, welche Typen man bereits benutzt hat und welche nicht.
- Es gibt Sondermeldungen (siehe Abbildung), wie z.B. »Straße 2 nur zu ⅔ belastbar«. Diese erscheinen einmal am Anfang für circa 5 Sekunden und sind zu merken und zu beachten.
- Im Gruppentest (siehe Seite 185) bedeutet »Straße 2 muss im Verhältnis 7 : 1 beladen werden«, dass Kandidat A 28 Gewichtseinheiten platzieren muss, Kandidat B nur 4 (das Gesamtgewicht ist 32). Nehmen Sie folgenden Rechenweg: 32 dividiert durch 8 (7 + 1) gleich 4. 7 x 4 = 28 sowie 1 x 4 = 4.
- Alle Schritte, also Straßenauswahl, Fahrzeugtypen und Fahrzeuganzahl müssen einzeln nacheinander eingegeben werden. Will man einen Wert korrigieren, so werden alle (!) zu bearbeitenden Daten gelöscht und man muss wieder bei der Straßenauswahl neu anfangen.

Für diesen Test sollten Sie sicher im Umgang mit einer Computertastatur sein. Auch ist es wichtig, sich kurzfristig Zahlen und Daten merken zu können. Bei diesem Test gibt es 3 Durchgänge, aber keinen Beispieldurchgang zum Üben.

## Dyadic-Cooperation-Test – II
**(Straßen beladen – Gruppentest)**

Dieser Test ist genauso wie der Einzeltest (siehe Seite 183) aufgebaut. Ein Team, bestehend aus 2 Teilnehmern, die sich nicht sehen können, soll gemeinsam die 4 Straßen beladen. Dazu stehen die Teilnehmer in Funkkontakt. Einer ist jeweils Teamleiter; dieser kennt zwar die Anzahl der jeweils zur Verfügung stehenden Fahrzeuge/Personen, kann aber die bisherigen Gewichtsbelastungen einer Straße nicht sehen, muss sich also von seinem Kollegen einweisen lassen und sich die Gewichte merken. Der andere kann zwar die aktuellen Gewichtsbelastungen der Straßen ablesen, sieht dafür aber nicht die Anzahl der übrigen Fahrzeuge/Personen. Beide sollen sich nun gegenseitig ergänzen und zeigen, dass sie fähig sind, in einem Team zu arbeiten.

Folgende Regeln und Änderungen sind im Gegensatz zum Einzeltest zu beachten:

- Der erste Funkkontakt, der getätigt wird, muss mit »Hier ist City Ost (bzw. City West)« begonnen werden.
- Bei einigen Varianten müssen alle Funksprüche unbedingt (!) mit »Over« beendet werden.
- Es kann vorkommen, dass ein Teilnehmer alleine für bestimmte Straßen verantwortlich ist. Bei diesen Straßen erhält dann auch nur er Punkte. Ist dies der Fall, so muss er diesen Umstand zu Testbeginn dem anderen Mitspieler mitteilen.
- Sondermeldungen, die das Wort »Problem« beinhalten, müssen unverzüglich dem Mitspieler bekannt gegeben werden.

Rechnen Sie mit insgesamt bis zu 5 Durchläufen, bei denen Sie jeweils eine Punktsteigerung erreichen sollten. Da Sie während des Tests von mehreren Psychologen beobachtet werden, sollten Sie die allgemeinen Verhaltensregeln für einen Assessment-Center-Test beachten (vgl. Seite 199 ff.).

## Test für operative Mehrfacharbeit
### (nur für die Bewerbung zum Piloten)

Beim so genannten »Test für operative Mehrfacharbeit« (TOM) geht es darum zu testen, wie Sie mit verschiedenen Aufgaben gleichzeitig umgehen können.

Betrachten Sie die Abbildung:
Mit Hilfe eines Joysticks sollen Sie in dem großen Rechteck in der Mitte des Testfeldes versuchen, einen sich bewegenden Kreis mit Ihrem Kreuz zur Deckung zu bringen. Dabei sind die Funktionen des Joysticks wie folgt festgelegt:

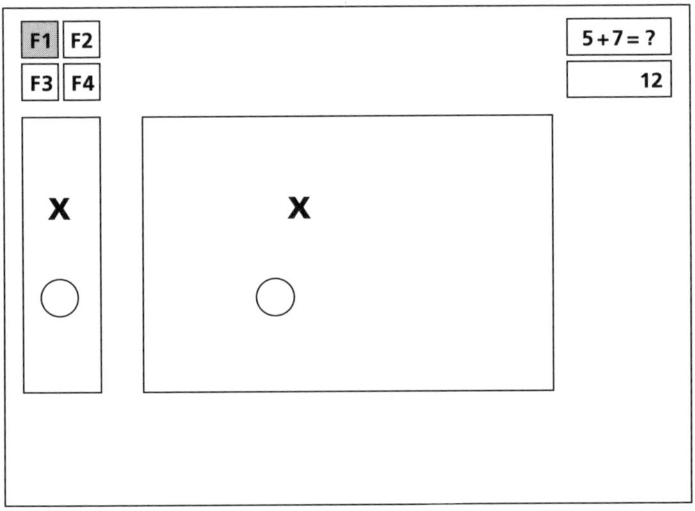


1. Kreuz nach oben bewegen = Joystick zum Körper ziehen
2. Kreuz nach unten bewegen = Joystick vom Körper weg drücken
3. Kreuz nach links bewegen = Joystick nach links bewegen
4. Kreuz nach rechts bewegen = Joystick nach rechts bewegen

Zusätzlich zu dieser »Verfolgungsjagd« haben Sie noch auf das linke Rechteck zu achten, in dem sich ebenfalls ein sich bewegender Kreis und ein Kreuz befinden. Der Kreis wandert in diesem Feld immer auf und ab, und Sie müssen wieder versuchen, Ihr Kreuz in den Kreis hinein zu bewegen. Dazu haben Sie einen zweiten Joystick, bei dem die Funktionen wie folgt festgelegt sind:

1. Kreuz nach oben bewegen = Joystick vom Körper weg drücken
2. Kreuz nach unten bewegen = Joystick zum Körper ziehen

Neben diesen beiden wandernden Kreisen müssen Sie noch auf das Feld oben rechts und auf die vier Lampen (F1 bis F4) oben links achten.

Im Rechenfeld oben rechts werden Ihnen zu unterschiedlichen Zeiten und in unterschiedlichen Abständen Rechenaufgaben eingespielt, die Sie im Kopf nebenbei lösen sollen. Die Aufgaben sind vom Schwierigkeitsgrad her etwa mit dem Kopfrechentest (siehe Seite 84) vergleichbar oder eher sogar etwas einfacher. Das Ergebnis tippen Sie über die Computertastatur ein. Es gibt allerdings auch Phasen, in denen das Feld leer bleibt.

Entsprechend den Lampen F1 bis F4 befinden sich auf Ihrer Computertastatur oben links die Tasten F1 bis F4. Leuchtet eine der Lampen auf Ihrem Monitor, müssen Sie innerhalb von 2 Sekunden die entsprechende Taste drücken. Spätere Drückversuche werden nicht mehr angenommen.

### *Tipps zum Test*

Ihr Hauptproblem wird während des Tests vornehmlich in der Deckung der beiden sich bewegenden Kreuze mit den jeweiligen Kreisen in ihren Feldern liegen. Versuchen Sie, in dem rechten, großen Rechteck möglichst gerade Linien zu beschreiben, auch wenn sich der Kreis diagonal durch das Feld bewegt. Ihre Richtungsänderungen werden mit dieser geraden Linienführung wesentlich genauer, und sie sind koordinatorisch einfacher zu handhaben. Versuchen Sie, möglichst den ganzen Bildschirm visuell zu erfassen. Sitzen Sie nicht zu nah am Bild, Sie behindern sich sonst selbst.

Die Rechenaufgaben sind in der Regel leicht zu lösen, müssen allerdings zunächst einmal wahrgenommen werden. Üben Sie zur Vorbereitung vor allem Kopfrechnen. Diese Art von multipler Belastung wird in vielen Tests immer wieder von Ihnen verlangt.

Sowie Sie erkennen, dass eine Lampe aufleuchtet, zögern Sie nicht und drücken Sie den entsprechenden Knopf, auch wenn Sie z.B. ganz knapp mit einem Ihrer Kreuze neben dem zugehörigen Kreis liegen. Ein gewisser Toleranzbereich ist in dieser Kreisverfolgung mit eingebaut.

## Wahl-Reaktions-Test (WRT)
### (nur für die Bewerbung zum Fluglotsen)

In einem leicht abgedunkelten Raum befinden sich 9 Lampen kreisförmig an einer Wand, eine davon in der Mitte des Kreises. Auf dem Tisch vor dem Bewerber sind genau diese Lampen noch mal als Knöpfe vorhanden. Ihre Aufgabe ist es nun, mit einem Finger den mittleren Knopf innerhalb des Kreises zu drücken, auf die Lampen an der Wand zu achten und, sowie eine Lampe an der Wand leuchtet, den mittleren Knopf loszulassen, den der leuchtenden Lampe genau entgegengesetzten Knopf zu drücken und danach wieder auf den mittleren Knopf zurückzukehren.

Zur Verdeutlichung hier ein Beispiel:

- Sie drücken den mittleren Knopf
- die obere Lampe leuchtet
- Sie lassen den mittleren Knopf los und drücken den unteren Knopf
- Sie kehren zum mittleren Knopf zurück und halten diesen gedrückt, bis erneut eine Lampe aufleuchtet

Ein anderes Beispiel:

- Sie drücken den mittleren Knopf
- die Lampe rechts leuchtet
- Sie drücken den linken Knopf
- Sie kehren auf den mittleren Knopf zurück

Insgesamt werden Sie in 8 Minuten etwa 320 verschiedene Knopf/Lampenkombinationen durchgehen. Versuchen Sie, so schnell und so korrekt wie möglich zu arbeiten. Lassen Sie sich nicht irritieren, wenn Sie mal einen Knopf neben dem gefragten drücken. Dies ist zwar nicht Sinn der Aufgabe, aber es geht vor allem um Schnelligkeit. Der Test soll messen, wie schnell und genau Sie auf eine neue Situation reagieren können.

## Dynamic-Aircraft-Control-Test (DAC)
## (nur für die Bewerbung zum Fluglotsen)

Der Dynamic-Aircraft-Control-Test (DAC) wird ausschließlich bei einer Bewerbung zum Fluglotsen durchgeführt. Dazu werden Sie in einen Extraraum gebeten, in dem sich die Nachbildung eines Radarschirmes befindet. Ihre Aufgabe ist nun, bis zu 7 (!) Flugzeuge gleichzeitig zu vordefinierten Zielen zu lotsen. Damit Sie Zeit haben, die Regeln dieses Tests auswendig zu lernen, bekommen Sie diese gleich zu Beginn des Testtages mitgeteilt. Während Sie die Regeln erklärt bekommen, dürfen Sie sich Notizen machen.

Folgende Regeln müssen Sie beachten:

1. Es muss ein horizontaler Sicherheitsabstand von 2 Flugzeugbreiten eingehalten werden.
2. Es muss ein vertikaler Sicherheitsabstand von 10 Flugflächen (FL) = 100 Fuß eingehalten werden.
3. Man muss so wirtschaftlich wie möglich lotsen, das heißt kurze Routen und maximal zulässige Höhen (je größer die Flughöhe, desto geringer der Spritverbrauch).
4. Pro Sektor gibt es verschiedene zulässige Höhen. Diese müssen unbedingt eingehalten werden!
5. Die Flugzeuge dürfen wohl die Luftstraßen, nicht aber den Luftraum verlassen.
6. An den Übergabepunkten sollten die Flugzeuge wieder auf ihren Luftstraßen sein.
7. Richtungsänderungen werden immer aus der Sicht des Piloten vorgenommen.
8. Zusammenstöße darf es selbstverständlich nicht geben.
9. Im Test selbst herrscht Rechts- bzw. Linksverkehr. Fliegt ein Flugzeug z.B. aus Punkt A in das Radarfeld ein, so können Flugzeuge das Radarfeld nicht über Punkt A, sondern nur über Punkt B verlassen.
10. Im Test sollten Sie nur wenig Kurskorrekturen vornehmen. Diese bringen meist wenig, kosten aber viel Zeit und Aufmerksamkeit.
11. Achten Sie bei der Staffelung der Flugzeuge auf die zulässigen Höhen. Nicht immer ist es sinnvoll, sofort die maximal zulässige Höhe einzunehmen. Gelegentlich folgt einem langsamen Flugzeug noch ein Flugzeug aus der gleichen Richtung, das auch zum gleichen Zielpunkt will. Das zweite Flugzeug ist aber meist schneller als das erste, das heißt, da man geneigt ist, immer die maximalen Höhen einzunehmen, kann es sein, dass man die Flugzeuge auf Kollisionskurs schickt. Besser ist es also, nicht maximal wirtschaftlich, aber maximal sicher zu lotsen.

12. Gestartet wird meist mit einem Übungstest. Nach einer kurzen Fehlerbesprechung folgt dann der eigentliche Test. Dieser ist exakt (!) so aufgebaut wie der Übungstest. Auch die gestellten Fragen sind die gleichen wie im Übungsdurchgang.
13. Beendet wird dieser Test mit einem dritten Durchgang, bei dem Sie nun 7 Flugzeuge korrekt lotsen sollen.

Beispiel:

In der Abbildung sehen Sie ein Radarfeld, wie es Sie im Test erwarten könnte. Sowohl die Übergabepunkte A bis F als auch die an den jeweiligen Punkten zulässigen Flugflächen (FL) und die ungefähren Gradzahlen müssen Sie vor Testbeginn auswendig lernen.

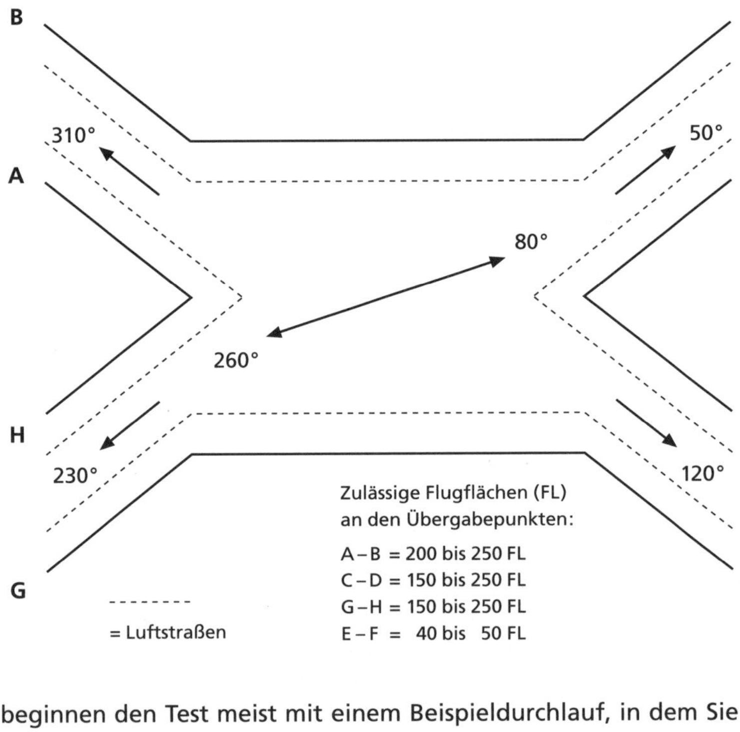


Sie beginnen den Test meist mit einem Beispieldurchlauf, in dem Sie ein bis maximal zwei Flugzeuge lotsen sollen. Rechts von Ihnen befindet sich ein Zahlenfeld von 1 bis 9. Leuchtet eine Zahl, so müssen Sie diese drücken und eine Entscheidungsfrage (mit »Ja« oder »Nein« zu beantworten) annehmen. Wann Sie die Frage per Computertastatur beantworten, entscheiden Sie.

Leuchten jedoch 5 Zahlen gleichzeitig, so ertönt ein Warnton und Sie müssen in diesem Moment mindestens eine Frage beantworten. Die Auswahl der Flugzeuge zum Lotsen erfolgt ebenfalls per Tastatur. Das Gleiche gilt für die Höhen- bzw. Flugrichtungsänderungen.

Tipp: Um ein Flugzeug von FL 250 auf FL 50 sinken (»descent to«) zu lassen, empfiehlt es sich, diese Eingabe gleich am Anfang vorzunehmen, da FL 50 sonst nicht rechtzeitig erreicht werden kann. Dies gilt genauso für den Steigflug (»climb to«), wobei zu beachten ist, dass Flugzeuge schneller sinken, als sie steigen können.

## Simulator-Test
### (nur für die Bewerbung zum Piloten)

### *1. Teil*

Bei diesem Test sitzen Sie in einem Flugsimulator. Im Rahmen des ersten Teils sollen Sie einige Flugübungen mit nur wenigen Instrumenten durchführen. Ihre Aufgabe besteht darin, immer 360°-Kurven innerhalb von zwei Minuten zu fliegen. Während der Kurven müssen Sie dabei entweder an Höhe gewinnen oder verlieren, das heißt, Sie befinden sich dann im Steig- bzw. Sinkflug. Der Aufbau des Simulators ist so wie in einem richtigen Flugzeug gestaltet. Während des Tests müssen Sie einzelne Instrumente ablesen und bedienen.

Auf der linken Seite des Pilotenstuhls befindet sich der Schubhebel. Wie bei einem Gaspedal gibt es auch hier eine Null- und eine Vollgasstellung. Zusätzlich befinden sich an diesem Hebel noch Einstellmöglichkeiten für den Horizontalflug, für den Sinkflug und für den Steigflug.

Die Einstellungen für die Bereiche sind entsprechend markiert, sodass je nach Aufgabe der Hebel problemlos auf die jeweilige Stellung geschoben werden kann. Die weiteren Cockpit-Instrumente sind nicht fest installiert, sondern wie bei einem Computerspiel auf einem Monitor dargestellt.

Eines der Instrumente zeigt auch die aktuelle Stellung des Schubhebels an, sodass man während des Tests nicht immer nach links unten sehen muss, wenn man die Stellung wissen will. Die Schubhebelanzeige ist so aufgebaut, dass ein kleiner Balken im roten Bereich für den Sinkflug, im blauen Bereich für den Steigflug und im Horizontalflug zwischen Rot und Blau liegt. Die Farben Rot und Blau wurden gewählt, so wird in der Regel erklärt, da man im Steigflug den blauen Himmel sieht und im Sinkflug die (rote?) Erde.

Das Steuerhorn des Simulators funktioniert genauso wie in einem richtigen Flugzeug. Nach links drehen heißt links herum fliegen, rechts nach rechts, nach unten drücken bedeutet sinken und zurückziehen lässt das Flugzeug steigen. Um den Test nicht zu schwer werden zu lassen, werden sowohl die Quer- als auch Seitenruder ebenfalls über das Steuerhorn gesteuert, obwohl die Seitenruder in der Realität mit den Füßen bedient werden.

Wie bereits erwähnt, sollen nun innerhalb von zwei Minuten unterschiedlich viele Rechts- und Linkskurven geflogen werden. Um zu wissen, wie schnell man fliegen muss, gibt es zu den bereits erwähnten Instrumenten noch eine Uhr und einen Kompass. Damit lässt sich leicht errechnen, wie schnell man sein muss, um die Aufgabe richtig zu lösen, und ob die richtige Schräglage für die Kurve gewählt wurde. Wenn z. B. in zwei Minuten eine 360°-Kurve zu fliegen ist, muss sich der Zeiger der Uhr zweimal (einmal pro Minute) drehen, während der Zeiger der Kompassrose sich nur einmal dreht. Eine Minute entspricht also einer 180°-Wendung, eine halbe Minute einer 90°-Kurve. Wenn Sie also bei einer Kurve von 270° noch eine halbe Minute bis zum Kurvenende Zeit haben, sind Sie richtig geflogen. Wenn Sie nach der Kurve noch Zeit übrig haben, sind Sie die Kurve zu eng geflogen, benötigen Sie noch Zeit, war die Kurve zu groß.

Während Sie nun Ihre Kurven ziehen, dürfen Sie natürlich nicht den Höhenmesser außer Acht lassen. Dieser ist das letzte Instrument in dem Test, welches Sie beachten müssen. Bei der Höhe herrschen ähnliche Verhältnisse wie bei der Uhr und der Kompassrose. Wenn Sie in zwei Minuten z.B. 1.000 Fuß an Höhe verlieren sollen, müssen Sie nach einer Minute 500 Fuß, nach einer halben Minute 250 Fuß usw. verloren haben. Beim Steigflug ist dies natürlich genau umgekehrt.

Damit Ihnen während des Fliegens nicht langweilig wird, bittet Sie das DLR, noch zusätzlich ein paar Rechenaufgaben – wie Sie im Kopfrechentest (siehe Seite 84) bereits beschrieben sind – im Kopf zu lösen und über eine Zehnertastatur das Ergebnis einzugeben. Beachten Sie genau die Ihnen gestellten Fluganweisungen. Diese erhalten Sie über Kopfhörer, sie sind sehr leise gesprochen und erfolgen immer während eines aktuellen Manövers. Verwechseln Sie also nicht links mit rechts und 1.000 Fuß steigen mit 1.000 Fuß fallen.

Die Testdauer beträgt inklusive eines Übungsdurchgangs circa 15 Minuten. Die Übungsphase zählt nicht zum Testergebnis. Während des Tests erhalten Sie etwa 7 Fluganweisungen, die Sie nachvollziehen müssen.

### *2. Teil*

Im Gegensatz zum ersten Teil des Simulator-Tests sind nun alle wesentlichen Instrumente eines Flugzeugcockpits vorhanden. Auch das Flugverhalten ist jetzt mit dem eines realen Flugzeugs identisch. Das Steuerhorn darf nur noch so lange nach links oder rechts bewegt werden, bis die gewünschte Schräglage erreicht ist. Danach wird das Steuerhorn wieder zurück in die Ausgangslage bewegt und erst wieder benutzt, wenn der Kurs korrigiert oder ein neuer Kurs geflogen werden muss. Auch die Aufgabenstellung ist schwieriger als beim ersten Teil. Nun müssen nicht nur 360°-Kurven geflogen werden, sondern es wird eine vorgegebene Strecke abgeflogen, deren Kurs vom Testteilnehmer während (!) des Tests ständig neu berechnet werden muss. Eine mögliche Strecke haben wir Ihnen im Folgenden aufgezeichnet.

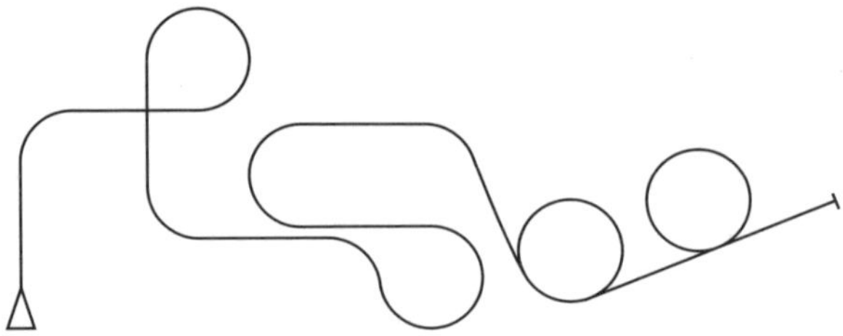

Anhand dieses Beispiels werden wir jetzt versuchen, Ihnen zu erklären, wie man in diesem Test den Kurs berechnen muss und an welchen Stellen besondere Vorsicht geboten ist. In unserem Beispielflugfeld sind alle Kurven enthalten, die auf Sie zukommen können.

Die Geraden in diesem Beispiel sind alle gleich lang und werden immer in einer Minute geflogen. Dabei sind beim DLR diese Geraden entweder rot oder blau gekennzeichnet. Es gilt wie im ersten Teil, dass bei Blau ein Steig- und bei Rot ein Sinkflug durchgeführt werden soll. Die Höhe, die gewonnen oder verloren werden muss, beträgt immer 1.000 Fuß, das heißt, während der Minute des Geradeausfluges muss entweder 1.000 Fuß gestiegen oder gesunken werden. In Kurven wird die Höhe immer konstant gehalten, was dadurch symbolisiert wird, dass diese weder rot noch blau gekennzeichnet sind. Während des Fluges müssen Sie diese Informationen stets im Kopf behalten.

Der erste Teil unseres Beispiels ist eine Gerade. Angenommen, Sie beginnen den Flug bei 8.000 Fuß, die Gerade ist blau, dann wäre es zunächst Ihre Aufgabe, innerhalb einer Minute um 1.000 Fuß auf 9.000 Fuß zu steigen und die Position (Richtung) beizubehalten. Wie aus dem ersten Teil bekannt, müssen Sie nun den Schubhebel entsprechend einstellen und sowohl die Uhr als auch den Kompass im Auge behalten. Als Nächstes müssen Sie den Kurs für die erste Kurve berechnen. Im obigen Beispiel sieht dies sehr einfach aus, da es scheint, als beginne der Flug mit 0°. Dies ist aber niemals der Fall. In unserem Beispiel gehen wir davon aus, dass mit einem Anfangskurs von 290° gestartet wird. Da vorgegeben ist, dass man eine 90°-Kurve fliegen soll, wird der neue Kurs nach der Rechtskurve 20° betragen. Der Rechenweg ist dabei folgender: Von 290° auf 360° (bzw. 0°) sind 70° zu fliegen. Da man aber eine 90°-Kurve fliegen muss (siehe Flugroute), müssen noch 20° hinzuaddiert werden (70 + 20 = 90).

Die Kurven werden mit Hilfe eines künstlichen Horizontes geflogen, der an dieser Stelle aber auf Grund seiner Komplexität nicht erklärt wird. Dies geschieht bereits vorab beim DLR in ausreichender Form. Gleiches gilt auch für das Variometer, welches anzeigt, ob man steigt oder sinkt. Auf dem künstlichen Horizont befindet sich eine Gradeinteilung, die anzeigt, in welcher Schräglage eine Kurve geflogen wird. Direkt vor dem Test wird den Teilnehmern mitgeteilt, mit welchem Winkel die Kurven jeweils geflogen werden sollen. Wird der Winkel während der Kurve konstant gehalten, die Kurve bei 20° beendet und die Höhe gehalten, so sind Sie richtig geflogen.

In unserem Beispiel soll nun eine rote Gerade folgen. Es gilt also, auf 8.000 Fuß zu sinken und den neuen Kurs zu berechnen. Die nächste Kurve ist eine 270°-Linkskurve, der neue Kurs beträgt dann 110°. Nach den beiden folgenden »blauen« Geraden und der 90°-Linkskurve beträgt der neue Kurs 20°, und die Höhe soll 10.000 Fuß betragen. Die sich nun anschließende Kurve ist eine so genannte »Verfahrenskurve«. Bei dieser Art Kurve ist es Ihre Aufgabe, so zu fliegen, dass Sie anschließend in entgegengesetzter Richtung weiterfliegen und dabei im Gegensatz zu einer 180°-Kurve auf derselben Strecke zurückfliegen, auf der Sie gekommen sind.

Betrachten Sie nun zur Verdeutlichung eine Verfahrenskurve im Gegensatz zu einer 180°-Kurve:

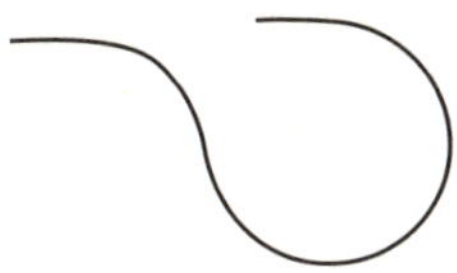

**Verfahrenskurve**

**180°-Kurve**

In unserem Beispiel kommen Sie bei richtiger Berechnung der Kurve im Idealfall auf einen neuen Kurs von 200°. Die Verfahrenskurve setzt sich aus zwei Teilkurven zusammen. Der erste Teil ist immer eine Rechts- oder Linkskurve von 80°. Der zweite Teil ist ebenso immer eine Rechts- oder Linkskurve, allerdings mit einem Winkel von 260°. Zur Berechnung einer Verfahrenskurve gibt es eine Formel:

alter Kurs ± 80° = X        X ± 260° = neuer Kurs

– steht immer für eine Linkskurve
+ steht immer für eine Rechtskurve

Somit ergibt sich für obiges Beispiel folgende Berechnung:

alter Kurs = 20°
20° + (für eine Rechtskurve) 80° = 100°
100° – (für eine Linkskurve) 260° = 200°

Wichtig ist, immer nur bis 360° zu rechnen und dann die restliche Kursänderung aufzuaddieren.

Hier zwei weitere Beispiele:

1. alter Kurs = 40°
   40° + 80° = 120°   120° – 260° = 220°

2. alter Kurs = 110°
   110° – 80° = 30°   30° + 260° = 290°

Der Verfahrenskurve schließt sich wieder eine Gerade an, die nun rot sein soll. Nachdem Sie wieder auf 9.000 Fuß sind, müssen Sie nun eine 180°-Kurve nach rechts fliegen. Der neue Kurs beträgt also wieder 20°.

Bei der nächsten Kurve ist äußerste Vorsicht geboten. Diese ist die einzige Kurve, zu der etwas gesagt wird, da nicht ersichtlich ist, wie groß ihr Winkel ist. Ihnen wird nun mitgeteilt, dass dieser 120° beträgt, was auch richtig ist. Damit ist aber nicht gemeint, dass der neue Kurs 120° beträgt, da von dem Kurvenwinkel und nicht von der Kursänderung gesprochen wird. Die Kursänderung beträgt nämlich nur 60°. Will man eine Kurve fliegen und auf gleichem Kurs zurückkommen, so beträgt der Kurvenwinkel 180°. Unser Kurvenwinkel beträgt aber nur 120°. 180° – 120° = 60°, also unsere Kursänderung. 20° (Ausgangskurs) + 60° (Kursänderung) = 80°. Nach der Kurve beträgt der neue Kurs also 80°. Nun folgt wieder eine Gerade, bei der Sie an Höhe verlieren müssen. Als Nächstes kommt eine Kurve, die nicht – wie man vermuten könnte – eine 360°-Kurve ist, sondern eine 450°-Kurve. Der neue Kurs ist dann 350°. Auf der vorletzten Geraden müssen Sie nochmals 1.000 Fuß an Höhe verlieren, sodass die momentane Höhe 7.000 Fuß beträgt. Die letzte Kurve ist eine 360°-Kurve, nach der mit dem selben Kurs weitergeflogen wird. Die letzte Gerade soll blau sein, sodass die Endhöhe 8.000 Fuß beträgt.

Andere Kurven als 90°, 120°, 180°, 270°, 360° und 450° und die Verfahrenskurve kommen im Test nicht vor. Wie auch im ersten Testteil handelt es sich hier um einen reinen Instrumentalflug ohne Landschaft oder Himmel. Sichtbar sind nur die Instrumente, nach denen Sie fliegen sollen. Die Bedienung des Flugsimulators entspricht ebenfalls dem ersten Testteil.

Eine Zusatzbelastung ist aber das Fliegen nach einer Uhr, die durch den Bewerber selbst in Gang gesetzt wird, der somit Testanfang und Ende bestimmt. Die Bedienung der Uhr geschieht wie folgt: Immer wenn eine Gerade geflogen werden soll, wird die Uhr gestartet, um zu wissen, wie lange geradeaus geflogen wird. Bei den Kurven ist dies nicht erforderlich, da sich deren Länge aus dem Zusammenwirken des Kompasses und des künstlichen Horizontes ergibt. Wenn die letzte Gerade geflogen ist, wird die Uhr gestoppt; damit ist der Test beendet. Zusätzlich muss vor jeder Kursänderung ein Funkspruch bezüglich des neuen Kurses durchgegeben werden.

Ein Beispiel:
Der augenblickliche Kurs beträgt 300° und die nächste Kurve soll eine 90°-Rechtskurve sein. Dann muss die Meldung, die in ein Mikrophon gesprochen wird, lauten: »90°-Rechtskurve, neuer Kurs 30°.«
Der gesamte Test dauert inklusive Übungsphase etwa eine Stunde, wobei der Übungsdurchgang auch hier nicht bewertet wird. Um den Test noch zu erschweren, wird dem Teilnehmer zu keinem Zeitpunkt gesagt, wo er sich gerade befindet. Es gibt keinen Pfeil oder einen sonstigen Indikator, der die aktuelle Position anzeigt. Zusätzlich werden beim letzten Testdurchgang noch Seitenwinde mit eingespielt, die den Bewerber vom Kurs abbringen sollen.

Versuchen Sie, diesen Test mit den im Handel erhältlichen Flugsimulatoren zu üben. Denken Sie sich Flugstrecken aus, markieren Sie die Geraden mit Rot oder Blau und versuchen Sie, die Strecke am PC abzufliegen. Haben Sie sich erst einmal an die Handlungsabläufe und Berechnungen gewöhnt, so sollte Ihnen der reale Test etwas leichter fallen.

## Englisch-Interview

Dies ist der letzte Englischtest, den ein Bewerber beim DLR über sich ergehen lassen muss. Diesmal soll die mündliche Leistung getestet werden. Dazu bekommt der Teilnehmer vorab eine englische Kurzgeschichte zu lesen. Im Test soll diese Geschichte dann möglichst fehlerfrei vorgelesen und in eigenen Worten nacherzählt werden. Zur Vorbereitung dieser Aufgabe gibt es 20 Minuten Zeit und man erhält ein einsprachiges Wörterbuch als Hilfestellung.

Das Vorlesen der Geschichte erfolgt ohne Unterbrechungen bzw. Zwischenfragen der Tester. Direkt im Anschluss ist die Geschichte nachzuerzählen, wobei, sofern es Unklarheiten oder Verständnisprobleme gibt, diesmal auch Fragen zu Teilen der Geschichte gestellt werden. Hat man solche Aufgabenstellungen schon in der Schule eifrig geübt, braucht man diesen Testteil nicht besonders vorzubereiten.

Als Letztes werden dem Teilnehmer drei Postkarten mit verschiedenen Motiven gezeigt. Davon darf er sich eine aussuchen und soll diese dann beschreiben. Auch hier werden wieder Fragen gestellt, bzw. die dargestellten Situationen müssen interpretiert werden.

Aus Angaben von bereits getesteten Bewerbern wissen wir, dass dieser Test im Allgemeinen als gut zu schaffen eingeschätzt wird. Besondere Vorbereitungen sind in der Regel nicht erforderlich, es sei denn, man hat eine bekannte Englischschwäche. Aber Vorsicht: Wirkt man nervös und unsicher, so kann der Test von den üblichen 20 Minuten bis auf die doppelte Zeitspanne ausgedehnt werden!

## Assessment Center

Das Assessment Center (AC) macht den Hauptteil der Firmenqualifikation (FQ) bzw. des Haupttestes aus. Laut Definition ist das AC ein Verfahren »zur qualifizierten Feststellung von Verhaltensleistungen bzw. Verhaltensdefiziten, das von mehreren Beobachtern gleichzeitig für mehrere Teilnehmer in Bezug auf vorher definierte Anforderungen angewandt wird« (Jeserich, W.: Mitarbeiter auswählen und fördern, München/Wien 1981, Seite 33). Es erwarten Sie beim DLR im Wesentlichen folgende Tests:

- Gruppendiskussionen
- Rollenspiele
- Präsentationen
- Einzelinterviews
- vornehmlich in der Berufsgrunduntersuchung – aber auch in der FQ – Persönlichkeits-, Intelligenz-, Leistungs- und Konzentrationstest

Das DLR wendet das AC teilweise als »stand-alone«, teilweise als »mixed form« an. Dies bedeutet für Sie, dass Ihr Test mal nur unter der Überschrift »Gruppendiskussion« läuft oder aber dass Sie zusammen mit einem anderen Testteilnehmer einen Gerätetest absolvieren, bei dem es im Wesentlichen auch auf Ihr Verhalten unter- und zueinander ankommt – wie z.B. beim Dyadic-Cooperation-Test (vgl. Seite 183 ff.).

Ein AC kann ein paar Stunden oder aber mehrere Tage dauern. Sie erwartet eine bunte Mischung aus Gerätetests, dem reinen AC und der »mixed form«. Über diesen Zeitraum hinweg werden Sie als Bewerber dabei von den DLR-Psychologen genau unter die Lupe genommen. Wer es bis in den letzten Test schafft, der lernt auch noch die Damen und Herren der LH bzw. DFS kennen, die sich persönlich ein Bild von Ihnen machen wollen. Unter Umständen begegnen Ihnen auch so genannte Moderatoren, deren Aufgabe es ist, die jeweiligen Tests einzuleiten und das eine oder andere Späßchen zu machen, um die Stimmung etwas aufzulockern.

Lassen Sie uns nun einen Blick auf die Anforderungen eines ACs werfen und die besten Verhaltensweisen herausarbeiten:

## Erfolgskriterien

Ob Sie sich nun bei der Lufthansa, der DFS, der AUA oder ganz woanders beworben haben, eines haben alle Firmen gemeinsam: Sie müssen erst das AC bestehen, bevor Sie Ihre Ausbildung anfangen können. Ziel der Firmen ist es, mit Hilfe des ACs die Bewerber herauszufiltern, die am besten zu den Firmengrundsätzen passen. Dabei werden im Wesentlichen drei Kriterien zu Rate gezogen:

1. Ihre Persönlichkeit:
   Passen Sie zur Firma? Sind Sie symphatisch?
   Inwieweit sind Sie anpassungsfähig?
2. Ihre Leistungsmotivation:
   Sind Sie engagiert? Haben Sie Biss? Sind Sie wirklich
   lern-, einsatz- und arbeitswillig? Können Sie sich
   mit den Aufgaben des Unternehmens identifizieren?
3. Ihre Kompetenz:
   Haben Sie bereits berufsrelevante Erfahrungen, Kenntnisse,
   Eigenschaften, Fähigkeiten? Verfügen Sie über so etwas
   wie einen »klaren Verstand«?

Übrigens: Nicht zufällig haben wir Persönlichkeit und damit Sympathie an erster Stelle genannt. Persönlichkeit und auch die Kommunikationsfähigkeit zählen zu den wichtigsten Einstellungskriterien – und das nicht nur in der Luftfahrt.

Es geht zunächst also um den berühmten ersten Eindruck, durch den bei Gesprächspartnern, die sich bisher unbekannt waren, die Weichen in eine positive (Sympathie) oder negative (Antipathie) Richtung gestellt werden. Das trifft sowohl auf die Beziehung Auswähler/Auszuwählender als auch auf die Gruppensituation unter den Kandidaten zu. Spezielle AC-Aufgaben beziehen sich sogar ganz konkret auf dieses Sympathiethema (»Wem aus der Gruppe würden Sie am ehesten ein gebrauchtes Auto, Moped oder Ähnliches abkaufen?«).

Manch einer mag glauben, dass Sympathie zwischen zwei Menschen entweder einfach vorhanden ist oder eben nicht, und dass sich daran wenig ändern lässt. Dem ist jedoch nicht so. Sie können durchaus Sympathie für sich mobilisieren, und zwar immer dann, wenn Ihr Gegenüber den Eindruck und die Hoffnung gewinnt, dass Sie einen Beitrag zu seiner Bedürfnisbefriedigung (Erfolg, Macht etc.) leisten. Im Folgenden sehen Sie eine Aufstellung der Eigenschaften und Merkmale, durch die Sympathie und Antipathie geweckt werden.

| *Sympathie* entsteht eher durch … | *Antipathie* entsteht eher durch … |
|---|---|
| Anpassung | mangelnde Anpassung |
| Charisma | fehlendes Charisma |
| Freundlichkeit | Unfreundlichkeit |
| Höflichkeit | Unhöflichkeit |
| Gelassenheit | Nervosität |
| Ruhe | Unruhe |
| Selbstsicherheit | Unsicherheit |
| Geduld | Ungeduld |
| Toleranz | Intoleranz |
| Gleichberechtigung | Dominanz-/Machtstreben |
| Gewährenlassen (Freiheit) | Beherrschung (Unfreiheit) |
| Attraktivität | abstoßendes Äußeres |
| Schönheit | Hässlichsein |
| Gewandtheit | Unsicherheit |
| Entspanntheit | Gespanntheit |
| gleiche/ähnliche Interessen/Hobbys | stark unterschiedliche Interessen/Hobbys |

Der letzte Punkt der Tabelle sei noch einmal besonders hervorgehoben: Wenn es Parallelen zwischen den Sie Beobachtenden und Ihnen gibt, steigen Ihre Chancen, als besonders sympathisch empfunden zu werden. Denn dann laufen Identifizierungsprozesse ab (»Die ist ja genauso wie ich!«). Den gleichen Effekt haben biographische Parallelen (derselbe Geburtsort, dieselbe Schule).

Wer leistungsmotiviert und kompetent wirkt, macht sich zusätzlich sympathisch. Diese Eigenschaften sprechen das Arbeitgeberbedürfnis nach erfolgversprechenden Mitarbeitern an.

Leistungsmotivation und Kompetenz offenbaren sich allerdings nicht so schnell wie das zentrale, auf die Persönlichkeit bezogene und auch durch unbewusste Faktoren mitgesteuerte Gefühl Sympathie. Daher muss es Ihr Ziel sein, diese drei Essentials (Persönlichkeit, Leistungsmotivation und Kompetenz) während des gesamten Ausleseverfahrens als Signale so »auszusenden«, dass sie beim AC-Veranstalter(-Beobachter/Arbeitgeber) »ankommen«.

Auf dem Weg zu diesem Ziel können Ihnen folgende Fragen behilflich sein:

- Was für ein Mensch sind Sie und wie präsentieren Sie sich?
- Wie bringen Sie Ihre Leistungsmotivation deutlich zum Ausdruck?
- Wie vermitteln Sie überzeugend Ihre Kompetenz? Auf Grund noch mangelnder beruflicher Erfahrungen geht es für Sie hier natürlich weniger um so etwas wie berufliche Erfolge, sondern um Fähigkeiten, die Ihnen spä-

tere berufliche Erfolge ermöglichen, wie z.B. eine schnelle Auffassungsgabe, Geschicklichkeit etc.

Die folgende Aufstellung zeigt Ihnen, welche Eigenschaften und Merkmale die Testpsychologen im Blick haben:

A **Soziale Prozesse** wie
*Kooperationsfähigkeit*
z.B. Meinungen, Ideen, Vorschläge anderer aufgreifen
und weiterführen,
sich nicht auf Kosten anderer durchsetzen,
anderen in Schwierigkeiten helfen,
Erfolgserlebnisse mit anderen teilen,
keine Druck- oder Machtmittel einsetzen …

*Kontaktfähigkeit*
z.B. von sich aus auf andere zugehen, ansprechen,
Ziele, Absichten, Methoden offen für andere darlegen,
Beratung, Unterstützung, Mithilfe anbieten,
anderen Vertrauen entgegenbringen …

*Konfliktfähigkeit*
Sensibilität,
Integrationsvermögen,
Selbstkontrolle,
Informationsverhalten …

B **Systematisches Denken und Handeln** wie
abstraktes und analytisches Denken,
kombinatorisches Denken,
Entscheidungsfähigkeit,
Planungs- und Kontrollfähigkeiten,
eine persönliche arbeitsorganisatorische Fähigkeit …

C **Aktivität** wie
Arbeitsmotivation, Arbeitsantrieb, Initiative,
Führungsmotivation und Führungsantrieb,
Durchsetzungsvermögen,
Selbständigkeit/Unabhängigkeit,
Selbstvertrauen,
Ausdauer/Belastbarkeit,
Stresstoleranz …

D **Ausdrucksvermögen** wie
schriftliche und mündliche Kommunikationsfähigkeit,
Flexibilität,
Überzeugungsfähigkeit …

Diese Übersicht ist nicht nur generell für Assessment Center hilfreich, sondern auch für die Anforderungen, die in einem Vorstellungsgespräch zum Tragen kommen.

## Der erste Eindruck

Wir wissen, dass der erste Eindruck, den wir von einem anderen Menschen bekommen, in den ersten Sekunden und Anfangsminuten des Zusammentreffens entsteht. Es ist sehr schwer, diesen rückgängig zu machen oder in eine andere Richtung zu lenken. Deshalb achten Sie darauf, alles zu tun, um einen positiven ersten Eindruck zu hinterlassen. Dazu gehört unter anderem Ihre Kleidung; sie sollte modisch »berufsangemessen« sein. In den Vortests bzw. der Berufsgrunduntersuchung dürfen Sie noch leger gekleidet erscheinen, beim Haupttest bzw. der Firmenqualifikation sollte für die Herren zumindest ein Schlips vorhanden sein. Achten Sie darauf, dass Sie nicht »overdressed« zum Test erscheinen. Gepflegt, aber nicht im Abendanzug. Natürlich muss Ihre Garderobe auch zu Ihrem Typ und Ihrem Alter passen. Wenn Sie zu einem AC reisen, packen Sie auf jeden Fall noch etwas Ersatzkleidung ein, für den Fall, dass Sie sich beim Essen bekleckern oder auf der Hinreise in den Regen geraten.

## Stichwort Charisma und Selbstdarstellung

Ihr Charisma – also Ihre Ausstrahlung, Ihre Wirkung auf andere – spielt beim AC eine recht entscheidende Rolle. Es geht also nicht so sehr um Ihr (vielleicht durch ein Praktikum oder einen Ferienjob) bereits vorhandenes fachliches Wissen, sondern vor allem darum, was für ein Typ Sie sind und ob man sich vorstellen kann, dauerhaft mit Ihnen zusammenzuarbeiten.

Manch einem wird sicher schon dann schwindelig, wenn er darüber nachdenkt, dass gut 90 Prozent aller Bewerber beim DLR durchfallen. Immer besser als der Rest der Bewerber sein, und auch alle Persönlichkeitsanforderungen der angestrebten Firma erfüllen zu wollen, kann einen ganz schön unter Druck setzen. Aber: Es kommt nicht darauf an, in allem besser als der Durchschnitt zu sein. Defizite lassen sich zum Teil auch ausgleichen. Dies trifft übrigens nicht nur für das AC zu, sondern auch für die übrigen Gerätetests. Gekonnte Selbstdarstellung bringt Punkte. Das heißt, gerade im AC sind Ihre schauspielerischen Talente gefragt. Und diese Selbstdarstellung ist erlernbar, oder, um es mit den Worten des amerikanischen Soziologen Erving Goffman zu sagen:

»Ob ein aufrichtiger Darsteller die Wahrheit oder ein unaufrichtiger Darsteller die Unwahrheit mitteilen will, beide müssen dafür sorgen, ihrer Art sich darzustellen den richtigen Ausdruck zu verleihen, aus ihrer Darstellung Ausdrucksweisen auszuschließen, durch die der hervorgerufene Eindruck entwertet werden könnte, und sie müssen darauf Acht geben, dass das Publikum ihren Darstellungen unbeabsichtigte Bedeutung unterlegt« (Goffman, E.: Wir alle spielen Theater. Selbstdarstellung im Alltag, München 1988, Seite 62).

Natürlich ist zu bedenken, wie weit Sie überhaupt mitspielen *wollen*. Denn eins ist klar: Auch wenn es sich bei einer Bewerbung immer um eine Anpassungsleistung handelt, kann das Ziel sicher nicht Anpassung um jeden Preis sein. Was nützt es Ihnen, den Beobachtern etwas vorzuspielen, das wenig mit Ihren eigentlichen Charaktereigenschaften gemein hat? Sie würden sich in der für Sie fremden Rolle sicher nicht lange wohlfühlen. Überlegen Sie sich also genau, wie weit Sie sich anpassen und ab welchem Punkt Sie sich regelrecht »verbiegen« müssten, um ins Konzept zu passen. Denken Sie auch daran, dass man unter Umständen testen will, wie weit Sie bereit sind, sich anzupassen, und setzen Sie auch deutliche Grenzen in Ihrem Handeln!

## Die Gruppendiskussion

Die Gruppendiskussion ist der klassische Standardbestandteil eines jeden ACs. Die Gruppengröße schwankt zwischen vier, sechs und mehr Teilnehmern. Oftmals wird eine größere Bewerbergruppe, als sie bei Auswahlverfahren um einen Ausbildungsplatz üblich ist, für diese Übung aufgeteilt. Grob zu unterscheiden sind die so genannte führerlose Gruppendiskussion (alle Diskussionsteilnehmer sind gleichberechtigt) und die Gruppendiskussion mit Moderator bzw. Leiter, der von den Gruppenmitgliedern gewählt oder von den AC-Beobachtern vorab bestimmt wird (nach dem Motto: Jeder ist mal an der Reihe ...). Die meisten Diskussionsrunden haben eine Dauer von 15 bis 45 Minuten.

Grundsätzlich gibt es drei verschiedene Typen von Gruppendiskussionen:

*Diskussion eines (eher allgemeinen) Themas* mit und ohne Zielvorgabe. Die Themenpalette reicht von Berufsbezogenem über Inhalte aus den Bereichen Politik, Schule, Umwelt, Wirtschaft, Zeitgeschehen bis hin zum privaten, persönlichen Bereich. Möglich ist auch, dass die Gruppe sich auf eines von fünf oder zehn vorgeschlagenen Themen einigen soll, um dieses dann anschließend zu diskutieren. Wichtig für Sie: Bereits der Auswahlprozess wird von den teilnehmenden Beobachtern, die Ihre Leistung einschätzen, genau registriert. Wenn Sie hier eine von den anderen Teilnehmern akzeptierte Führungsrolle übernehmen können, stehen Sie in einem sehr viel besseren Licht da als beispielsweise der graue Mitläufer oder der ewig nörgelnde Neinsager.

*Diskussion einer speziellen Problemstellung* mit der Aufgabe, gemeinsam einen Handlungsplan zu entwickeln. Hier werden Sie dann mit so typischen Situationen wie einer Notlandung auf dem Mond oder einer Reifenpanne in der Wüste konfrontiert ... Das heißt, bestimmte Bedingungen sind vorgegeben und Sie müssen gemeinsam organisatorische Entscheidungen treffen.

*Diskussion eines vorgegebenen Themas, bei der die AC-Teilnehmer eine ihnen vorgegebene Rolle bzw. Position zu vertreten haben.* Bei dieser Form ist jedem Diskutierenden ein Standpunkt vorgegeben. Jeder hat ausschließlich diese Rolle, diese Überzeugung zu vertreten. Beispiel: Alle Teilnehmer sind Mitarbeiter in einem Unternehmen und brauchen aus ganz unterschiedlichen Gründen den einzigen Dienstwagen. Frage: Wie löst man nun das Problem? Klar, dass es hier für die Beobachter einiges zu sehen gibt ...

Nicht selten ist die dabei zu diskutierende Thematik bzw. Aufgabe so umfassend, dass das geforderte gemeinsame Ergebnis, z.B. der Gruppenkonsens, in der Kürze der vorgegebenen Zeit nicht zu erreichen ist. Dies führt häufig zu einer eher aggressiv gereizten Stimmung, weil die Teilnehmer einen enormen Leistungsdruck fühlen und entsprechende Versagensängste entwickeln. Dieser zum Teil bewusst erzeugte Stress ist für die AC-Beobachter und -veranstalter einer der vielen Check-Punkte, nach denen das Verhalten der Bewerber benotet wird. Das bedeutet: Wenn Sie als AC-Kandidat in spürbare Aufregung geraten, weil die anderen Gruppenmitglieder nicht schnell genug auf ein gemeinsames Ziel einzustimmen sind, sammeln Sie fleißig Minuspunkte. Tappen Sie also nicht in diese Falle. Für Sie sollte das Motto gelten: Keep cool! Setzen Sie ein Pokerface auf. Sie lassen sich doch durch solche Kleinigkeiten nicht aus der Ruhe bringen, oder?

Manchmal werden Diskussionsrunden von den AC-Veranstaltern auch mittendrin einfach abgebrochen, sehr zur Verwunderung und zum Ärger der Teilnehmer. Derjenige, der sich nicht so leicht von solch äußeren Einflüssen die »Laune« verderben lässt, hat hier die Nase vorn.

Dies zeigt auch noch einmal deutlich, dass hauptsächlich der Umgang der Bewerber untereinander von Bedeutung ist. Es zählt nicht das wirklich beste Argument, sondern wie Sie auf die Argumente anderer eingehen. Denn manchmal ist das zu besprechende Thema oder die zu lösende Aufgabe wirklich sehr »vertrackt«. Lesen Sie folgenden Bericht:

»... Wir wurden in Gruppen à 5 Personen aufgeteilt. Nun hatten wir 30 Minuten Zeit, um uns einstimmig (!) einen Bewerber auszusuchen, dem wir den Ausbildungsplatz geben würden. Falls wir nach 30 Minuten keinen unserer Bewerber ausgewählt hätten, würde das fiktive Ausbildungsgeld einem gemeinnützigen Zweck zufließen ...«

Um bei den Beobachtern gut abzuschneiden, sollten Sie sich nach den Verhaltenstipps richten, die wir im Folgenden stichwortartig aufgelistet haben:

*Äußeres/Auftreten*
- ausgeruht und gelassen wirken
- gepflegtes Äußeres
- sich freundlich, höflich, natürlich und ungezwungen geben
- weder innere noch äußere Verkrampfung zeigen

*Allgemeinverhalten*
- freundlich, verständnisvoll, einfühlend, hilfsbereit, rücksichtsvoll
- kompromissbereit
- andere ernst nehmen
- zuhören können
- Sympathie zeigen

*Allgemeines Diskussionsverhalten*
- sicher auftreten, eigene Meinung vertreten, selbstsicher geben
- (nur bedingt nachgiebig gegenüber Einwänden;
  aber: Aufgeschlossenheit zeigen, keinen Starrsinn)
- Anwesende mit Namen ansprechen
- keine deplatzierten Bemerkungen oder Fragen
- keine Monologe; knappe und präzise Beiträge
- oberflächliche oder fehlerhafte Argumentation reflektieren
- auf andere eingehen, eigene Interessen zurückstellen können

*Sprachverhalten*

- knapp, präzise (keine Ausschweifungen, Nebensächlichkeiten)
- keine Superlative
- möglichst kein Räuspern, »Äh« so wenig wie möglich
- Vermeidung von Füllwörtern (sicherlich, letztlich etc.)
- deutliche Aussprache, mittlere Lautstärke, in die Runde schauen, Gesprächspartner ansehen

Beachten Sie auch die folgenden zusätzlichen allgemeinen Verhaltensregeln:

- Vermeiden Sie es, Ihren Standpunkt als Erster ausführlich darzustellen und auf alles von anderen Gesagte spontan mit einer Gegenrede (Angriff/ Verteidigung) zu reagieren. Vermitteln Sie Ihren Gesprächspartnern durch Ihr Zuhören das Gefühl, ernst genommen zu werden. Der häufigste Fehler in Diskussionen ist die Unfähigkeit, einander wirklich zuzuhören.
- Schauen Sie den jeweiligen Sprecher an.
- Signalisieren Sie deutliche Aufmerksamkeit.
- Kontrollieren Sie Ihre Reaktionen; zeigen Sie keine Nervosität.
- gedämpftes (angemessenes) Engagement
- deutlich und ruhig sprechen
- freundliches Interesse zeigen
- sachliche, weitestgehend affektfreie Argumentation;
  alles vermeiden, was die Gesprächsharmonie unnötig stören könnte
- auf Argumente eingehen und sie konstruktiv weiterentwickeln
- sich nicht in den Vordergrund spielen
- sich nicht zu sehr zurück- und raushalten
- kein Sarkasmus, keine Ironie, keine Herabsetzung
- auf ausgeglichene Rollenverteilung achten, z.B. nicht bei allen Themen Kontra-Beiträge (Gefahr, als Nörgler/Miesmacher aufzutreten)
- die aufgeworfenen Fragen auch mal loben (»wichtig/bemerkenswert« und ähnliche Prädikate)
- Mängel offen zugeben (»Sie sind da auf einen heiklen Punkt aufmerksam geworden!«)
- Bedenken Sie: Sie müssen nicht immer alles (besser) wissen und ständig versuchen, Patentrezepte und -lösungen zu verteilen.
- auch mal die eigene Meinung zur Diskussion stellen (»Mich würde interessieren, wie Sie darüber denken!« u.ä.)
- Bei Vielschwätzern, die gar kein Ende finden, können Sie gelegentlich »dazwischenfunken«. Natürlich auf freundliche Art und Weise, z.B.: »Entschuldigung, darf ich Sie unterbrechen? Ich würde gern wissen, ob die Gruppe das auch so sieht?«

- Möchte einer der Teilnehmer Sie durch direkte oder indirekte Angriffe verunsichern, sollte Ihre Gegenstrategie lauten: Hervorheben der Partnerrolle, Gemeinsamkeiten unterstreichen, auf das sachliche Thema zurückleiten, nicht provozieren lassen, bei anderen Unterstützung suchen.
- Und: Verschießen Sie Ihr Pulver nicht zu früh: Bringen Sie das beste Argument am Schluss, das zweitbeste am Anfang usw. Für das richtige Argumentieren bietet die Fünfsatz-Technik ein gutes gedankliches Rüstzeug, praktische Hilfe und Orientierung. Sie leistet nützliche Dienste, wenn Sie Ihre Statements situativ und hörerbezogen vortragen.

1. Benennen Sie klar und kurz Ihren Standpunkt:
   »Ich bin davon überzeugt, dass ...«
2. Präsentieren Sie Ihre Argumente:
   »Meine Erfahrungen sind ...«
3. Untermauern Sie diese durch Beispiele/Beweise:
   »Ich habe mit Erfolg z.B. ... Als Nachweis für ... kann ich anführen ...« usw.
4. Begegnen Sie möglichen Einwänden bzw. kommen Sie ihnen zuvor:
   »Sie werden jetzt denken ... Ich versichere Ihnen ...«
5. Ziehen Sie das Fazit:
   »Aus diesen Gründen (1. ..., 2. ..., 3. ...) plädiere ich für ...«

***Die vier wichtigsten Schritte für einen erfolgreichen Diskussionsverlauf***

Nicht selten kommt eine Diskussion nur schleppend in Gang, weil keiner vorpreschen möchte oder das Thema so unumstritten ist, dass sich nur schwer unterschiedliche Positionen herauskristallisieren. Das macht die Sache nicht gerade einfach, kann aber andererseits für Sie auch eine Chance bieten: Wenn Sie versuchen, Struktur in die Diskussion zu bekommen und damit einen konstruktiven Beitrag für den Argumentationsaustausch liefern, können Sie Pluspunkte sammeln. Gehen Sie systematisch und schrittweise vor:

*1. Schritt: Orientierung*
Eine sinnvolle AC-Strategie kann gerade zu Beginn einer Gruppendiskussion auch darin bestehen, das Thema durch Fragen besser handhabbar zu machen. Mögliche »Eisbrecher-Fragen« sind unter anderem: Wie sieht jeder Einzelne in der Gruppe die Problematik? (Kurzumfrage/Meinungsbild) Wo sind die Meinungsschwerpunkte? Wo gibt es Gemeinsames/Trennendes?

*2. Schritt: Zielsetzung*
Machen Sie sich davon frei, ein Thema bis in alle Facetten durchdiskutieren und am Ende mit einem perfekten, für alle Gruppenmitglieder gleichermaßen zufrieden stellenden Ergebnis aufwarten zu können. Das ist schon angesichts der knappen Zeit so gut wie unmöglich. Mit Fragen wie ...

»Welche Diskussionsziele sind in der Kürze der Zeit realisierbar? Kann das Thema eingegrenzt werden und ist das hilfreich?«

... kann man einen Konsens erzielen, der der Gruppe behilflich ist, in der Kürze der zur Verfügung stehenden Zeit einen Etappensieg zu erreichen. Optimal wäre es hierbei, graphische Hilfs- und Darstellungsmittel (Flipchart usw.) einzusetzen, um das Vereinbarte sichtbar zu machen.

Das gilt übrigens für sämtliche Diskussions- und Präsentationsübungen im AC: Wenn Ihnen Medien wie Overhead-Projektor, Flipchart, Tafel etc. angeboten werden, nutzen Sie diese unbedingt! So gelingt es Ihnen, Ihren Vortrag anschaulicher zu gestalten. In der Gruppendiskussion dürfen Sie z.B. gerne Ihre Dienste anbieten, um nach vorn zu gehen und die wichtigsten Punkte zu notieren. Aber Vorsicht: Fragen Sie vorher die anderen, ob es ihnen recht ist. Sonst sieht es so aus, als wollten Sie sich in den Vordergrund drängen. Und das sehen auch die AC-Beobachter gar nicht gern ...

*3. Schritt: Lösungsweg*
Mit den richtigen Fragen geht's am besten voran: Fragen Sie doch die anderen Teilnehmer, wie man ihrer Meinung nach am besten zu einem Ergebnis kommt oder welche Möglichkeiten sich anbieten und was davon am erfolgversprechendsten ist. Diese Fragen können helfen, dass alle in dieselbe Richtung denken (wenn auch mit unterschiedlichen Ergebnissen) und Sie ganz nebenbei von den Beurteilern für Ihren Versuch, Struktur ins Gespräch zu bringen, Pluspunkte erhalten. Stellen Sie Ihre Kooperationsfähigkeit innerhalb einer Gruppe unter Beweis, indem Sie Ideen und Anregungen anderer aufgreifen und weiterentwickeln und auch passivere Teilnehmer zum Mitdiskutieren ermuntern.

*4. Schritt: Ergebnisprüfung*
Im Verlauf des Gesprächs (nicht erst gegen Ende) können Sie zur Ergebnisprüfung aufrufen: Fragen Sie in die Runde, wie weit man mit der Bearbeitung des Themas gekommen ist (Meinungsbild/Schwerpunkte). Was kann zusammenfassend zum jetzigen Zeitpunkt ausgesagt werden? Kann man ein Resümee ziehen? Diese Fragen sind hilfreich, um Ihnen und der Gruppe zu helfen,

das Hauptziel im Auge zu behalten, das heißt ergebnisorientiert vorzugehen. So machen Sie eine gute Figur im AC-Spiel und sammeln Punkte für sich.

### *Wenn Sie die Diskussionsleitung übernehmen sollen*

Möglich ist, dass Sie vor die Aufgabe gestellt werden, in einer AC-Gruppendiskussion die Gesprächsleitung zu übernehmen. Allerdings geschieht es nur sehr selten, dass Ihnen eine solche Sonderrolle zuteil wird, da deren Bewältigung sich nur schlecht mit den Leistungen anderer Kandidaten vergleichen lässt. Sollte es aber doch einmal dazu kommen, empfehlen wir Ihnen folgende Strategie:

*1. Einleitung*

- Hinführung zum Thema; allgemeine Problemskizze entwickeln
- versuchen, einen oder zwei Themenaspekte festzulegen (»Darf ich Ihr Einverständnis voraussetzen, wenn wir …?«)
- Delegation der Gesprächskompetenz
  a) Frage als Diskussionsanreiz:
  »Wie ist Ihre Erfahrung?«
  »Was sollte geschehen?«
  »Welche Möglichkeiten sehen Sie …?«
  b) These zur Diskussion stellen, evtl. in Frageform:
  »Sind Sie auch der Ansicht, dass …?«

*2. Verlaufsregelung*

- versuchen, Beiträge in eine prägnante Aussage zu fassen und als These weiterzugeben; evtl. Zielfrage anfügen: »Wollen wir uns auf diesen Punkt konzentrieren?«/»Ist es nicht wirklich besser, wenn wir …?«
- möglichst keine Parteinahme; sich widersprechende Beiträge als Widersprüche stehen lassen; alle Beiträge und Positionen sind »interessant/überlegenswert/nachdenkenswert …« usw.
- ausgeglichene Rollenverteilung herstellen, auch stillere Diskussionsteilnehmer einbeziehen
- sich einschalten, wenn »Schockpausen« eintreten (Differenzierung, Hervorheben des Positiven etc.)
- häufig positive Verstärkung geben (»Ein interessanter Gesichtspunkt«/»Das scheint mir ein außerordentlich wichtiger Aspekt«/»Gut, dass Sie darauf eingehen!« etc.)
- deutliches Interesse für die Beiträge zeigen (»Ich habe auch schon überlegt, ob möglicherweise …«/»Ich glaube, es lohnt sich ganz gewiss, noch mehr darüber zu wissen/zu sagen/nachzudenken« etc.)

*3. Ausklang*

- Vorschlag: »Vielen Dank für Ihre Diskussionsbeiträge, die ich persönlich sehr interessant fand. Sie haben uns die Vielschichtigkeit des Themas X deutlich gemacht, auch wenn einige wichtige Aspekte wegen der Kürze der Zeit nicht ausreichend behandelt werden konnten ...«

***Hervorheben der Partner-, nicht der Prinzenrolle***

Die Gruppendiskussion verlangt von den Teilnehmern eine Gratwanderung. Einerseits heißt das Spiel »Jeder gegen jeden«, da sich jeder positiv von den anderen (der Konkurrenz) abheben möchte, andererseits ist ein konstruktives Ergebnis nur durch einen sozial kompetenten Umgang miteinander möglich. Hier das richtige Maß zu finden, ist – zugegebenermaßen – nicht einfach.

Bei allem Hoffen und Sich-Bemühen um ein gutes Abschneiden in der Gruppendiskussion dürfen Sie die anderen nicht vergessen. Es geht also nicht darum, die Diskussionsteilnehmer an die sprichwörtliche Wand zu reden oder Sie mit zig Superargumenten mundtot zu machen, sondern sich als sozial kompetent zu erweisen, indem man immer wieder die Partnerrolle hervorhebt.

## Das Rollenspiel

Klassische Rollenspiele wie »Vater, Mutter, Kind« oder die berühmten Doktorspiele kennen Sie sicher noch aus Ihrer Kindheit. Typische AC-Rollenspiele sind Situationen nachempfunden, die sich im täglichen (Berufs-)Leben ergeben können. In diesen Spielszenen soll der AC-Bewerber z.B. in die Rolle eines Vorgesetzten oder eines Mitarbeiters schlüpfen. In der Regel spielt ein AC-Beobachter oder Moderator den Gegenpart. Seltener sind Rollenspiele, die durch zwei AC-Prüflinge zu bewältigen sind.

Typisches Beispiel für ein solches Rollenspiel:
Sie stehen mit Ihrem Flugzeug am Gate, alle Passagiere sind eingestiegen. Sie könnten zum Start rollen, wenn nicht ein wichtiger Passagier aus der First Class (Kosten für einen Flug Frankfurt – New York circa 10.000 €) sich weigern würde, sein schweres Handgepäck ordnungsgemäß zu verstauen. Überzeugen Sie den Passagier, das Gepäck sicher zu verwahren, und versuchen Sie ihn als wichtigen Statuskunden Ihrer Airline zu behalten.

Für ein Rollenspiel hat man in der Regel 10 bis 30 Minuten Zeit. Vorher steht eine meist als zu knapp empfundene Vorbereitungszeit von 5 bis 15 Minuten zur Verfügung, in der sich der Bewerber mit einer schriftlichen Rollen- und Situationsbeschreibung vertraut machen kann.

Die Rolle, in die Sie schlüpfen müssen, ist weder leicht noch angenehm, auch dürfen Sie nicht mit allzu viel Entgegenkommen bei Ihrem Spielpartner rechnen. Denn seine Rolle sieht eben vor, Ihnen das Leben schwer zu machen.

Aus Ihrem gesamten Gesprächsverhalten versucht man Rückschlüsse und Prognosen zu ziehen, wie Sie sich später als Mitarbeiter bewähren und ob Sie Verantwortung übernehmen, soziale Kompetenz besitzen, vielleicht sogar zukünftig das Zeug zur Führungskraft in Ihnen erkennbar ist.

In jedem Fall sollte Ihr Ziel darin liegen, in diesem AC-Rollenspiel Ansätze einer Gesprächsstrategie erkennbar werden zu lassen. Gelingt es Ihnen, eine für beide Seiten akzeptable bzw. überzeugende Lösung zu erreichen?

Besonders wichtig ist das anschließende Gespräch über Ihr Verhalten im Rollenspiel: Zeigen Sie, wenn Sie von den AC-Beobachtern kritisch hinterfragt werden, dass Sie bereit sind, Verantwortung zu übernehmen – und lassen Sie sich durch die Kritik nicht verunsichern!

Im AC-Rollenspiel kommt es auf ähnliche Anforderungsmerkmale wie bei der Gruppendiskussion an: Soziale Kompetenz ist der Schlüsselbegriff. Gefragt sind im Wesentlichen Kontaktfähigkeit, Einfühlungsvermögen und Verhandlungsgeschick, gepaart mit einer Mischung aus Überzeugungskraft und Durchsetzungsvermögen. Wie geschickt sind Sie im verbalen Umgang mit anderen Menschen? Wie gut können Sie sich in Ihr Gegenüber einfühlen? Sind Sie in der Lage, Verhaltenshintergründe zu erhellen und gemeinsame Lösungswege zu erarbeiten? Mit diesen Fragen entscheiden die AC-Beobachter darüber, ob AC-Kandidaten Plus- oder Minuspunkte sammeln. Erfolgreich schneidet ab, wer die Grundregeln der Gesprächsführung beherrscht, als da wären:

1. aktiv Zuhören
2. konkrete, klare Aussagen zum eigenen Standpunkt machen
3. Motive und Ziele der eigenen Argumentation verdeutlichen

Beim Rollenspiel kommt es nicht auf Härte, sondern auf Feingefühl an, bei gleichzeitiger konsequenter Verfolgung des eigenen Gesprächsziels. Und dieses ist deutlich gefärbt durch Interessen des Unternehmens, das Sie im Rollengespräch zu vertreten haben.

## Die (Selbst-)Präsentation

Das »Selbst« haben wir in Klammern gesetzt. Denn diese AC-Aufgabe kann sich auf zweierlei Weise darstellen. Einmal, und das ist für Sie wohl am wahrscheinlichsten, werden Sie gebeten, sich selbst vorzustellen, sich den anderen Anwesenden zu präsentieren. Entweder ganz frei, sodass Sie selbst entscheiden können, was Sie über sich erzählen wollen, oder mit einer Vorgabe, z.B. »Stellen Sie uns Ihre drei größten Stärken und Schwächen vor, die wichtigsten Stationen in Ihrem Lebenslauf!«, oder »Beschreiben Sie Ihren Lieblingsurlaubsort!«

Die andere Variante dieser AC-Übung ist eine reine Präsentationsaufgabe, es geht nicht darum, sich selbst vorzustellen, sondern darum, beispielsweise einen Vortrag über ein vorgegebenes Thema zu halten oder die wichtigsten Thesen aus Aufsätzen, die man Ihnen vorher gibt, zu präsentieren (vgl. Die Tests bei den Austrian Airlines, Seite 221ff.).

Im Regelfall wird man Ihnen nur eine sehr kurze Vorbereitungszeit von circa 5–10 Minuten zur Verfügung stellen. Danach müssen Sie mit der Präsentation beginnen. Die Beobachter konzentrieren sich bei Ihrer Präsentation zunächst auf die Wirkung Ihres Vortrags und nehmen die inhaltliche Beurteilung erst später vor.

Bei der Präsentation geht es natürlich weniger um das zwischenmenschliche Verhalten als in der Gruppendiskussion, dafür stehen Sprachgestaltung, Form, Ausdruck, Klarheit und Sicherheit, Ausstrahlung, Überzeugungskraft und erst an letzter Stelle Sachkompetenz im Vordergrund. Das gilt vor allem für willkürliche, mit dem Ausbildungsplatz kaum in Bezug zu setzende Ein-Wort-Themen wie »Der Glaube« oder Allerweltsthemen wie »Tempolimit pro/kontra«.

### *So gelingt Ihr Vortrag*

Wenn Ihnen Lesematerial gegeben wird, aus dem Sie einen Vortrag zusammenstellen sollen, dann helfen Ihnen folgende Bearbeitungstipps weiter:

Notieren Sie zunächst alles – ruhig ungeordnet, aber weiträumig untereinander – was Ihnen zu dem vorgegebenen Thema einfällt.
Hilfreich sind Fragestellungen wie:

- Welchen Kernbegriff (»keyword«) enthält das Thema?
- Welche weiteren Begriffe stecken im Thema?
- Welche anderen Stichworte werden assoziiert?
  (Das können sein: vergleichbare, ähnliche oder gegensätzliche Begriffe, Ober-/Unterbegriffe zum Kernbegriff)

Auch die bekannten W-Fragen (Wer, wie, was, wann, wo, warum?) können dazu einen wichtigen Beitrag leisten:

- Was heißt …? Was ist …? Was bedeutet (für mich/den Einzelnen/die Gesellschaft) …?
- Wer ist mit … befasst?
- Welche Arten von … gibt es?
- Wann geschieht …?
- Wo geschieht …?
- Warum …?
- Welche Ursache …? Welchen Zweck …?
- Welche Folgen, Vor-/Nachteile, Gefahren …?
- Wem nützt/schadet …?
- Wozu dient …?

Schlüpfen Sie gedanklich doch einmal in andere Personen (Freunde, Mitschüler, Lehrer, Eltern, Geschwister). Wie würden sie argumentieren?

Ordnen Sie die so gewonnenen Stichworte nach Zusammengehörigkeit, nach Einordnungsmöglichkeit in die Gliederungsabschnitte

- Einleitung
- Hauptteil
- Schluss

Für Problemstellungen, die eine Pro/Kontra-Erörterung verlangen, bewährt sich folgende Gliederung des Hauptteils:

- These (Argumente für …)
- Antithese (Gegenargumente …)
- Wenn möglich: Lösung, Entscheidung (Synthese)

Haben Sie es in Ihrem Vortrag mit einem berufstypischen Fachproblem zu tun, bietet sich eine Gliederung des problemlösungsorientierten Kurzvortrags durch folgende Fragen an:

- Worin besteht das Problem?
- Wie ist bisher damit verfahren worden?
- Welche Lösungsansätze sind praktikabel/welche nicht?
- Wie sieht meine Empfehlung aus?

Die vorgegebene Zeit für Ihren Vortrag sollten Sie unbedingt einhalten. Leider oder auch Gott sei Dank sind die 5 oder 10 Minuten Vortragszeit schneller vorbei, als der unter Prüfungsstress stehende Kandidat sich vorstellen kann. Wenn Sie mit dem Vortrag aufhören müssen, weil die Zeit abgelaufen ist, und wichtige Ihrer vorbereiteten Argumente unerwähnt bleiben, haben Sie diese AC-Prüfung »in den Sand gesetzt«. Also: Verzichten Sie lieber auf ein paar zusätzliche, aber schwächere Argumente, und lassen sie genügend Raum für die wirklich guten.

Der Anfang Ihres Vortrags ist von besonderer Bedeutung. Denn ein Einstieg – so eine wichtige Regel im Journalismus – entscheidet oft darüber, ob man Leser oder in Ihrem Fall Zuhörer für ein Thema interessieren kann. Deshalb sollten Sie sich für den Anfang Ihres Vortrags ein »Lockmittel« überlegen, z.B. die knallige Headline, die spannende Einleitung, die interessante Frage, die witzige Anekdote. Machen Sie Ihre Zuhörer neugierig auf das, was nun folgt.

Beleuchten Sie das Thema von verschiedenen Seiten, Standpunkten usw. Sparen Sie nicht mit sprachlichen Bildern, Vergleichen usw. Greifen Sie auch bei dieser Übung zu didaktischen Hilfsmitteln (Flipchart, Overhead-Projektor, Tafel usw.) nach dem Motto: Ein Bild sagt mehr als tausend Worte. Zögern Sie nicht, z.B. einen Schlüsselbegriff an die Tafel zu schreiben, um die Bedeutung zu unterstreichen. Zusammenhänge, die Sie durch Pfeile, Kreise oder andere Symbole vor den Augen der Zuschauer z.B. auf der Overhead-Folie verdeutlichen, werden klarer – eine Methode, die fast immer sehr gut ankommt.

Geben Sie Ihren Zuhörern etwas zu Denken, beziehen Sie sie mit ein (z.B. durch Fragen). Fassen Sie die wichtigsten Aspekte des Themas kurz und prägnant zusammen, und kommen Sie zum Schluss, der ähnlich gestrickt sein sollte wie der Anfang – unterhaltsam.

Apropos: Es ist äußerst wichtig, dass es Ihnen gelingt, die Zuhörer zu unterhalten. Eine Prise Humor, ein Zitat, eine angemessene Provokation bringt Ihnen dabei Pluspunkte. Wenn Sie langweilen, darüber hinaus noch nuscheln und mit der einen Hand verlegen vor dem Mund, mit der anderen nervös durchs Haar gehen, sammeln Sie jede Menge Minuspunkte. So gut kann Ihr Vortrag inhaltlich gar nicht sein, um das wieder auszugleichen. Zur richtigen Körpersprache zählt auch, dass Sie von Anfang an Blickkontakt halten und diesen möglichst »gerecht« auf alle Zuhörer verteilen, insbesondere die AC-Beobachter. Sprechen Sie eher etwas langsamer als aufgeregt-schnell und nutzen Sie die Kunst der effektvoll inszenierten Pause.

Den Vortrag beenden Sie bitte nicht mit: »So, das war's.« Viel besser klingt da schon: »Ich danke Ihnen« oder einfach »Dankeschön«.

## Das Interview

Das Interview stellt in der Regel die letzte Hürde bei den Tests des DLR dar. Wenn es bei »normalen« Einstellungstests darum geht, den persönlichen Eindruck der Psychologen vom Bewerber abzurunden, so befinden Sie sich hier noch mitten in einer Testbatterie, bei der man Sie unter Umständen gnadenlos aussortiert. Im Mittelpunkt des Interviews stehen Ihre Stärken (und auch Schwächen) mit Ihrer Interessenausrichtung, Ihren Einstellungen und Meinungen.

Rechnen Sie vor allem mit folgenden Fragen:

- Wie kommen/kamen Sie mit Ihren Klassenkameraden zurecht?
- Haben Sie in der Schule schon einmal Führungsaufgaben oder -funktionen übernommen (z.B. als Klassen- oder Schulsprecher)?
- Sind Sie Mitglied in einem Verein?
- Treiben Sie Sport?
- Wo liegen Ihre Interessen?
- Welchen Freizeitaktivitäten gehen Sie nach?
- Wie stellen Sie sich Ihre berufliche Laufbahn vor?
- Was glauben Sie, sind die wichtigsten Eigenschaften eines Vorgesetzten/Kapitäns/First Officers?

Insgesamt kommt es auch im AC-Interview auf eine gute Portion Selbstdarstellungsfähigkeit an. Wer von sich und seinen Fähigkeiten in angemessenem Maß überzeugt ist und darüber hinaus in der glücklichen Lage, andere überzeugen zu können, hat ein leichtes Spiel. So einfach kompliziert ist die Sache.

Um das Interview gut zu bewältigen, sollten Sie sich vorher eingehend Gedanken darüber machen, wie Sie sich präsentieren wollen:

- Ihren Lebenslauf mit Ihrem persönlichen Hintergrund
- Ihre Vorstellung von dem Beruf
- Ihre langfristigen Ziele
- Ihre besondere Eignung für den angestrebten Beruf
- Leistungsmotivation

Hilfreich für die Bewältigung dieser Aufgabe ist eine gründliche Auseinandersetzung mit sich selbst und den so einfach klingenden, aber doch recht komplexen Fragen:

- Wer bin ich, was für ein Mensch bin ich?
- Was kann ich?
- Was will ich?
- Was ist möglich?

Haben Sie das für sich geklärt, werden Sie nicht nur im AC-Interview, sondern im gesamten Bewerbungsverfahren eine im wahrsten Sinne des Wortes selbstbewusstere Haltung zeigen können.

### *Die fiesen Fragen im Stress-Interview*

Manchmal wird bei AC-Interviews mit richtig »harten Bandagen« gekämpft. Mit Stress-Interviews soll – wie der Name schon sagt – Ihre Stress- und Frustrationstoleranz getestet werden. Das Hauptziel der AC-Veranstalter hierbei ist es, Sie aus der Reserve zu locken und Ihr Verhalten in einer Stresssituation zu testen. Es liegt an Ihnen, wieweit Sie sich darauf einlassen und wie gut Sie vorbereitet sind. Wie schwer es ist, nicht aus der Haut zu fahren, beschreibt folgender Bewerber:

»Zwei unbekannte Personen saßen mir gegenüber, eine Dritte kannte ich bereits aus dem Kreis der AC-Beobachter. Letztere übernahm die Vorstellung, machte uns miteinander bekannt. Ich bekam als Erstes die Frage gestellt: ›Nun, Herr M., wie fühlen Sie sich denn heute?‹ – mit einem gewissen Unterton, der mir sofort Sorgen bereitete.

Spielte man wirklich auf die am Vortag eingestandene leichte Erkältung an? Oder war es mehr der nicht gerade überzeugende Eindruck, den ich bei der Gruppendiskussion hinterlassen hatte? Mein ›Danke der Nachfrage‹ schien ausreichend genug, denn sofort hatten sie eine neue Frage parat:

Ob ich so gut sein könnte, ihnen einmal kurz meinen Werdegang zu schildern. Nach zwei Minuten wurde ich unterbrochen, mit der Frage, wie denn meine beruflichen Ziele jetzt aussehen würden. Das zu formulieren und vorzutragen war man nur noch bereit, sich eine knappe halbe Minute lang anzuhören. Ich war kaum in Fahrt gekommen, da brandete die Frage an, ob ich denn wirklich zufrieden sein könne mit meinen bisher gezeigten Leistungen im Assessment Center?

›Natürlich nicht‹, gab ich zähneknirschend zu, was dazu führte, dass sie nun wissen wollten, ob ich mich nicht mit der Bewerbung hier übernommen hätte? Außer einem etwas dummen ›Wieso?‹ fiel mir vor lauter Schreck nichts ein. Mit süß-saurer Miene gaben sie zu, mein schlechtes Abschneiden aufrichtig zu bedauern. Was ich dazu zu sagen hätte, wollten sie wissen.

Das Ganze ging noch etwa fünfzehn Minuten so weiter, die mir allerdings vorkamen wie eine geschlagene Stunde. Viel habe ich nicht sagen können zu meiner Verteidigung, als plötzlich der Interviewstil kippte und man mir bedeutete, das alles vorher Gesagte überhaupt nicht so gemeint gewesen sei. Im Gegenteil – man sei recht zufrieden und ich hätte eben bewiesen, was ich für gute Nerven habe. Ob ich schon mal was vom Stress-Interview gehört hätte? Offensichtlich nicht. Ich durfte mich entfernen und ging in den Raum zurück, in dem alle Kandidaten Ihren Aufsatz schrieben. Mit weichen Knien setzte ich mich wieder an das Aufsatzthema ›Vorbilder heute‹ und musste an die Irrfahrten und Prüfungen des armen Odysseus denken …«

Die oberste Regel im Stress-Interview lautet: Ruhe bewahren und gelassen bleiben. Antworten Sie möglichst kurz und knapp, und nötigenfalls können Sie freundlich aber bestimmt darauf hinweisen, dass es auch für Ihre Toleranz und Geduld Grenzen gibt. Sehr beliebt bei Interviewern ist es auch, Schweigepausen einzulegen. Das soll Sie als Kandidaten verwirren, aus dem Konzept bringen. Aber Sie lassen sich natürlich nicht in diese Falle locken, durchschauen diesen Versuch und ertragen ihn mit – richtig – freundlicher Gelassenheit. Übrigens: Sie müssen nicht alle Fragen beantworten. Intime Details, Ihre Entscheidung, wo Sie als Erstwähler Ihr Kreuzchen gemacht haben oder welche Partei Sie bevorzugen, gehen niemanden etwas an. Weisen Sie derartige Fragen zurück – selbstverständlich auf die bewährte freundliche Art. Zeigen Sie, dass Sie Grenzen setzen können.

Lassen Sie sich nicht dazu hinreißen, Dinge auszuplaudern, die Sie eigentlich nicht mitteilen wollten. Das beste Rezept, aus dem Stress-Interview »heil« herauszukommen ist es, 1. die Ziele Ihres Gegenüber zu durchschauen (Sie wissen ja, Stichwort Provokation) und 2. auf unangenehme, heikle Fragen vorbereitet zu sein. Überlegen Sie, ob es in Ihrem Lebenslauf Punkte gibt, auf denen der Stress-Interviewer »herumhacken« könnte (Sitzenbleiben z.B. oder eine größere Zeitspanne zwischen Schulabschluss und der Bewerbung). Es kommt darauf an, dass Sie für sich eine Strategie entwickeln, um mit diesen Gesprächssituationen fertig zu werden.

Beispiele für fiese Fragen:

- Was spricht gegen Sie als Bewerber?
- Was sind Ihre Schwächen und Defizite?
- Was war Ihr größter Misserfolg, Ihre größte Enttäuschung?
- Was haben Sie daraus gelernt?
- Wovor fürchten Sie sich?
- Was kann Sie richtig ärgerlich machen?
- Was mögen Sie nicht, schätzen Sie bei z.B. Freunden, Klassenkameraden, Lehrern und Eltern nicht?
- Welche Anti-Vorbilder haben Sie, welche Personen lehnen Sie ab und warum?
- Was ist Ihr Lebensmotto?
- Was würden Sie in Ihrem Leben anders machen, wenn Sie noch mal von vorn anfangen könnten?

- Was wollen Sie wann und wie beruflich in Ihrem Leben erreicht haben?
- Wie definieren Sie die Begriffe Führung, Verantwortung, Schwäche, Leistung?
- Was machen Sie, wenn wir Sie nicht nehmen?
- Was würden Sie tun, wenn Sie im Lotto Millionen gewinnen?

Missverstehen Sie jedoch nicht jede kritische Frage gleich als den Beginn eines Stress-Interviews und begegnen Sie Ihrem AC-Interviewpartner nicht von vornherein »übermisstrauisch«.

***Die 11 wichtigsten Verhaltensregeln für das AC-Interview:***

1. Hören Sie aufmerksam und konzentriert zu.
2. Halten Sie angemessenen Blickkontakt.
3. Beobachten Sie genau (ohne zu mustern).
4. Überlegen Sie, bevor Sie antworten, nehmen Sie sich die Zeit.
5. Scheuen Sie sich nicht nachzufragen.
6. Reden Sie lieber etwas weniger als zu viel.
7. Lassen Sie Ihren Gesprächspartner (aus-)reden.
8. Warten Sie ab, stehen Sie auch mal eine kleine Gesprächspause durch.
9. Seien Sie lieber etwas zurückhaltender als zu aufdringlich.
10. Bleiben Sie sachlich, ruhig, geduldig und gelassen.
11. Last but not least: Versuchen Sie, auf Ihre Körpersprache zu achten (offen, freundlich, zugewandt, interessiert).

## Die Verabschiedung

Nach der letzten Übung werden Sie als AC-Teilnehmer in der Regel nicht gleich nach Hause geschickt, sondern noch zu einem Abschlussgespräch gebeten – sofern Sie vorher nicht schon »aussortiert« wurden. Das Abschlussgespräch soll das Auswahlverfahren abrunden und von Arbeitgeberseite aus eine gute Schlussatmosphäre schaffen. Folgende Fragen werden meist gestellt:

- Wie zufrieden sind Sie mit Ihrer Leistung hier?
- Wie haben Sie das AC-Verfahren erlebt?
- Was war in dem AC gut, was schlecht, was sollten wir ändern?
- Wo sehen Sie persönliche Stärken und Schwächen?
- Wie beurteilen Sie Ihre Mitbewerber?

Nach der Befragung gibt es in der Regel eine mehr oder minder ausführliche Einschätzung seitens der AC-Veranstalter und Beobachter, wie man mit den Leistungen der Bewerber zufrieden ist. In der Regel wird darauf geachtet, die Kandidaten in freundlich-moderater Weise zu loben und zu verabschieden.

Übrigens – auch wenn im Abschlussgespräch bereits signalisiert wird, dass die Würfel gefallen sind, also die Entscheidung für oder gegen Sie getroffen wurde, geht auch Ihr Verhalten im Abschlussgespräch in die Bewertung ein. Halten Sie deshalb Ihre Rolle durch. Selbst bei einer noch so freundlichen Aufforderung – nach dem Motto: »Jetzt, wo alles vorbei ist, können Sie ja offen sprechen ...« – sollten Sie sich bedeckt halten. Denn Sie sitzen weiter auf dem Bewerberstuhl und werden genauestens beobachtet. Dies ist nicht der Moment der Entspannung oder gar der Abrechnung!

Zeigen Sie weiter freundliche Aufmerksamkeit für Ihr Gegenüber. Natürlich müssen Sie sich angemessen selbstkritisch einschätzen und selbstverständlich die eine oder andere AC-Übung loben sowie eine mehr oder minder kritische Bemerkung formulieren, damit man sieht, dass Sie auch dies können.

Insbesondere bei Fragen zu Ihren AC-Mitbewerbern kommt es auf Ihr diplomatisches Geschick an. Natürlich bewundern Sie die guten Leistungen des einen oder anderen – und sollte sich jemand wirklich bis auf die Knochen blamiert haben, so ist dies der Moment, wohlwollendes persönliches Mitgefühl zu demonstrieren. Machen Sie sich bloß nicht lustig bzw. äußern Sie sich nicht verächtlich über Ihre Mitstreiter, selbst wenn Sie dazu aufgefordert werden.

Ansonsten gilt: Die Anforderungen für das Abschlussgespräch sind vergleichbar mit den im Kapitel »Interview« (Seite 216 ff.) besprochenen; also Persönlichkeit, Leistungsmotivation, Kompetenz. Falls Ihr Gegenüber mehr spricht als zuhört und Sie kaum zum Zuge kommen, sollten Sie sich nicht wundern. Gelegentlich nutzen Firmen das Abschlussgespräch zur Imagepflege.

# Die Tests bei den Austrian Airlines

## Vorwort

Im Folgenden wollen wir Ihnen die Unterschiede und Gemeinsamkeiten der Tests bei den Austrian Airlines (AUA) und der Lufthansa (LH) vorstellen. Die AUA-Tests werden Ihnen im Wesentlichen nicht unbekannt vorkommen, allerdings variieren die Testabläufe. Während Sie beim DLR und einer Bewerbung für die LH nur zwei Testserien durchlaufen, wird man Sie z.B. bei der AUA gleich bis zu viermal (!) zu den verschiedenen Selektionsstufen einladen – natürlich immer mit steigendem Schwierigkeitsgrad.

Bitte üben Sie in Ihrem eigenen Interesse für eine Bewerbung bei der AUA auch alle Tests, die wir Ihnen schon für die Lufthansa vorgestellt haben. Es ist nicht auszuschließen, dass Sie auch von diesen Testverfahren etwas bei einem anderen Unternehmen kennen lernen werden.

## Merkfähigkeitstest

Bei der AUA ist der Merkfähigkeitstest noch etwas aufwendiger als bei der Lufthansa oder der DFS. Er besteht aus bis zu 7 Einzeltests, bei denen Sie sich Wörter bzw. Bild-/Zahlenkombinationen merken sollen.

### Stadtplan und Wegbeschreibung

Haben Sie Orientierungssinn? In diesem Test sollen Sie ihn beweisen. Ihnen wird ein Stadtplan oder auch eine einfache Skizze vorgegeben, in der ein Weg von einer Wohnung zu einem Arbeitsplatz eingezeichnet ist. Diesen Weg sollen Sie sich innerhalb von 30 Sekunden merken. Danach folgt zunächst ein weiterer Test, und nachdem etwa 5 bis 10 Minuten vergangen sind, werden Sie aufgefordert, den Weg in einen leeren Plan einzuzeichnen.

Ein Tipp zum Üben: Kopieren Sie den leeren Wegplan aus diesem Buch und lassen Sie sich von einem Helfer neue Wegstrecken erstellen. Mit Hilfe eines einfachen Zeichenprogramms können Sie sich am PC auch schnell neue »Stadtpläne« erstellen – oder sie kaufen sich einfach die Karte einer Ihnen unbekannten Stadt.

Prägen Sie sich nun den in diesem Plan eingezeichneten Weg 30 Sekunden lang gut ein, decken Sie die Zeichnung ab und lösen Sie dann die folgende Aufgabe.

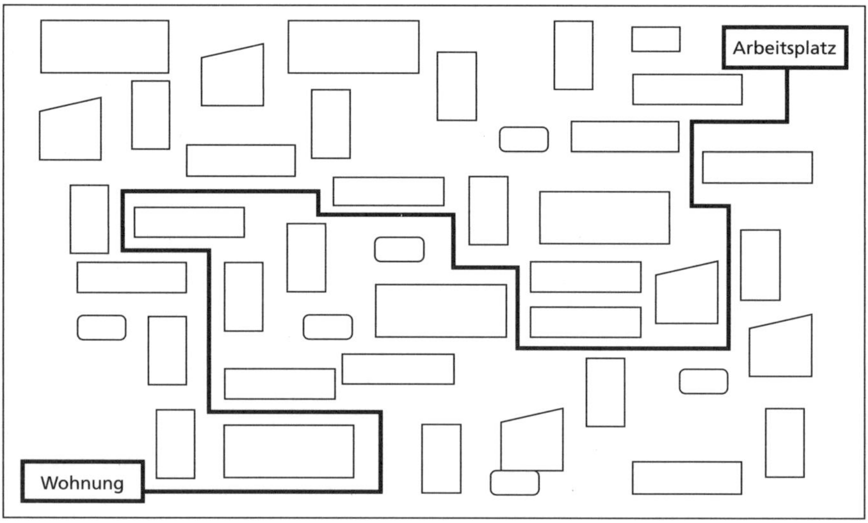

## Bilder merken

In dieser Aufgabe müssen Sie sich Diabilder merken. Unter anderem zeigt man Ihnen einen Hammer, Bananen, einen Hund, ein Schiff, einen Fußball, ein Buch usw.

Um diesen Test zu üben, sollten Sie sich den visuellen Merkfähigkeitstest ab Seite 48 in diesem Buch ansehen. Statt der Bild-/Zahlenkombinationen sollten Sie sich von den vier Bilderseiten je eine Seite für 30 Sekunden ansehen. Schreiben Sie danach innerhalb der nächsten 30 Sekunden alle Gegenstände auf, die Sie sich merken konnten. Verfahren Sie dann genauso mit den anderen drei Seiten. Alternativ können Sie sich (z.B. mit PowerPoint©) auch eine eigene Bildschirmpräsentation für den PC erstellen oder ein Erwachsenen-Memory spielen. Beides trainiert das Gedächtnis und der Erfolg stellt sich schon nach kurzer Zeit ein.

### *Stadtplan und Wegbeschreibung*

Bitte zeichnen Sie nun den Wegplan ein, den Sie sich gemerkt haben. Sie haben 30 Sekunden Zeit!

Nach Ablauf der Zeit vergleichen Sie bitte Ihre Lösung mit dem Ausgangsweg auf der vorangegangenen Seite.

## Türkische Vokabeln

In einem Zeitfenster von 2 Minuten sollen Sie sich 18 türkische Vokabeln merken. Die Abfrage der Vokabeln findet in einem Multiple-Choice-Verfahren statt. Sie haben 2 Minuten Zeit, sich die nachfolgenden Vokabeln zu merken.

| Deutsches Wort | Türkische Übersetzung |
|---|---|
| Gehen | Gitmek |
| Tag | Gün |
| Lernen | Ögrenmek |
| Flugkapitän | Kaptan pilot |
| Technik | Teknik |
| Arbeiten | Calismac |
| Auto | Otomobil |
| Flughafen | Havaalani |
| Deutschland | Almanya |

| Deutsches Wort | Türkische Übersetzung |
|---|---|
| Flugzeug | Ucak |
| Essen | Yemek |
| Geld | Para |
| Radio | Radyo |
| Test | Deney |
| Schlafen | Uyumak |
| Fliegen | Ucmak |
| Nacht | Gece |
| Schule | Okul |

Decken Sie die Tabelle ab und ordnen Sie den Wörtern ihre Übersetzung zu:

| Deutsches Wort | A | B | C | D |
|---|---|---|---|---|
| 1. Arbeiten | Calismac | Dschürgun | Ucak | Ögrenmec |
| 2. Flughafen | Airomobil | Hava flag | Havaalani | Yemek |
| 3. Gehen | Gün | Gitmek | Para | Ulko |
| 4. Tag | Yemek | Hugago | Gün | Gece |
| 5. Schule | Mekanizma | Erfo | Havaalani | Okul |
| 6. Flugzeug | Ucak | Yemek | Para | Deney |
| 7. Radio | Ucmak | Teknik | Radyio | Radyo |
| 8. Flugkapitän | Kaptan Yemek | Kaptan Para | Kaptan Ucac | Kaptan pilot |
| 9. Lernen | Para | Ögrenmek | Gün | Uyumak |
| 10. Nacht | Gece | Hamide | Ucmak | Calide |
| 11. Fliegen | Jugo | Haljaro | Ucmak | Rawad |
| 12. Auto | Motomobil | Kotomobil | Rabomobil | Otomobil |
| 13. Deutschland | Almanya | Alamagne | Almaja | Almayia |
| 14. Essen | Hajo | Grobi | Yemek | Gece |
| 15. Geld | Haja | Para | Lara | Gara |
| 16. Test | Ikom | Radar | Jugio | Deney |
| 17. Schlafen | Uyumak | Ugugu | Yumogo | Ujugomi |
| 18. Technik | Tecnic | Tecnak | Tecna | Teknik |

**Lösungen siehe Seite 297**

## Telefonnummern merken

Nun bekommen Sie einen ganzen Satz an Telefonnummern in einem imaginären Unternehmen, die Sie sich merken sollen. Sie haben 2 Minuten Zeit, sich die Namen und Anschlüsse einzuprägen, danach halten Sie das Telefonverzeichnis zu.

| | | | | | |
|---|---|---|---|---|---|
| Kantine | 911 | Management | 515 | Werkstatt | 912 |
| Bauamt | 656 | Geschäftsführer | 112 | Archiv | 494 |
| Chef | 789 | Notruf | 750 | PC-Technik | 752 |
| Sekretärin | 487 | Pforte | 132 | Hr. Ritlewski | 616 |
| Küche | 333 | Fuhrpark | 348 | Hr. Gaffke | 809 |
| Hausmeister | 846 | Prokurist | 224 | Hr. Schmidt | 411 |
| Hr. Biewald | 511 | Hr. Huckemeyer | 179 | | |

Bitte ordnen Sie nun Telefonnummern und Anschlüsse einander zu:

| Anschluss | A | B | C | D |
|---|---|---|---|---|
| 1. Hr. Gaffke | 256 | 456 | 842 | 809 |
| 2. Bauamt | 512 | 845 | 656 | 741 |
| 3. Chef | 789 | 562 | 324 | 158 |
| 4. Pforte | 132 | 632 | 854 | 927 |
| 5. Sekretärin | 487 | 524 | 110 | 235 |
| 6. Hr. Schmidt | 401 | 421 | 411 | 140 |
| 7. Werkstatt | 852 | 741 | 963 | 912 |
| 8. Hr. Biewald | 222 | 511 | 421 | 124 |
| 9. Hausmeister | 333 | 846 | 753 | 269 |
| 10. Hr. Ritlewski | 616 | 691 | 666 | 999 |
| 11. Küche | 321 | 233 | 333 | 353 |
| 12. Fuhrpark | 348 | 854 | 659 | 852 |
| 13. Prokurist | 125 | 235 | 854 | 224 |
| 14. Geschäftsführer | 514 | 265 | 112 | 110 |
| 15. Notruf | 845 | 235 | 450 | 750 |
| 16. Archiv | 949 | 494 | 595 | 496 |
| 17. PC-Technik | 124 | 752 | 789 | 954 |
| 18. Hr. Huckemeyer | 177 | 178 | 179 | 170 |
| 19. Kantine | 911 | 114 | 154 | 842 |
| 20. Management | 515 | 421 | 152 | 364 |

**Lösungen siehe Seite 297**

## Kurzgeschichte merken

Ähnlich einer Nacherzählung in der Schule müssen Sie sich eine Geschichte merken, die Ihnen von einem Tonband vorgelesen wird. Lesen Sie sich nun bitte einmal (!) die folgende Geschichte durch und merken sich bitte möglichst alle Details.

In den Vereinigten Arabischen Emiraten soll ein neuer Flughafen gebaut werden. Die Baukosten sollen sich auf 620 Millionen Dollar belaufen, von denen 40 Prozent von einem reichen Scheich sofort bezahlt werden sollen. Der Flughafen umfasst neben 4 Start- und Landebahnen insgesamt 8 Terminals. Die Terminals sind über Rolltreppen verbunden, deren Länge aneinander gereiht insgesamt 6 Kilometer beträgt. Das Flughafengebäude selbst soll 4 Etagen umfassen. Im Keller des Flughafens soll es einen Bahnanschluss geben, der von den Linien 26 und 12 bedient wird. Die Flughafenfeuerwehr hat eine Bereitschaft von 24 Stunden rund um die Uhr. Tagsüber sind dort 45, nachts von 23.00 Uhr bis 5.00 Uhr nur 36 Männer im Einsatz. Ein Tanklöschfahrzeug fasst 1.500 Liter Wasser. Bei einem Einsatz muss die Feuerwehr innerhalb von einer Minute an jedem Ort des Flughafens eintreffen.

## Fragen zum Test »Kurzgeschichte merken«

| | Fragen | A | B | C | D |
|---|---|---|---|---|---|
| 1. | Wie teuer soll der neue Großflughafen in Millionen Dollar werden? | 600 | 610 | 620 | 630 |
| 2. | Wieviel Prozent der Kosten trägt der Scheich? | 10 | 20 | 40 | 60 |
| 3. | Wie viele Start- und Landebahnen wird es geben? | 2 | 4 | 6 | 8 |
| 4. | Wie viele Terminals soll es geben? | 2 | 4 | 6 | 8 |
| 5. | Wie lang sind alle Rolltreppen zusammen (in km)? | 8 | 6 | 4 | 2 |
| 6. | Welche Bahnlinien sollen den Flughafen bedienen? | 26/12 | 24/12 | 26/10 | 24/10 |
| 7. | Wie viele Männer der Flughafenfeuerwehr sind nachts im Einsatz? | 12 | 24 | 36 | 48 |
| 8. | In welcher Zeit muss die Feuerwehr an jedem Punkt des Flughafens eintreffen (in Minuten)? | 1 | 2 | 3 | 4 |

**Lösungen siehe Seite 297**

## Firmenlogos zuordnen

Sie bekommen circa 20 verschiedene Firmenlogos gezeigt, um die ein Rahmen gezogen wurde. Nach einer Einprägephase sollen Sie die Logos wieder den Rahmen zuordnen. Dieser Test ist vom Aufbau her dem folgenden Test so ähnlich, dass wir Ihnen ausnahmsweise keine Übungsaufgaben zur Verfügung gestellt haben.

## Geometrische Figuren

Auch hier haben Sie wieder 2 Minuten Zeit, sich 20 geometrische Figuren mit zugehörigen Zahlen zu merken. Später müssen Sie Zahlen und Figuren wieder einander zuordnen.

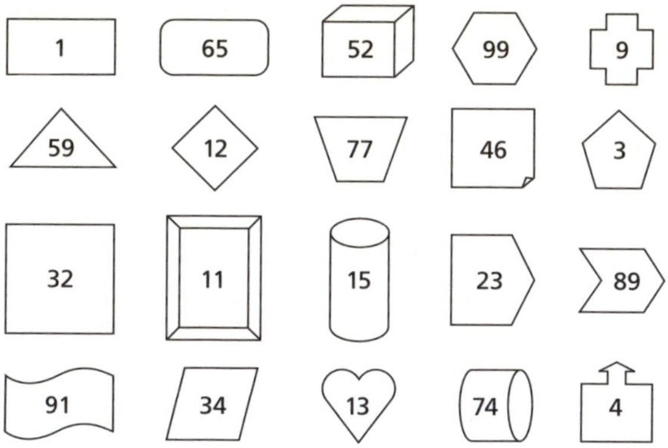


Bitte decken Sie nun die oberen Figuren ab und tragen Sie in die unteren, leeren Figuren die zugehörigen Zahlen ein. Anschließend vergleichen Sie diese mit den Originalzahlen.

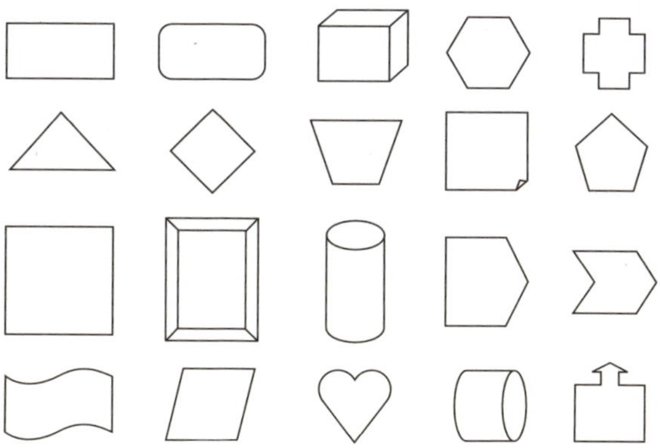

## a,b,q-Test

Diesen Test kennen Sie bereits (siehe Seite 38). Es gilt, in einer kurzen Zeitspanne möglichst viele a, b und q mit einem waagerechten Strich zu markieren. Für ein Feld von 42 x 41 Buchstaben haben Sie 8 Minuten Zeit.

## Konzentrationsbelastungstest

Anhand eines Suchfeldes mit Symbolen und zugehörigen Zahlen sollen Sie die gezeigten Symbole in Zahlen umschlüsseln, addieren und eine Aussage zu einer dargebotenen Lösungszahl treffen. Ist Ihr Ergebnis kleiner als die dargebotene Zahl, so müssen Sie das Feld links von ihr markieren. Ist sie gleich Ihrer Zahl, so markieren Sie das Feld unter ihr, und ist sie größer, das Feld rechts von ihr. Auch diesen Test finden Sie ausführlich in diesem Buch (vgl. Seite 44 ff.).

## Figuren ergänzen

Sie bekommen eine Ausgangsfigur gezeigt, die gedreht und/oder gespiegelt wurde. Zusätzlich sind Teile aus der Figur entfernt worden. Ihre Aufgabe ist es, die Figur richtig zu ergänzen. Diesen Test finden Sie ausführlich beschrieben ab Seite 152.

## Rechts- und Linksabbiegen

Analog dem schon vorgestellten Testverfahren (siehe Seite 139 ff.) sollen Sie bei einer Zeichnung alle Links- bzw. alle Rechtskurven zählen. Anders als bei den Übungsaufgaben in diesem Buch sind die Aufgabenstellungen vermischt, das heißt, dass Sie z.B. bei den Aufgaben 1 bis 3 nur die Linkskurven, dann bei Aufgabe 4 die Rechtskurven, bei Aufgabe 5 wieder die Linkskurven usw. zählen sollen.

## Figuren wieder erkennen

Auch diesen Test kennen Sie bereits. Aus Scherenschnitten sollen Sie geistig die richtige Figur zusammensetzen und als Lösung notieren. Übungsaufgaben finden Sie ab Seite 150 in diesem Buch.

## Speed-Rechnen

Sie bekommen ganz leichte Rechenaufgaben gestellt, bei denen Sie nur addieren oder subtrahieren müssen. Eine Testaufgabe besteht aus zwei Rechenaufgaben. Ihre Aufgabe ist es, beide Aufgaben zu lösen und dann das kleinere Ergebnis vom größeren abzuziehen. Das dann ermittelte Ergebnis müssen Sie in einem Lösungsbogen notieren.

Beispiel:
3 + 6 + 5
2 + 7 + 4

Lösung:
3 + 6 + 5 = 14
2 + 7 + 4 = 13

14 – 13 = 1
Das heißt, in dem Lösungsbogen des DLR müssen Sie die 1 als richtige Lösung markieren. Hier schreiben Sie Ihr Ergebnis bitte separat auf und vergleichen später die Lösungen.

### *Übungsaufgaben*

*1. Block*

Für 26 Aufgaben haben Sie 1 Minute Zeit!

| | | | | | | | |
|---|---|---|---|---|---|---|---|
| A | 4 + 8 – 2<br>5 + 1 + 2 | B | 9 – 5 + 1<br>8 – 4 + 4 | C | 3 + 3 + 5<br>6 – 4 + 7 | D | 8 – 2 – 6<br>7 – 2 + 3 |
| E | 2 + 5 + 4<br>5 + 5 + 6 | F | 8 – 9 + 3<br>8 – 7 – 1 | G | 3 – 2 + 7<br>4 + 5 + 7 | H | 5 – 5 + 6<br>2 – 5 + 6 |

→

| | | | | | | | |
|---|---|---|---|---|---|---|---|
| I | 2 + 3 + 4 | J | 4 + 5 + 6 | K | 7 + 8 + 9 | L | 4 − 7 + 9 |
| | 9 − 5 + 2 | | 8 − 6 + 4 | | 2 − 3 + 4 | | 7 + 6 − 8 |
| M | 8 + 7 − 2 | N | 5 + 8 − 9 | O | 2 + 5 − 4 | P | 9 + 8 − 4 |
| | 2 + 2 + 2 | | 5 − 4 + 8 | | 7 + 7 − 9 | | 8 + 7 + 9 |
| Q | 4 + 2 − 4 | R | 7 + 4 − 9 | S | 2 + 7 − 4 | T | 7 − 5 + 9 |
| | 2 + 4 + 8 | | 7 − 4 + 2 | | 4 + 7 − 9 | | 7 + 8 − 9 |
| U | 2 + 5 + 7 | V | 9 + 8 − 7 | W | 2 + 7 − 9 | X | 3 − 5 + 8 |
| | 5 − 2 − 2 | | 5 + 7 + 3 | | 4 − 6 + 8 | | 5 + 9 − 4 |
| Y | 1 + 1 + 3 | Z | 3 + 4 − 5 | | | | |
| | 7 − 5 + 6 | | 9 − 6 + 2 | | | | |

*2. Block*

Für 26 Aufgaben haben Sie 1 Minute Zeit!

| | | | | | | | |
|---|---|---|---|---|---|---|---|
| A | 4 + 7 − 5 | B | 5 + 6 − 7 | C | 4 − 2 + 8 | D | 4 − 7 + 6 |
| | 7 − 5 + 8 | | 1 + 1 + 2 | | 6 − 5 + 7 | | 4 − 6 + 8 |
| E | 4 − 7 + 6 | F | 8 + 9 − 3 | G | 4 − 2 + 7 | H | 6 − 4 + 2 |
| | 5 + 8 − 9 | | 9 − 4 − 1 | | 2 + 2 − 1 | | 8 − 9 + 5 |
| I | 5 − 4 + 3 | J | 4 + 1 − 5 | K | 7 + 9 − 4 | L | 2 + 3 + 4 |
| | 5 + 3 − 4 | | 1 − 4 + 7 | | 5 + 7 − 2 | | 5 − 1 − 3 |
| M | 2 − 3 + 7 | N | 8 − 7 + 5 | O | 2 − 7 + 5 | P | 3 + 4 + 6 |
| | 7 + 5 − 9 | | 9 − 4 − 3 | | 9 − 5 − 3 | | 2 + 2 + 2 |
| Q | 4 + 2 + 1 | R | 4 − 2 + 8 | S | 8 − 1 + 2 | T | 3 + 4 + 7 |
| | 5 − 3 + 7 | | 6 + 4 − 8 | | 1 + 3 − 2 | | 5 + 5 + 5 |
| U | 5 − 4 + 8 | V | 9 − 4 − 2 | W | 4 + 7 − 5 | X | 2 + 2 + 3 |
| | 5 + 5 + 5 | | 5 + 7 − 9 | | 9 − 5 − 2 | | 2 + 3 + 7 |
| Y | 1 + 8 − 5 | Z | 1 − 2 + 5 | | | | |
| | 4 + 4 + 7 | | 4 + 4 − 5 | | | | |

**Lösungen siehe Seite 298**

## Zahlensymbolreihen addieren

Ihnen wird ein Symbolfeld vorgelegt, in dem Sie ähnlich dem Konzentrationsbelastungstest (siehe Seite 44 ff.) Zahlensymbole in Zahlen umschlüsseln und addieren müssen. Hierzu ein Beispiel:

Symbol- und Zahlenfeld

| **Symbol** | :) | (: | ;) | (; | ·, | %; | %: | %/ | ·,· |
|---|---|---|---|---|---|---|---|---|---|
| **Zahlen** | 4 | 6 | 7 | 2 | 8 | 9 | 3 | 6 | 1 |

Additionstabelle

| | |
|---|---|
| ·,· | |
| ·, | |
| (: | |
| (; | |
| :) | |

In der Additionstabelle sehen Sie eine Spalte mit Symbolen und daneben eine Spalte mit leeren Feldern. Ihre Aufgabe ist es nun, die Symbole in der ersten Spalte in Zahlen umzuschlüsseln, die beiden untersten Zahlen zu addieren und die Lösung in das nebenstehende Feld (über dem grauen, welches leer bleibt) einzutragen. Das Symbol :) steht im Symbol- und Zahlenfeld für die 4. Das Symbol für (; steht für die 2. 4 + 2 = 6, das heißt, Sie müssen die 6 als Lösung eintragen. Den Zahlenwert für das zweite Symbol ((; = 2) behalten Sie im Kopf. Das nächste Symbol ist (: und steht für die 6. 2 + 6 = 8, das heißt, in das nächste freie Feld tragen Sie die 8 als Lösung ein. So verfahren Sie mit jeder Spalte von unten nach oben! Im realen Testablauf wird Ihnen ein Testleiter zur Verfügung stehen, der Ihnen ansagt, wann Sie zu einer neuen Spalte übergehen sollen. Die Lösungen für dieses Beispiel haben wir in der folgenden Additionstabelle für Sie eingetragen.

| | |
|---|---|
| ·,· | 9 |
| ·, | 14 |
| (: | 8 |
| (; | 6 |
| :) | |

Bitte bearbeiten Sie nun die Übungstabelle von links nach rechts und unten nach oben. Sie haben insgesamt 2 Minuten Zeit!

Symbol- und Zahlenfeld

| **Symbol** | ,· | :; | :: | ;: | " " | :) | ;) | (: | ;( |
|---|---|---|---|---|---|---|---|---|---|
| **Zahlen** | 3 | 5 | 3 | 9 | 6 | 1 | 6 | 2 | 4 |

Additionstabelle

| | | | | | | | | | |
|---|---|---|---|---|---|---|---|---|---|
| ,· | | :; | | ,· | | :) | | :: | |
| :; | | ;) | | :; | | ,· | | ,· | |
| ;: | | :; | | " " | | ;) | | :; | |
| :) | | (: | | ,· | | :: | | " " | |
| ;) | | ;) | | (: | | ;( | | ,· | |
| ,· | | ,· | | ;: | | :) | | ;: | |
| (: | | ;( | | :) | | :; | | (: | |
| (: | | (: | | ;( | | " " | | ;) | |
| ;( | | ;( | | :: | | ,· | | ,· | |
| ;( | | :: | | ;( | | ,· | | (: | |

**Lösungen siehe Seite 298**

## Abwicklungen

Diesen Test und die dazugehörigen Übungsaufgaben finden Sie ab Seite 142. Für mehrere gefaltete Körper sollen Sie die zugehörige Faltvorlage herausfinden.

## Persönlichkeit und Allgemeinwissen

Hier erwarten Sie verschiedene Fragen, die Ihre Allgemeinbildung und Ihre Persönlichkeit testen. Die Persönlichkeitsfragen sind mit denen bei der Lufthansa und DFS vergleichbar (vergleichen Sie dazu bitte die Seiten 15–28) (Psychofragen). Die Allgemeinwissensfragen kommen aus den Bereichen Chemie, Physik, Mathematik, Technik und Geographie. Da Chemie und Geographie bei der LH nicht gesondert getestet werden, haben wir Ihnen hier eine kleine Übungsauswahl zusammengestellt. Die anderen Fragen finden Sie in diesem Buch ab Seite 110 (Technikfragen).

Bitte beantworten Sie die folgenden 38 Fragen innerhalb der nächsten 9 Minuten.

## Geographie

1. Wo liegt Melbourne?
   a) USA
   b) Australien
   c) Afrika
   d) Großbritannien

2. Welches Land grenzt nicht ans Schwarze Meer?
   a) Russland
   b) Rumänien
   c) Bulgarien
   d) Tschechien

3. Wo steht die Sonne am 21. Juni im Zenit?
   a) nördlicher Wendekreis
   b) südlicher Wendekreis
   c) Äquator
   d) Südpol

4. Was ist die Tundra?
   a) eine gebirgige Landschaft
   b) eine wüstenähnliche Landschaft
   c) eine steinige Graslandschaft
   d) eine baumlose Kältesteppenlandschaft

5. Wo liegt die Apenninen-Halbinsel?
   a) Spanien
   b) Portugal
   c) Griechenland
   d) Italien

6. Europas längster Fluss ist der/die …
   a) Rhein
   b) Wolga
   c) Rhône
   d) Donau

→

7. Welches der folgenden Länder hat die längste Küste?
   a) Italien
   b) Frankreich
   c) Norwegen
   d) Griechenland

8. Wie alt ist in etwa die Erde?
   a) 1 Million Jahre
   b) 10 Millionen
   c) mehr als 100 Millionen
   d) weniger als 1 Million

9. Welche der folgenden Ländergruppen enthält Länder, die keine gemeinsame Grenze mit der Bundesrepublik Deutschland haben?
   a) Tschechien, Österreich, Schweiz
   b) Österreich, Liechtenstein, Polen
   c) Dänemark, Belgien, Luxemburg
   d) Niederlande, Luxemburg, Frankreich

10. Wie viele Einwohner hat Deutschland?
   a) ca. 65 Millionen
   b) ca. 82 Millionen
   c) ca. 90 Millionen
   d) ca. 95 Millionen

11. Belgrad ist die Hauptstadt von …
   a) Tschechien
   b) Rumänien
   c) Serbien
   d) Bulgarien

12. Bei welcher Stadt fließt die Elbe in die Nordsee?
   a) Hamburg
   b) Cuxhaven
   c) Heiligenhafen
   d) Bremerhaven

13. Wie heißt die Hauptzwischenstation auf dem Weg von New Orleans nach Japan?
    a) Kuba
    b) Antillen
    c) Hawaii
    d) Neuseeland

14. Welches Gebirge liegt (am Rhein) dem Taunus gegenüber?
    a) Harz
    b) Hunsrück
    c) Eifel
    d) Teutoburger Wald

15. Durch welchen Gebirgszug werden das europäische und das asiatische Russland getrennt?
    a) Karpaten
    b) Kaukasus
    c) Ural
    d) Pyrenäen

16. Das Kap der Guten Hoffnung ist die Südspitze von …
    a) Südafrika
    b) Südamerika
    c) Indien
    d) Südkorea

17. Persiens heutiger Staatsname lautet …
    a) Syrien
    b) Irak
    c) Iran
    d) Sudan

18. Istanbul wird durch folgende Meerenge geteilt:
    a) Kalmar-Sund
    b) Bosporus
    c) Dardanellen
    d) Seychellen

→

19. Die Hauptstadt des Libanon heißt …
    a) Amman
    b) Damaskus
    c) Beirut
    d) Ankara

20. Die Insel Korsika gehört politisch zu …
    a) Spanien
    b) Frankreich
    c) Italien
    d) Griechenland

21. Der Verbindungskanal zwischen dem Stillen Ozean und dem Karibischen Meer heißt …
    a) Canal de Grande
    b) Suezkanal
    c) Panamakanal
    d) keine Lösung richtig

22. Die Wolga mündet in das …
    a) Schwarze Meer
    b) Kaspische Meer
    c) Ägäische Meer
    d) Rote Meer

23. An welchem See liegt Lausanne?
    a) Gardasee
    b) Genfer See
    c) Vierwaldstätter See
    d) Bodensee

24. Das berühmte Zweistromland zwischen Euphrat und Tigris heißt …
    a) Mazedonien
    b) Mesopotamien
    c) Apulien
    d) Katalanien

25. Die Pyrenäen bilden Grund und Boden für …
   a) Monaco
   b) San Marino
   c) Andorra
   d) Liechtenstein

26. Wie heißt der Hauptausfuhrhafen für Baumwolle in den USA?
   a) Boston
   b) Baltimore
   c) New Orleans
   d) Chicago

27. Welches der folgenden Länder ist nach Kanada und USA das drittgrößte Amerikas?
   a) Mexiko
   b) Brasilien
   c) Argentinien
   d) Peru

28. Welcher Kontinent hat die meisten Bewohner?
   a) Europa
   b) Amerika
   c) Asien
   d) Afrika

29. Wie viele Bewohner hat Österreich?
   a) ca. 5 Millionen
   b) ca. 15 Millionen
   c) ca. 3 Millionen
   d) ca. 8 Millionen

## Chemie

1. Auf welchem Grundstoff baut die organische Chemie auf?
   a) Kohlenstoff
   b) Wasserstoff
   c) Stickstoff

→

2. Woraus wird Benzin gewonnen?
   a) Erdöl
   b) Gas
   c) Mineralien

3. Was ist Quecksilber?
   a) ein Edelmetall
   b) ein Element
   c) ein Metall

4. Haben Flüssigkeiten ein Volumen und ein spezifisches Gewicht?
   a) ja
   b) nein
   c) teils-teils

5. Was versteht man unter Oxidation?
   a) Verbindung eines Stoffes mit Stickstoff
   b) Verbindung eines Stoffes mit Sauerstoff
   c) Verbindung eines Stoffes mit Kohlenstoff

6. Was sind Moleküle?
   a) Gruppe von Atomen
   b) Gruppe von Elementen
   c) Gruppe von Kühlstoffen

7. Wann wird Lackmuspapier rot?
   a) in Kontakt mit Säuren
   b) in Kontakt mit Basen
   c) in Kontakt mit Sauerstoff

8. Wie viele Elemente kennt die Chemie?
   a) weniger als 100
   b) unzählige
   c) etwa 100

9. Was ist eine Emulsion?
   a) scharfes Reinigungsmittel
   b) feinverteilte Lösung eines Stoffes in einer Flüssigkeit
   c) eine hochexplosive Mixtur

**Lösungen siehe Seite 298**

## Sprachgefühl

*1. Teil*

Von fünf Wörtern sind vier in einer gewissen Weise einander ähnlich. Finden Sie das fünfte Wort heraus, das nicht in diese Reihe passt.

1. Beispiel:

a) Tisch
b) Sessel
c) Schrank
d) Bett
e) Taube

Lösung: e, denn a, b, c und d sind Möbelstücke.

2. Beispiel:

a) Butter
b) Milch
c) Gras
d) Käse
e) Joghurt

Lösung: c, denn die anderen Begriffe sind Lebensmittel.

Für die nächsten 18 Aufgaben haben Sie 5 Minuten Zeit.

***Übungsaufgaben***

1. a) Betrug
b) Unterschlagung
c) Schwindel
d) Fälschung
e) Trugschluss

2. a) Kochen
b) Schneidern
c) Brauen
d) Schmieden
e) Lernen

3. a) sofort
b) bald
c) demnächst
d) in Kürze
e) übermorgen

4. a) Patient
b) Klient
c) Mandant
d) Kunde
e) Freund

5. a) Mikroskop
b) Fenster
c) Glas
d) Fernglas
e) Sonnenbrille

6. a) identisch
b) kongruent
c) gleich
d) ähnlich
e) symmetrisch

→

7. a) gerettet
   b) gepflegt
   c) gebohnert
   d) geschmirgelt
   e) gewaschen

8. a) Ansprache
   b) Abstimmung
   c) Monolog
   d) Rede
   e) Diskussion

9. a) verängstigt
   b) verunsichert
   c) beunruhigt
   d) bedroht
   e) verstimmt

10. a) Entwicklungsprozess
    b) Steigerung
    c) Fortschritt
    d) Reifungsprozess
    e) Wachstum

11. a) beispielhaft
    b) ausgezeichnet
    c) hervortretend
    d) mustergültig
    e) vorbildlich

12. a) Herberge
    b) Hotel
    c) Pension
    d) Restaurant
    e) Gasthof

13. a) überreichen
    b) übergeben
    c) übereignen
    d) überlassen
    e) aushändigen

14. a) Flugzeug
    b) Lift
    c) Treppe
    d) Fallschirm
    e) Leiter

15. a) Eheverbindung
    b) Gemeinschaft
    c) Brücke
    d) Grenze
    e) Steg

16. a) windig
    b) regnerisch
    c) kalt
    d) bewölkt
    e) neblig

17. a) entscheiden
    b) quittieren
    c) planen
    d) beurteilen
    e) werten

18. a) gebohrt
    b) gehobelt
    c) geschliffen
    d) poliert
    e) gewalzt

Alternativ, so wurde uns berichtet, ist auch eine kleine Abwandlung des Tests denkbar, das heißt Sie bekommen fünf Wörter präsentiert und sollen zwei Wörter herausfinden, die einen gemeinsamen Oberbegriff haben.

*2. Teil*

Ihre Aufgabe ist es, aus vorgegebenen Lösungsvorschlägen das Wort auszuwählen, das ein fehlendes Element in einer Wortgleichung sinnvoll ergänzt. Anders ausgedrückt: Drei Worte sind vorgegeben, bei denen zwischen dem ersten und dem zweiten eine gewisse Beziehung besteht. Sie sollen nun das Wort herausfinden, welches ähnlich dem ersten Wortpaar mit dem zweiten Wort in einer Beziehung steht.

1. Beispiel:

Dach verhält sich zu Keller
wie Decke zu …?

a) Teppich
b) Leuchter
c) Wand
d) Boden
e) Tisch
f) Stuhl

Lösung: d

2. Beispiel:

Gerade / Viereck = Kurve / …

a) Fläche
b) Kugel
c) Quadrat
d) Kreis
e) Laufbahn
f) Kegel

Lösung: d

Für die folgenden 25 Aufgaben haben Sie 12 Minuten Zeit!

***Übungsaufgaben***

1. Auto / Räder =
Flugzeug / …
a) Motor
b) fliegen
c) Tragflächen
d) Pilot
e) Düsen
f) Kerosin

2. Muster / Entwurf =
Maschine / …
a) Antrieb
b) kaputt
c) Räder
d) Arbeit
e) Konstruktion
f) Kraft

3. manchmal / oft =
etwas / …
a) mehr
b) viel
c) immer
d) meistens
e) wenig
f) alles

4. Leder / Eisen =
zäh / …
a) flexibel
b) schwer
c) hart
d) haltbar
e) biegsam
f) fest

→

5. Telegramm / Brief =
Stichwort / …
a) Nachricht
b) Erzählung
c) Zeile
d) Information
e) Satz
f) Telefonat

6. Reportage / Dichtung =
Foto / …
a) Kunst
b) Zeichnung
c) Lyrik
d) Gedicht
e) Aquarell
f) Gemälde

7. gestehen / verhören =
diagnostizieren / …
a) heilen
b) Krankheit
c) untersuchen
d) Befund
e) Behandlung
f) vernehmen

8. Haus / Stein =
Pflanze / …
a) Zweig
b) Blatt
c) Samen
d) Baum
e) Zelle
f) Wurzel

9. werben / verkaufen =
Sport treiben / …
a) trainieren
b) jung bleiben
c) Ehrgeiz
d) gesund bleiben
e) turnen
f) siegen

10. Kanal / Fluss =
Park / …
a) Anlage
b) Bäume
c) Sträucher
d) Landschaft
e) Rasen
f) Garten

11. gehen / schlendern =
sprechen / …
a) lallen
b) plaudern
c) schwafeln
d) stottern
e) springen
f) weinen

12. Stoffwechsel / Natur =
Verbrennung / …
a) Maschine
b) Kraft
c) Motor
d) Antrieb
e) Kohle
f) Leben

13. Wind / Sturm =
rinnen / …
a) strömen
b) tröpfeln
c) einsickern
d) brausen
e) duschen
f) fließen

14. Ton / Melodie =
Farbe / …
a) Brillanz
b) Kunstobjekt
c) Gemälde
d) Farbkasten
e) Palette
f) Foto

15. Molekül / Atom =
Pfund / …
a) Menge
b) Last
c) Zentner
d) Gramm
e) Gewicht
f) viel

16. Gramm / Gewicht =
Stunde / …
a) Minuten
b) Zeit
c) Uhr
d) Tag
e) Jahr
f) Monat

17. Wasser / Erosion =
Alter / …
a) Jugend
b) Kindheit
c) Falten
d) Lebenszeit
e) Pubertät
f) Rente

18. chronisch / akut =
dauerhaft / …
a) ständig
b) öfter
c) zeitweilig
d) langwierig
e) schnell
f) langsam

19. Flut / Damm =
Regen / …
a) Tropfen
b) Schirm
c) Wasser
d) feucht
e) kühl
f) nass

20. liberal / radikal =
gemäßigt / …
a) gleichgültig
b) verständnisvoll
c) extrem
d) engagiert
e) plus
f) fix

Bei den nun folgenden Wortgleichungen fehlt das Anfangs- und das Endwort. Die Sätze sind aus den vorhandenen Lösungsmöglichkeiten so zu ergänzen, dass sie einen Sinn enthalten.

→

Beispiel:

... verhält sich zu Blindheit wie Ohr zu ...

| | |
|---|---|
| a) Auge | 1. hören |
| b) Sehfähigkeit | 2. Gehör |
| c) Brille | 3. Taubheit |
| d) Blindenhund | 4. Schwerhörigkeit |

Lösung: a) 3
(Auge verhält sich zu Blindheit wie Ohr zu Taubheit.)

21. ... verhält sich zu Länge wie Gramm zu ...

| | |
|---|---|
| a) Entfernung | 1. Waage |
| b) Geschwindigkeit | 2. Gewicht |
| c) Zentimeter | 3. abwiegen |
| d) Abstand | 4. Kilo |

22. ... verhält sich zu niemand wie alles zu ...

| | |
|---|---|
| a) manche | 1. mehr |
| b) jeder | 2. immer |
| c) viele | 3. nichts |
| d) einige | 4. nie |

23. ... verhält sich zu Kreis wie Würfel zu ...

| | |
|---|---|
| a) Kegel | 1. Quadrat |
| b) rund | 2. sechs |
| c) Kugel | 3. Rechteck |
| d) Kuppel | 4. Rhombus |

24. ... verhält sich zu Herz wie Takt zu ...

| | |
|---|---|
| a) Pumpe | 1. Dirigent |
| b) Pulsschlag | 2. Komposition |
| c) Gesundheit | 3. Musik |
| d) Leben | 4. Musiker |

25. ... verhält sich zu Krankheit wie Schweiß zu ...

| | |
|---|---|
| a) Arzt | 1. Erfolg |
| b) Tablette | 2. Anstrengung |
| c) Fieber | 3. Lob |
| d) Thermometer | 4. Chef |

**Lösungen siehe Seite 299**

## Mathetests

Bei der AUA findet natürlich auch ein ausführlicher Rechentest statt. Dieser unterscheidet sich aber nicht von dem der Lufthansa. Übungsaufgaben finden Sie ab Seite 73. Beachten Sie gegebenenfalls auch unseren kleinen Exkurs in mathematische Formeln und Gesetze (siehe Seite 85 ff.).

## Würfel-Rotationstest

Auch dieser Test wird analog dem Würfel-Rotationstest der Lufthansa durchgeführt. Bitte lesen Sie ab Seite 147, was Sie erwartet.

## Techniktest

Für diesen Test empfehlen wir Ihnen, sich die Seiten 90 bis 131 in diesem Buch näher anzusehen. Es erwarten Sie Bildaufgaben sowie ausformulierte Fragen. Achtung: Bei den Bildaufgaben können falsche Antworten unter Umständen Minuspunkte bringen! Also bitte Vorsicht beim Raten.

## Aufsatz: »Der ideale Pilot«

Bevor der erste Testtag zu Ende geht, wird man Sie noch bitten, einen kleinen Aufsatz über das Thema: »Der ideale Pilot« zu schreiben. Dieser Test ist doppelt verfänglich: Zum einen ist es nicht auszuschließen, dass man die Aussagen aus Ihrem Aufsatz mit denen in den Persönlichkeitstests vergleicht, zum anderen wird man Sie möglicherweise beim Abschlussinterview mit Ihren Aussagen konfrontieren (»... und wieso glauben Sie ein guter Pilot zu sein, wenn Sie doch geschrieben haben, dass ...?«). Machen Sie sich deshalb schon im Vorfeld Gedanken darüber, wie der ideale Pilot sein sollte. Wo sind die Unterschiede zu Ihrer Persönlichkeit? (Halt! Dies ist nicht das Thema des Aufsatzes! Das sollten Sie sich für später überlegen.) Überlegen Sie, wie verschiedene Personen über den idealen Piloten denken würden, z.B. ...

der Arbeitgeber:

- nimmt kein Geld
- braucht nie Urlaub
- fliegt perfekt und ohne Unfälle
- ...

Fluggäste:

- höflich
- gut gekleidet
- kümmert sich um alle Belange der Gäste
- ...

Kollegen:

- hat immer ein offenes Ohr
- hilft, wenn er gebraucht wird
- zeigt Verständnis
- ...

## Simulator-Test

Auch bei der AUA wird man schon vorab testen, wie begabt Sie für das Fliegen eines Flugzeugs sind. Beachten Sie als Beispiel dafür den Simulator-Test auf Seite 192 ff. in diesem Buch. Die Unterschiede liegen im Wesentlichen darin, dass Sie bei der AUA Höhe, Geschwindigkeit und Kurs halten müssen, dabei noch verschiedene Symbole vergleichen – und bei Übereinstimmung reagieren – sowie zusätzlich alle 15 Sekunden an der Steuersäule ein Knöpfchen drücken sollen. Als Übung hierfür empfehlen wir Ihnen dringend, sich einen Flugsimulator für den PC zu kaufen und sich mit dem »Fliegen« vertraut zu machen.

# Testberichte

Auf den folgenden Seiten haben wir für Sie Berichte und Inhalte aus dem Testalltag zusammengestellt. Weitere – aktuelle – Berichte finden Sie im Internet unter www.pilotentest.de.

## Erfahrungsbericht einer Berufsgrunduntersuchung (BU)

*Beginn des ersten Testtages um 12.30 Uhr*

1. **Logisches Rechnen**
   20 Dreisatz-Aufgaben sollten in 10 Minuten bearbeitet werden. Zeitvorgabe war ausreichend. Das Ergebnis musste auf einem vom Computer lesbaren Bogen markiert werden (maximal dreistellig).

   Beispiele:
   Wenn ein Tor 7,5 m nördlich von einem Baum steht und dieser Baum 15 m südlich von einem Haus, wie weit ist dann das Tor vom Haus entfernt?

   In zwei Kisten sind 86 Gläser Gurken verpackt. Wenn in einer Kiste 9 Gläser mehr als in der anderen verpackt sind, wie viele Gläser befinden sich dann in der kleineren?

2. **Englischtest**
   Redewendungen
   Synonyme
   Grammatik

   60 Aufgaben vermischt, jeweils vier Beantwortungsmöglichkeiten. Die Zeit war ausreichend, verbleibende Zeit wird eingeblendet.

3. **Akustische Merkfähigkeit**
   Übungsdurchgang mit drei Aufgaben, pro Aufgabe zwei Gruppen mit zwei Zeichen (Beispiel: a1–b2), vier Wiederholungen der Meldungen.

   Haupttest mit circa 20 Aufgaben, zunächst zehn Aufgaben, zweimal drei Zeichen (Beispiel: ab1–cd2), dann fünf Aufgaben, dreimal zwei Zeichen (Beispiel: a1–b2–c3), zuletzt fünf Aufgaben, dreimal drei Zeichen (Beispiel: ab1–cd2–ef3). Die Kombinationen wurden pro Aufgabe fünfmal wiederholt.

4. **Symboladdition**
   Dauer 10 Minuten, 45 Sekunden pro Zeile, Suchfeld bestand aus circa 30 Symbolen, die bei jeder neuen Zeile neuen Zahlen zugeordnet wurden. Symbole setzten sich aus * ( ) [ ] ' " zusammen und sehen sich in der Eile leider sehr ähnlich (Beispiel: *)" oder *]" ).

5. **Instabiles Trackling**
   Übungsphase:
   Hier waren stets sieben Buchstaben zu merken. Es konnten sämtliche Aufgabenvarianten wie im Programm geübt werden.

   Haupttest:
   Wieder waren stets sieben Buchstaben zu merken, allerdings wurden im ersten Abschnitt nur Ketten mit fünf Buchstaben abgefragt. War einer der zuvor auswendig gelernten Buchstaben dabei, musste die linke Maustaste für »Ja« gedrückt werden, anderenfalls die rechte Taste für »Nein«. Im zweiten Abschnitt wurden einzelne Buchstaben akustisch abgefragt, links und rechts unterschiedliche. Ein Signalton zeigte an, welchem Ohr man Beachtung schenken sollte. Pro Abschnitt gab es fünf Durchgänge.

   Hier sei noch darauf hingewiesen, dass während der akustischen Abfrage immer dann, wenn auf der signalisierten Kopfhörerseite ein richtiger Buchstabe genannt wird, auf der gegenüberliegenden Seite ein falscher zu hören ist, und umgekehrt.

   Wichtig ist, dass der Sidestick möglichst weit unten gehalten wird, da er ohnehin schon äußerst empfindlich ist. Entgegen mancher Behauptungen besitzt dieser eine automatische Zentrierung.

   Um das Auswendiglernen der sieben Buchstaben noch etwas unangenehmer zu gestalten, wird oftmals schon während der Lernphase ein Balken eingeblendet, der bis zum Beginn der Abfrage Unruhe ins Bild bringt. Erst durch einen Mausklick, mit dem man die Abfrage samt Trackling startet, beruhigt sich der Balken.

**6. Kurvenzählen**

Zwei Phasen à 2,5 Minuten, nach der ersten Phase wurde der Test kurz gestoppt, dann ging es weiter. Es sollten so viele Aufgaben wie möglich bearbeitet werden.

**7. Kopfrechnen**

20 Aufgaben, 15 bis 20 Sekunden Zeit pro Aufgabe. Beendet man eine Aufgabe vor Verstreichen der Zeit, gelangt man zur nächsten. Fünf Sekunden vor Ablauf der Zeit ertönt jeweils ein Signalton.

**8. Physik**

60 Aufgaben, jeweils vier Beantwortungsmöglichkeiten. 20 Minuten Zeit, verbleibende Zeit wird eingeblendet.

*Ende des ersten Testtages um 16.40 Uhr*

*Beginn des zweiten Testtages 8.00 Uhr*

**9. Kritische Instrumente**

Übungsphase: etwa 5 Aufgaben

Haupttest:
20 Aufgaben
Bei diesem Test war es besonders schwierig, die jeweiligen »kritischen« Instrumente abzulesen, da – entgegen allen erhältlichen Übungsaufgabendarstellungen – beim DLR pro Instrument maximal drei Ziffern zu sehen sind. Die Nullpunkte sind bei allen Instrumenten identisch, allerdings sind die sichtbaren Zahlen bei jedem einzelnen stets andere.

**10. Würfelrotation**

Drei Stufen, pro Stufe jeweils 3 Minuten Zeit:
1. Stufe: 5 Rotationen
2. Stufe: 7 Rotationen
3. Stufe: 9 Rotationen
Es sollen so viele Aufgaben wie möglich gelöst werden. Nach jeder Kippanweisung gelangt man mit Hilfe eines »Weiter«-Buttons zur nächsten Order.

**11. Technik**

21 Aufgaben, jeweils vier Beantwortungsmöglichkeiten. 25 Minuten Zeit, verbleibende Zeit wird eingeblendet.

**12. Mathematik**

Hier geht es um mathematisches Grundwissen. 27 Aufgaben sind in einer bestimmten Zeit zu lösen, die jedoch nicht angegeben wird. Lediglich nach der Hälfte der vergangenen Zeit bekommt man einen Hinweis vom Testleiter/von der Testleiterin. Geschätzte Dauer: 20 bis 25 Minuten, Zeit war aber auf jeden Fall ausreichend.

**13. Psychologie**

183 Fragen sollen möglichst spontan beantwortet werden, deswegen hat man für diesen Test auch nur 25 Minuten Zeit. Hält man sich an die oben genannte Anweisung, spontan zu antworten, so lässt sich dieser Test ohne zeitliche Probleme lösen. Braucht man länger, so erhält man Minuspunkte. Die verbleibende Zeit wird eingeblendet. Zwischendurch bekommt man vom Testleiter einen Hinweis: »Sie sollten jetzt mindestens bei Frage XYZ sein.«

**14. Multiple-Task-Coordination (MTC)**

Übungsphase:
½ bis 2 Minuten pro Aufgabe
Trackling solo
Zeigerinstrumente solo
akustische Aufgabe solo
Simultanaufgabe

Haupttest:
2 Minuten pro Aufgabe
Trackling solo
Zeigerinstrumente solo
akustische Aufgabe solo
2 x 4 Minuten Simultanaufgabe

Schwierig war allein, dass akustisch relevante Meldungen oftmals gleichzeitig mit einem kritischen Instrumentenzustand auftraten.

*Ende des zweiten und letzten Testtages um 11.45 Uhr*

## Erfahrungsbericht einer Firmenqualifikation (FQ)

*1. Tag*

### Allgemeines

Der erste FQ-Tag hat zum Ziel, dass man nervlich sehr belastet wird. Dies geschieht durch das auffällig unfreundliche Benehmen der Psychologen und die langen Wartezeiten (Testtag dauert von 8 bis 17 Uhr, davon sind jedoch nur etwa 2 Stunden Tests).

Die Psychologen vergeben über den gesamten Tag auf ihren Blöcken Schulnoten für bestimmte Charaktermerkmale (Handlungskompetenz, Empathie, soziale Kompetenz, Nervenstärke ...). Die Noten aller Psychologen werden dann am Ende des Tages gemittelt und führen zur Beurteilung.

Wie bei der BU sollte man mindestens durchschnittliche Leistungen erbringen, aber der Durchschnitt war bei diesen Tests nicht besonders gut ...

### Rollenspiel mit einer Psychologin

Situation 1: Als Kurssprecher muss ich einer Kursteilnehmerin klarmachen, dass der Kurs sie auf Grund ihrer schlechten Leistungen dazu auserkoren hat, ihre Ausbildung um sechs Monate zu verschieben. Natürlich war es von Seiten der Lufthansa notwendig, den Kurs zu verkleinern, und niemand hatte sich freiwillig gemeldet. Die Teilnehmerin war bei der Kursversammlung nicht anwesend und wurde somit in Abwesenheit gewählt.

Situation 2: Eine Freundin, die mir schon oft geholfen hat, fährt mein Auto zu Schrott und weigert sich für den Schaden aufzukommen, obwohl sie rechtlich gesehen dazu gezwungen wäre und ich selbst wegen der ATPL-Ausbildung kein Geld habe.

*Tödliche Fehler:*

- den eigenen Standpunkt nicht verlassen (»Du musst für den Schaden auf jeden Fall aufkommen!« oder »Finden Sie sich mit der Entscheidung ab!«)
- den eigenen Standpunkt aufgeben (»Ich werde den Schaden selbst bezahlen« oder »Wenn Sie nicht wollen, dann melde ich mich freiwillig für die Kursverschiebung«)

*Richtige Strategie:*

- zuerst den eigenen Standpunkt vertreten (»... Sie wurden ausgewählt, um den Kurs zu verlassen ...«)

- dann dem Diskussionspartner zuhören
- Verständnis signalisieren (»... ich kann Ihren Ärger verstehen ...«)
- beruhigen (»... wir werden schon eine Lösung finden, die Ihnen auch gefällt ...«)
- Vorschläge machen (»... Sie hätten nun sechs Monate Zeit, um versäumten Stoff zu wiederholen und Anschluss zu finden ...«)

*Ablauf:*
Das Gespräch ist immer so aufgebaut, dass es genau 10 Minuten dauert. Man kann sich noch so tolle Kompromisse ausdenken, die Psychologin wird immer zickig und unzufrieden sein. Erst nach 9 Minuten wird sie plötzlich ruhig und einigt sich auf einen Kompromiss – also vorher nicht verzweifeln!

Man sollte auch, wenn man den Diskussionsraum betritt, entschlossen Platz nehmen und die Diskussion durch einen Einleitungssatz unaufgefordert beginnen (»Hallo Frau Meier, Sie waren ja gestern nicht bei der Versammlung anwesend und wir haben ...«).

## Dyadic-Cooperation-Test

Dieser »Klassiker« hat ein paar Tücken: Er ist so aufgebaut, dass niemand den Testraum verlässt und ein gutes Gefühl bezüglich seiner eigenen Leistung hat, aber das ist beabsichtigt. Ich fand meine Leistung schauderhaft und habe hinterher erfahren, dass ich überdurchschnittlich gut war.

Bei den Solodurchgängen sollte man sich wirklich Mühe geben, viele Punkte zu bekommen – die Zeit reicht auch bei »innerer Verkrampfung« noch locker aus.

Bei den Teamdurchgängen ist es unbedingt notwendig, viel mit dem Partner zu kommunizieren. Wenn man nicht klarkommt oder die maximalen Gewichte vergessen hat, ist das nicht so schlimm. Hauptsache, man teilt dies ganz gelassen dem Partner mit und sammelt dadurch Pluspunkte für Kommunikation bei der Psychologin. Punkte macht man auf Grund der knappen Zeit ohnehin kaum.

## Gruppendiskussion

Verschiedene Filialen einer Flugschule suchen untereinander eine Rangliste ihrer besten Piloten. Jede Filiale, deren Vertreter die Bewerber darstellen, muss nun einerseits seinen Piloten möglichst weit nach »oben« argumentieren und gleichzeitig auch beachten, dass derjenige die gesamte Flugschule repräsentieren soll und auch möglichst der Beste sein sollte.

*Strategie:*

- sich nicht viel öfter zu Wort melden als die anderen
- durchaus die Initiative ergreifen und den Ablauf beschleunigen (»... können wir uns denn nun alle prinzipiell darauf verständigen, dass Pilot 1 höher als Pilot 3 einzustufen ist?«)
- den Sprechenden immer anschauen
- nachgeben, wenn andere bessere Argumente haben oder sich alle anderen einig sind
- auf die Argumente des Gesprächspartners eingehen

Es folgt noch ein anderer Gruppentest, der sehr viel komplexer zu beschreiben ist, aber ähnlich abläuft.

*2. Tag*

### Simulatorflug

Schon während der Übungsdurchgänge werden viele Notizen zu unserem Verhalten gemacht. Man sollte auf jeden Fall immer locker-lustig sein, da man von den Testleitern mit zum Teil provokativen »Sprüchen« getestet wird.

Nach dem Simulatorflug erfolgt eine Selbsteinschätzung anhand einer Notenskala von 1 bis 9. Wenn man Erfahrung mit dem Flugsimulator hat, so sollte man im Notenbereich 6 bis 7 landen (9 ist Bestnote). Alle Ergebnisse des Tests werden vom Testleiter in einer solchen Note zusammengefasst und an die Auswahlkommission weitergereicht.

Es ist beabsichtigt, dass man während des Fluges im abgeschlossenen Simulator anfängt zu schwitzen, da keine frische Luft zugeführt wird. Dadurch wird die Konzentrationsfähigkeit gesenkt und man neigt am Ende des Tests schneller zu groben Fehlern (z.B. Rechts- statt Linkskurve).

Es gibt zwei unterschiedlich geforderte Leistungstypen:

- Typ 1 ist noch nie in einem Simulator geflogen und beginnt folglich mit sehr schlechter Leistung – steigert sich aber im Verlauf des Tests!
- Typ 2 hat schon Erfahrung im Umgang mit dem Simulator und wird gegen Ende des Test nicht eklatant schlechter.

### Interview

Wer den Simulatortest besteht, kommt ins Interview. Anwesend sind ein Lufthansa-Kapitän, eine Diskussionsleiterin und zwei weitere Psychologen. Zuerst muss man dem Kapitän ein paar Fragen beantworten (wie ist es um das eigene technische Verständnis bestellt, warum will man Pilot werden, wie sieht der Arbeitsalltag aus ...). Hier ist es wichtig, bei der Beschreibung des Berufes glänzende Augen zu bekommen und Begeisterung auszustrahlen. Das ist viel wichtiger als Argumente, denn Lufthansa-Piloten lieben ihren Job.

Dann wird man von der Diskussionsleiterin auf einige Aspekte im Fragebogen angesprochen. Man sollte sich also schon vor der BU gut überlegen, wie viel Angriffsfläche man dort bieten möchte.

Ein Psychologe hatte bei mir die Aufgabe, mich zu provozieren und laut anzumeckern. Immer cool bleiben. Nach dem Interview entschuldigt er sich nämlich dafür und erklärt, dass es nur Show war.

Ob man schick gekleidet ist oder nicht, war denen egal. Die achten einzig und allein auf das so genannte Anforderungsprofil, das die Lufthansa vorgibt. Das heißt, man muss bestimmte Verhaltensmerkmale zeigen und darf dafür andere eben nicht aufweisen.

Mir hat man gesagt, dass meine Persönlichkeit schon zu stark ausgeprägt sei. Man sucht also eher Typen, die man charakterlich noch erziehen kann. Außerdem hat man etwas gegen sensible Menschen. Meine Gesprächspartner schauten mich ganz entgeistert an, als ich sagte, dass ich mit hilfsbedürftigen Menschen und Bettlern durchaus Mitleid habe. Vielleicht sucht man ja mittlerweile nur noch Flugandroiden.

Von den ursprünglich 50 BU-Teilnehmern kamen übrigens nur ein Kollege und ich ins Interview und das ging gar nicht gut aus ...

## Erfahrungsbericht eines Bewerbers bei der Luftwaffe

*Musterung*

Bevor man sich bei der Luftwaffe bewerben kann, erfolgt eine Musterung, wie sie jeder Wehrdienstleistende über sich ergehen lassen muss.

### Offiziersbewerberprüfzentrale (OPZ) in Köln

Dieser erste Test dauert insgesamt 4 Tage. Von 74 Teilnehmern aus dem hier beschriebenen Durchlauf haben 38 diese erste Hürde überwunden.

*Aufsatz*

Man bekommt zwei Begriffe, deren Unterschiede und Gemeinsamkeiten man innerhalb einer halben Stunde herausarbeiten soll.

*Mathetest*

Verschiedene Aufgabentypen wie Dreisatz, Prozentrechnung, Wurzeln etc. Niveau etwa 12.–13. Klasse. Aufgaben ähnlich denen im Buch »Der Pilotentest«. Zeitdauer insgesamt 2 Stunden.

*Logik und Konzentration*

Aufgaben wie im Buch, Dauer nur 10 Minuten.

*Intelligenztest*

Symbolreihen und Aufgaben wie im Buch. Insgesamt dauert dieser Test 2 Stunden. Zusätzlich erwarten den Teilnehmer noch vereinzelt Textaufgaben in Mathematik.

*Medizinische Untersuchung*

Bei dieser Untersuchung geht es um grobe körperliche Merkmale dafür, ob ein Kandidat flugtauglich ist oder nicht. Eine genauere Untersuchung erfolgt, wenn der Bewerber die weiteren Tests bestanden hat.

*Test bei den Psychologen*

Insgesamt gibt es fünf Kommissionen aus ein bis zwei Psychologen und einem hochrangigen Offizier. In circa 40 Minuten geht es um Allgemeinwissen, Politik, die Motivation, zur Bundeswehr zu gehen und Pilot zu werden, sowie Persönlichkeitsmerkmale. Dieser Test gilt als der schwerste der 4 Tage und hat die höchste Durchfallquote. Vor allem beim Thema Motivation sollte man sich auf Fangfragen einstellen (»Sie haben also Spaß am Töten?«).

Will man neben der Ausbildung zum Piloten noch ein Studium beginnen, so ist ein Besuch beim Studienberater Pflicht.

*Sporttests*

Unter anderem müssen die Bewerber 12 Minuten laufen, einen Pendellauf absolvieren, Sit-ups und Liegestütze machen (so viele wie man in 30 Sekunden schafft). Ohne eine entsprechende Kondition ist dieser Test nicht zu bestehen, es werden aber auch keine sportlichen Wunder erwartet.

*Assessment Center*

- Als Erstes erfolgt ein Gruppentest mit circa vier bis fünf Bewerbern: Es gilt 1.000 € unter den Gruppenmitgliedern zu verteilen. Wer hat die besten Argumente und bekommt das meiste Geld?
- Anschließend bekommt jeder Bewerber ein Referatsthema und eine halbe Stunde Zeit, sich darauf vorzubereiten. Ein Thema ist z.B., ob Schüler aus reichem Hause in der Schule bevorzugt werden?

*Abschlussgespräch*

Im Abschlussgespräch werden die Ergebnisse der einzelnen Tests veröffentlicht und man bekommt mitgeteilt, ob man zu den weiteren Tests nach Fürstenfeldbruck eingeladen wird.

## Einstellungsuntersuchung in Fürstenfeldbruck

Die Einstellungsuntersuchung in Fürstenfeldbruck dauert insgesamt 5 Tage. Von 5 Bewerbern bestehen durchschnittlich laut Bundeswehr 1,5 die Testreihen.

*Psychologischer Fragentest*

Die Testreihen beginnen mit einem Fragebogen ähnlich dem beim DLR. Auf die Antworten und Ergebnisse wird später beim Psychologen erneut gesondert eingegangen.

*Mehrfachbelastung – 1. Teil*

Insgesamt 4 x 10 Minuten dauert ein Test, der dem TOM-Test des DLR recht ähnlich ist. Die Mehrfachbelastungstests finden alle in einem Flugsimulator statt.

1. Aufgabe: Halten der Geschwindigkeit von 280 Knoten mit einem Gasregler.
2. Aufgabe: In einem Rechteck in der Mitte des Bildschirms befindet sich ein kleines, sich bewegendes Kreuz. Mit Hilfe eines Joysticks soll ein beweglicher Kreis das Kreuz »einfangen«.
3. Aufgabe: Am oberen Bildschirmrand befindet sich ein waagerechter, weißer Balken. Mit Hilfe der Fußpedale soll ein schwarzer Balken mit dem weißen zur Deckung gebracht werden.

*Mehrfachbelastung – 2. Teil*

Nun befinden sich im Sichtfeld des Simulators in einem Dreieck verteilt drei Zeigerinstrumente: Ein Zeitmesser, ein Höhenmesser und ein Kompass. Die Aufgabe besteht z.B. darin, in 120 Sekunden um 180° zu wenden und um 1.000 Fuß zu sinken. Ist ¼ der Zeit um, so muss auch exakt ein Viertel der Höhe und der Richtung geändert sein. Dieser Test dauert 4 x 8 Minuten.

*Merkfähigkeit*

Vor Beginn dieses Tests muss man sich die Aufgabenbeschreibung genau durchlesen. Die dafür verwendete Zeit wird angeblich auch bewertet.

Wieder sitzt man in dem Flugsimulator, der auch für die Mehrfachbelastungstests verwendet wird. Diesmal fliegt das Flugzeug ohne Einwirkung. Plötzlich stoppt es, und die Instrumente für die Höhe, die Richtung, die Geschwindigkeit und die Steigrate sind abgedeckt. Über Kopfhörer bekommt man z.B. die Information »Wind kommt 15° West«. Nun muss man in einer Tabelle nachlesen, wie der aktuelle Kurs ist, wenn der Wind aus besagter Richtung kommt. Als Nächstes erscheint ein Eingabebildschirm, auf dem man

a) die alte Höhe,
b) die Richtung,
c) die alte Geschwindigkeit,
d) die alte Steigrate und
e) die neue Richtung

eingeben muss. Ist man sich nicht sicher, so kann man die alten Instrumente erneut aufrufen und ablesen. Dies sollte allerdings nicht zu häufig geschehen, da es negativ bewertet wird. Ist man zudem einmal im Menü zurückgegangen, um etwas nachzulesen, so muss als Nächstes eine vollständige Eingabe aller Werte erfolgen.

*Konzentrationsleistungstest*

Dieser Test ist ähnlich dem beim DLR. Lediglich sind die Zeichen untereinander angeordnet und gelegentlich wird ein Geräusch abgespielt, um zu verwirren. Der Test dauert insgesamt 20 Minuten.

*Technisches Verständnis*

Auch dieser Test ist wie beim DLR aufgebaut und zu absolvieren. Die Testdauer ist insgesamt eine halbe Stunde.

*Psychologische Untersuchung*

1. Gruppentest:
   In Ihrer Gruppe zu meist fünf Personen bekommen Sie verschiedene Aufgaben, für die Sie einen optimalen Zeitplan entwerfen sollen.
   Beispielsituation:
   Sie sind Pilot und kommen gerade von der Arbeit nach Hause. Im Briefkasten finden Sie verschiedene Informationen:
   a) Ihr direkter Vorgesetzter hat Sie zu einem wichtigen Abendessen heute Abend eingeladen, um mit Ihnen über Ihre Beförderung zu sprechen.
   b) Ihre Tochter bringt seit Wochen schlechte Leistungen in der Schule und Ihre Frau (befindet sich alleine im Urlaub) bittet Sie, den Elternsprechtag heute Abend für sie wahrzunehmen.
   c) Es ist bereits 15.30 Uhr, um 16.00 Uhr schließen die Banken. Bis dahin müssen Sie eine Überweisung mit der Monatsmiete an Ihren Vermieter abgeben. Tun Sie dies erneut zu spät, droht Ihnen die Kündigung.
   d) Ihre Kinder haben Ihnen einen Zettel auf den Tisch gelegt, dass Ihr Hund dringend Gassi geführt werden muss. Die Kinder haben dafür keine Zeit, sind gerade zu Freunden spielen gefahren.
   e) ...

   Entscheiden Sie nun, welche Aufgaben Sie wann erledigen können.

   *Tipp der Autoren:*
   Verwenden Sie das Eisenhower-Prinzip: Was ist Kategorie a) und muss sofort selbst erledigt werden, was ist b) wichtig, muss selbst erledigt werden, kann aber noch einen Moment warten, und was ist Kategorie c) und kann länger warten oder delegiert werden.
   Beachten Sie auch unsere Hinweise zu Gruppentests auf Seite 204 ff.!

2. Gruppentest:
   Sie sollen in diesem Test einen Reiseprospekt erstellen. Dabei sind verschiedene Termine zu koordinieren usw. Pro Aufgabe werden Punkte verteilt. Je mehr, desto besser.

3. Einzelinterview:
   Nun sind Sie mit zwei Psychologen, einem Piloten und einem freien Mitarbeiter alleine im Raum. Man stellt Ihnen verschiedene Fragen, unter anderem über Ihre Motivation zu fliegen und was Sie bereits darüber wissen:

- Was sind die Unterschiede zwischen der Jagd- und Jagdbomberfliegerei?
- Wie sieht eine typische Pilotenlaufbahn aus?
- Fragen zu Ihren Angaben im psychologischen Fragebogen

*Abschlussgespräch*

Im Abschlussgespräch werden die Ergebnisse der einzelnen Tests bekanntgegeben und man bekommt mitgeteilt, ob man zu den weiteren medizinischen Tests zugelassen wird.

*Medizinische Untersuchung*

Für Ihre medizinische Untersuchung sind insgesamt 2 ½ Tage angesetzt. Pro Person kostet die Untersuchung etwa 1.750 €, die von der Bundeswehr vollständig übernommen werden. Unter anderem

- geht man zum Internisten,
- absolviert man mehrfach ein Belastungs-EKG,
- verbringt man 5 Stunden (!) beim Augenarzt,
- werden die inneren Organe vermessen,
- bekommt man beim Neurologen ein EEG (Ihre Hirnströme werden gemessen),
- wird 3- bis 4-mal am Tag Blut zu Untersuchungszwecken abgenommen.

Insgesamt durchlaufen Sie bei diesen Untersuchungen 25 Stationen, abschließend findet ein Gespräch mit einem Arzt statt.

*Abschlussgespräch*

Im Abschlussgespräch mit dem Arzt werden die Ergebnisse der einzelnen Tests mitgeteilt. Hat man alle Tests bestanden, so bekommt man eine Mappe (Umfang etwa 60 Seiten) mit nach Hause, deren Inhalt – insbesondere verschiedene Flugmanöver – man lernen soll. Danach folgen phasenweise Unterrichtsabschnitte und neue Mappen, deren Inhalte es zu lernen gilt. Die allerletzte Untersuchung findet in einer Zentrifuge statt, bei der man mindestens 4 g aushalten sollte. Hat man auch diesen Test bestanden, so bekommt man mitgeteilt, wann man in Bayreuth zur Ausbildung antreten darf.

## Erfahrungsbericht eines Bewerbers bei der AUA

Bei der ersten Selektionsstufe der AUA waren wir 15 Personen, die an einem Tag von 9 bis 16 Uhr getestet wurden. Als Erstes mussten wir Kurven zählen. Das war kein Problem, da ich mich ausreichend vorbereitet hatte. Als Nächstes folgte dann gleich ein Konzentrationshammer: Wie beim Konzentrationsbelastungstest (Anm. der Autoren: siehe auch Seite 44 ff.) mussten wir endlose Zahlensymbolreihen addieren. Die vorgegebene Aufgabenzahl hat keiner von uns geschafft. Ich glaube nicht, dass man sie überhaupt schaffen kann.

Nun kam der Haupttest. Anders als ich es erwartet hatte, folgten nun ganz verschiedene Testaufgaben bunt gemixt. Sonst ist es ja so, dass man einen Psychotest macht, danach Allgemeinwissen usw. Hier bekamen wir zwar auch verschiedene Aufgabentypen vorgesetzt, diese waren aber immer nur ganz kurz, sodass man sagen kann, dass der Test völlig durcheinander gewürfelt war. Es kamen Fragen aus den Bereichen Geographie und Mathematik, Psychologiefragen sowie Intelligenz- bzw. Logikaufgaben vor (»Welches Wort passt hier nicht rein: Stuhl, Schrank, Tisch, Heu?« Oder auch: »Gras/Wiese = Baum/...«). Die Matheaufgaben waren meistens Textaufgaben, Niveau etwa 10. Klasse. Danach folgten der Würfel-Rotationstest, »Figuren wieder erkennen« und ein Techniktest, der wohl das Hauptkriterium der ersten Selektionsstufe darstellt. Dieser war so, wie ich ihn erwartet hatte: Hauptsächlich Bildaufgaben, für die man im Multiple-Choice-Verfahren eine zutreffende Antwort finden musste. Dann war Mittag und wir hatten eine Stunde Pause.

Nach dem Mittagessen kamen die ganzen Merkfähigkeitstests dran. Die waren schwierig und sollten vorher gründlich geübt werden! Ganz zum Schluss mussten wir noch einen Aufsatz schreiben: »Der ideale Pilot«.

Hatte man das hinter sich, so war der erste Tag geschafft und wer Glück hatte, durfte eine Woche später zum Simulator-Test anreisen. Ich war zwar durch eine Erkältung ein wenig angeschlagen, hatte aber etwas am Simulator geübt und eigentlich während des Tests das Gefühl, einigermaßen unterwegs zu sein, zumindest so wie es von einem Kandidaten ohne Vorerfahrung kaum besser zu erwarten sein kann. Wie es scheint, war das aber doch nicht gut genug. Man muss bis zu 9 Anzeigen überwachen, alle 15 Sekunden ein Knöpfchen am Steuerknüppel drücken, wenn die kurz eingespielten Symbole rechts und links übereinstimmen, und das ganze Ding nach Höhen-, Geschwindigkeits- und Kursvorgaben steuern. Ich glaube, da braucht man auch etwas Glück, dass einem das Computerprogramm nicht zu stark variierende Vorgaben gibt. Ohne Übung an einem guten Simulator hat man keine Chance.

Ich bin zwar enttäuscht, dass ich's nicht bis ans Ziel geschafft habe, aber ich werd's wohl noch mal bei der Lufthansa versuchen und mich dafür noch intensiver vorbereiten ...

# Bearbeitungshilfen und weiterführende Informationen

## Hilfe für die Englischtests

Mit folgender Literatur wurden gute Erfahrungen
zum Selbststudium gemacht:

»English Grammar in Use«
Cambridge University Press
(in Deutschland über den Ernst Klett Verlag vertrieben)
ISBN 3-12-533683-X

## Wichtige Adressen

Gehören Sie zu den erlesenen 10 Prozent aller DLR-Testteilnehmer, die den zurzeit härtesten Einstellungstest Deutschlands bereits bestanden haben, so möchten wir Ihnen an dieser Stelle ganz herzlich gratulieren. Für alle, die es noch vor sich haben, hier ein paar Adressen, bei denen Sie sich informieren und bewerben können:

*Ausbildung zum Verkehrsflugzeugführer*

Lufthansa Flight Training GmbH
Verkehrsfliegerschule/Pilot School
BRE OT/M
Postfach 28 61 36
28361 Bremen
Tel.: +49 18 03/54 74 56 8 oder 18 03 LHPILOT
Fax: +49 4 21/55 92 - 8 63

Austrian Airlines
Personaldienste Cockpitpersonal
1300 – Wien Schwechat
Österreich
Tel.: +4 31 70 07 / 6 35 11
E-Mail: pilot.recruitment@aua.com

*Weitere Informationen zur Verkehrsflugzeugführerausbildung*

Vereinigung Cockpit
Frankfurter Str. 233
63263 Neu-Isenburg
Tel.: +49 61 02 / 3 70 - 0 oder
+49 700 Vcockpit
Fax: +49 61 02 / 3 70 - 2 98

*Ausbildung zum Fluglotsen*

DFS Deutsche Flugsicherung GmbH
Flugsicherungsakademie
Paul-Ehrlich-Str. 39
63225 Langen
Tel.: +49 61 03/7 07 - 1 50
- 1 51
- 1 52

*Internet-Adressen einiger Fluggesellschaften*

Für eine Bewerbung bei einer Fluggesellschaft empfiehlt es sich, diese auch einmal im Internet zu besuchen und sich über das Firmenprofil zu informieren. Deshalb hier einige Links:

| | |
|---|---|
| AeroLloyd | www.aerolloyd.de |
| Air France | www.airfrance.fr |
| Austrian Airlines | www.aua.com |

| | |
|---|---|
| British Airways | www.british-airways.com |
| Deutsche Flugsicherung | www.dfs.de |
| Eurowings | www.eurowings.de |
| Laudaair | www.laudaair.com |
| LTU | www.ltu.de |
| Lufthansa | www.lft-online.com |

## Testtraining-Ergebnisbogen

Mit Hilfe dieses Ergebnisbogens können Sie Ihre Trainingsleistungen kontrollieren und auswerten. Die im Buch gestellten Aufgaben sollten zu mindestens 83 Prozent richtig gelöst werden, um beim Deutschen Zentrum für Luft- und Raumfahrt sicher zu bestehen.

In der Spalte »Sollwert« können Sie eintragen, wie viele Aufgaben Sie lösen müssen, um auf 83 Prozent zu kommen.

| Test | Sollwert ↓ | 1. Tag | 2. Tag | 3. Tag | 4. Tag | 5. Tag |
|---|---|---|---|---|---|---|
| | Datum → | | | | | |
| | | | | | | |
| | | | | | | |
| | | | | | | |
| | | | | | | |
| | | | | | | |
| | | | | | | |
| | | | | | | |
| | | | | | | |
| | | | | | | |
| | | | | | | |
| | | | | | | |
| | | | | | | |
| | | | | | | |

Tragen Sie dann die gelösten Aufgaben in den Auswertungsbogen ein und vergleichen Sie das Ergebnis mit dem Sollwert. Durch dauerhafte Eintragungen und regelmäßiges Üben lässt sich so ein Lernerfolg leicht ablesen.

| 6. Tag | 7. Tag | 8. Tag | 9. Tag | 10. Tag | 11. Tag | 12. Tag | 13. Tag | 14. Tag |
|---|---|---|---|---|---|---|---|---|
| | | | | | | | | |
| | | | | | | | | |
| | | | | | | | | |
| | | | | | | | | |
| | | | | | | | | |
| | | | | | | | | |
| | | | | | | | | |
| | | | | | | | | |
| | | | | | | | | |
| | | | | | | | | |
| | | | | | | | | |
| | | | | | | | | |
| | | | | | | | | |
| | | | | | | | | |

# Lösungsverzeichnis

## Auswertung des Tests »66 Persönlichkeitsentscheidungen«

(Seite 18 ff.)

Dazu die folgende Aufstellung (Angabe der Persönlichkeitsmerkmale sowie der Punktzahlen für die a/b/c-Ankreuzungen):

| Item | Persönlichkeits-merkmal | Punkte a | b | c |
|---|---|---|---|---|
| 1 | Kontakt | 2 | 1 | 0 |
| 2 | Leistung | 0 | 1 | 2 |
| 3 | Kontakt | 2 | 1 | 0 |
| 4 | Leistung | 2 | 1 | 0 |
| 5 | Durchsetzung | 2 | 1 | 0 |
| 6 | Vertrauen | 2 | 1 | 0 |
| 7 | Veränderung | 2 | 1 | 0 |
| 8 | Veränderung | 2 | 1 | 0 |
| 9 | Vertrauen | 2 | 1 | 0 |
| 10 | Durchsetzung | 0 | 1 | 2 |
| 11 | Leistung | 2 | 1 | 0 |
| 12 | Kontakt | 2 | 1 | 0 |
| 13 | Ausgeglichenheit | 2 | 1 | 0 |
| 14 | Kontakt | 2 | 1 | 0 |
| 15 | Leistung | 0 | 1 | 2 |
| 16 | Durchsetzung | 0 | 1 | 2 |
| 17 | Vertrauen | 2 | 1 | 0 |
| 18 | Veränderung | 2 | 1 | 0 |
| 19 | Vertrauen | 0 | 1 | 2 |
| 20 | Vertrauen | 2 | 1 | 0 |
| 21 | Durchsetzung | 0 | 1 | 2 |
| 22 | Durchsetzung | 2 | 1 | 0 |
| 23 | Leistung | 0 | 1 | 2 |
| 24 | Ausgeglichenheit | 2 | 1 | 0 |
| 25 | Ausgeglichenheit | 0 | 1 | 2 |
| 26 | Vertrauen | 2 | 1 | 0 |
| 27 | Veränderung | 2 | 1 | 0 |
| 28 | Vertrauen | 2 | 1 | 0 |
| 29 | Veränderung | 2 | 1 | 0 |
| 30 | Durchsetzung | 0 | 1 | 2 |
| 31 | Vertrauen | 0 | 1 | 2 |
| 32 | Leistung | 2 | 1 | 0 |
| 33 | Kontakt | 0 | 1 | 2 |
| 34 | Kontakt | 0 | 1 | 2 |
| 35 | Ausgeglichenheit | 2 | 1 | 0 |
| 36 | Ausgeglichenheit | 0 | 1 | 2 |
| 37 | Ausgeglichenheit | 0 | 1 | 2 |
| 38 | Kontakt | 0 | 1 | 2 |
| 39 | Kontakt | 2 | 1 | 0 |
| 40 | Leistung | 2 | 1 | 0 |
| 41 | Kontakt | 2 | 1 | 0 |
| 42 | Durchsetzung | 0 | 1 | 2 |
| 43 | Vertrauen | 2 | 1 | 0 |
| 44 | Leistung | 0 | 1 | 2 |
| 45 | Durchsetzung | 2 | 1 | 0 |
| 46 | Veränderung | 2 | 1 | 0 |
| 47 | Vertrauen | 2 | 1 | 0 |
| 48 | Durchsetzung | 2 | 1 | 0 |
| 49 | Veränderung | 2 | 1 | 0 |
| 50 | Veränderung | 2 | 1 | 0 |
| 51 | Leistung | 0 | 1 | 2 |
| 52 | Veränderung | 2 | 1 | 0 |
| 53 | Ausgeglichenheit | 2 | 1 | 0 |
| 54 | Kontakt | 2 | 1 | 0 |
| 55 | Ausgeglichenheit | 0 | 1 | 2 |
| 56 | Veränderung | 0 | 1 | 2 |
| 57 | Durchsetzung | 0 | 1 | 2 |
| 58 | Ausgeglichenheit | 2 | 1 | 0 |
| 59 | Leistung | 0 | 1 | 2 |
| 60 | Ausgeglichenheit | 2 | 1 | 0 |
| 61 | Ausgeglichenheit | 0 | 1 | 2 |
| 62 | Kontakt | 2 | 1 | 0 |
| 63 | Leistung | 2 | 1 | 0 |
| 64 | Durchsetzung | 2 | 1 | 0 |
| 65 | Vertrauen | 2 | 1 | 0 |
| 66 | Veränderung | 0 | 1 | 2 |

Addieren Sie bitte die Punktwerte für Ihre Ankreuzungen pro Persönlichkeitsmerkmal:

**A Kontakt**

| Item | |
|---|---|
| 1 | 0 |
| 3 | 0 |
| 12 | 0 |
| 14 | 0 |
| 33 | 0 |
| 34 | 0 |
| 38 | 2 |
| 39 | 0 |
| 41 | 2 |
| 54 | 0 |
| Summe: | 4 |

**B Leistung**

| Item | |
|---|---|
| 2 | 0 |
| 4 | 2 |
| 11 | 1 |
| 15 | 0 |
| 23 | 0 |
| 32 | 0 |
| 40 | 2 |
| 44 | 1 |
| 51 | 0 |
| 59 | 0 |
| Summe: | 6 |

**C Durchsetzung**

| Item | |
|---|---|
| 5 | 2 |
| 10 | 0 |
| 16 | 1 |
| 21 | 1 |
| 22 | 2 |
| 30 | 1 |
| 42 | 2 |
| 45 | 1 |
| 48 | 2 |
| 57 | 2 |
| Summe: | 14 |

**D Vertrauen**

| Item | |
|---|---|
| 6 | 0 |
| 9 | 0 |
| 17 | 0 |
| 19 | 0 |
| 20 | 1 |
| 26 | 0 |
| 28 | 0 |
| 31 | 0 |
| 43 | 0 |
| 47 | 0 |
| Summe: | 1 |

**E Ausgeglichenheit**

| Item | |
|---|---|
| 13 | 0 |
| 24 | 0 |
| 25 | 0 |
| 35 | 0 |
| 36 | 0 |
| 37 | 0 |
| 53 | 0 |
| 55 | 0 |
| 58 | 0 |
| 60 | 0 |
| Summe: | 0 |

**F Veränderung**

| Item | |
|---|---|
| 7 | 0 |
| 8 | 2 |
| 18 | 1 |
| 27 | 0 |
| 29 | 0 |
| 46 | 1 |
| 49 | 0 |
| 50 | 2 |
| 52 | 1 |
| 56 | 1 |
| Summe: | 8 |

Tragen Sie jetzt bitte Ihre Punktwerte hier ein:

| | |
|---|---|
| A Kontaktfähigkeit | 4 |
| B Leistungsbereitschaft | 6 |
| C Durchsetzungsvermögen | 14 |
| D Vertrauensbereitschaft | 1 |
| E Ausgeglichenheit | 0 |
| F Veränderungsbereitschaft | 8 |

Sie müssen pro Persönlichkeitsmerkmal jeweils einen Punktwert zwischen 0 und 20 erreicht haben. Tragen Sie jetzt bitte Ihre Punktwerte für die Themenbereiche A–F auf der nachstehenden Tabelle ein und verbinden Sie die Punkte durch eine Linie:

Profil

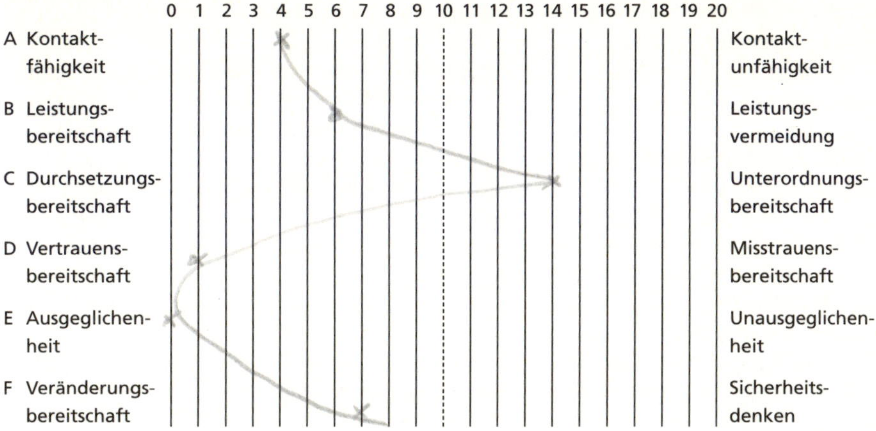


Wie sieht Ihre »Persönlichkeits-Linie« aus? Ein Blitz mit extremen Zacken (nahe an 0 oder 20), eine Diagonale wie im Firmenzeichen der Deutschen Bank, eine Senkrechte in der Mitte (10) oder mehr rechts bzw. links davon?

Die Form Ihrer Linie – man kann auch von einem (Persönlichkeits-)Profil sprechen – hat eine Bedeutung. Wie bzw. was hier aus dem Verlauf der Linie herausgelesen wird, wollen wir Ihnen jetzt demonstrieren:

Es wäre denkbar, dass Sie z.B. beim Persönlichkeitsmerkmal A »Kontakt« 20 Punkte haben, was zum Ausdruck bringen würde: Sie sind – vorsichtig formuliert – ein sehr kontaktscheuer, ein kontaktvermeidender Mensch.

Das andere Extrem wäre ein Punktwert von 0, der für eine extrem hohe Kontaktbereitschaft spräche. Beide Extremwerte sind sicherlich selten. Sie sollen aber verdeutlichen, dass der Persönlichkeitsbereich »Kontaktfähigkeit« aus zwei gegenüberliegenden Positionen auf einer Achse bzw. Skala besteht (vereinfacht: vergleichbar der Ost-West-Achse auf einem Kompass). Es geht um die extremen Pole »heiß« und »kalt« und alles, was an Abstufungen dazwischen denkbar ist.

Wie kommt der Punktwert auf der Skala »Kontaktfähigkeit« zustande? Für eine Ankreuzung, die für Kontaktfähigkeit spricht, haben Sie 0 Punkte erhalten, für eine Antwort in Richtung Kontaktvermeidung 2 Punkte, für eine mittlere Position (»teils-teils«) 1 Punkt. 10 Items zum Thema »Kontakt« ergeben den von Ihnen oben addierten Gesamtpunktwert.

Diese Vorgehens-, Aufbau- und Auswertungsweise trifft für alle aus gegensätzlichen Positionen aufgebauten Persönlichkeitsmerkmale zu:

A Kontakt: Kontaktfähigkeit – Kontaktunfähigkeit
B Leistung: Leistungsbereitschaft – Leistungsvermeidung/-unwilligkeit
C Durchsetzung: Durchsetzungsvermögen – Unterordnungsbereitschaft
D Vertrauen: Vertrauensbereitschaft – Misstrauensbereitschaft
E Ausgeglichenheit: Ausgeglichenheit – Unausgeglichenheit
F Veränderung: Veränderungsbereitschaft – Sicherheitsdenken

Sie merken schon, dass die auf den ersten Blick relativ wertfreien Themen- bzw. Persönlichkeitsmerkmale zunehmend mehr Inhalt bekommen und ein Charakterbild ermöglichen, wenn auch im Sinne einer etwas groben »Schwarz-Weiß-Malerei«.

Klingt der Themenbereich A »Kontakt« noch recht harmlos, gilt das für die beiden Pole »kontaktfähig« gegenüber »kontaktunfähig« nicht mehr. »Kontaktfähig« bedeutet im Extrem (Punktwert: 0 oder 1) eine hochgradige, übertriebene Kontaktsucht oder -gier, »Kontaktunfähigkeit« (20 oder 19 Punkte) eine Kontaktstörung, für die die Charakterisierung »kontaktscheu« noch eine Untertreibung darstellen würde.

Die mittleren Werte 7–13 (in der genauen Mitte 10 bzw. 9 und 11) zeigen eine unauffällige neutrale Position auf der Skala zwischen »heiß« und »kalt« (kontaktbesessen – kontaktgestört). Hätten Sie bei den Entscheidungsfragen zum Themenbereich »Kontakt« immer die ausgewogene Mitte (b = teils-teils etc.) angekreuzt, wäre die Punktzahl 10 das Ergebnis.

Die Punktwerte 12 und 13 geben ebenso wie 8 und 7 eine Tendenz an – im Sinne einer Ausprägung in Richtung weniger oder stärker kontaktorientiert.

6 und 5, auf der anderen Seite 14 und 15 zeigen deutlicher, in welche Richtung Ihre Persönlichkeit in Sachen Kontaktverhalten »ausschlägt«.

4 und 3 als Punktwerte einerseits bzw. 16 und 17 andererseits sind in diesem Persönlichkeitstest sehr deutliche Hinweise auf die Art Ihres Kontaktverhaltens (bis hin zum extremen Rand: 2 bzw. 18).

Schauen wir uns jetzt einmal inhaltlich an, wie sich ein extrem kontaktbetonter Mensch in diesem Test beschreibt: Er arbeitet bevorzugt als Manager im Hotel, Lehrer oder Kellner (Items 1, 34, 38), grundsätzlich jedenfalls eher mit Menschen als mit Zahlen (3) und kennt somit keine Einsamkeitsgefühle (12); er unterhält sich lieber mit anderen als zu lesen (14, 33); klar, dass dieser Mensch und Testankreuzer sich mehr für die Personalabteilung als für den Maschinenpark interessiert (39) und viel lieber telefoniert als Briefe schreibt (41).

Wer sich als dermaßen kontaktorientiert beschreibt, sammelt 0 Punkte und riskiert damit (auch bei 1 Punkt) die eben erwähnte Charakterisierung als »hochgradig kontaktsüchtig«.

Nun das andere Extrem: Der kontaktvermeidende Mensch arbeitet bevorzugt als Förster, Koch oder Chemiker (34, 38, 1), in jedem Fall lieber mit Zahlen als mit Menschen (3); in einem Unternehmen möchte er eher für den Maschinenpark als für das Personal verantwortlich sein (39); es macht ihm keinen Spaß, mit Leuten zu reden (33), er ist lieber mit einem guten Buch (14) allein für sich (60), kennt Einsamkeitsgefühle (12), und in schwierigen Situationen schreibt er lieber, als zu telefonieren (41).

Klar – wer alle diese Items so ankreuzt (20 Punkte), stellt sich als völlig kontaktuninteressiert, im Psycho-Klartext gesprochen: als extrem kontaktgestört dar (gilt auch für das Ergebnis 19 Punkte).

**Überblick**

Das Persönlichkeitsmerkmal A »Kontakt« bedeutet
Kontaktfähigkeit – Kontaktunfähigkeit
in den extremen Punktwerten:
Kontaktbesessenheit gegenüber schwerer Kontaktstörung

Das Persönlichkeitsmerkmal B »Leistung« bedeutet
Leistungsbereitschaft – Leistungsvermeidung
in den extremen Punktwerten:
absolute Leistungsorientierung gegenüber Leistungsverweigerung

| | |
|---|---|
| • übermotiviert sein | • Drückebergerei |
| • mehr wollen als können | • Faulheit |

Das Persönlichkeitsmerkmal C »Durchsetzung« bedeutet
Durchsetzungsvermögen – Unterordnungsbereitschaft
in den extremen Punktwerten:
starkes Dominanzstreben gegenüber ausgeprägter Gefügigkeit

| | |
|---|---|
| • Selbstbehauptung, Selbstbewusstsein | • Anpassungsbereitschaft |
| • Egoismus, Unnachgiebigkeit | • Unterwürfigkeit, Kriecherei |

Das Persönlichkeitsmerkmal D »Vertrauen« bedeutet
Vertrauensbereitschaft – Misstrauensbereitschaft
in den extremen Punktwerten:
Vertrauensseligkeit gegenüber misstrauischem Argwohn

| | |
|---|---|
| • Vertrauensduselei | • kritische Skepsis |
| • dümmliche Naivität | • Nörgelsucht |

Das Persönlichkeitsmerkmal E »Ausgeglichenheit« bedeutet
Ausgeglichenheit – Unausgeglichenheit
in den extremen Punktwerten:
extreme Dickfelligkeit gegenüber psychischer Gestörtheit

| | |
|---|---|
| • kühle Robustheit | • extreme Stimmungsschwankungen |
| • seelische Unberührbarkeit | • »hysterische« Charakterzüge |

Das Persönlichkeitsmerkmal F »Veränderung« bedeutet
Veränderungsbereitschaft – Sicherheitsdenken
in den extremen Punktwerten:
hohe Risikobereitschaft gegenüber starrem Konservatismus

| | |
|---|---|
| • Radikalismus | • keine Flexibilität |
| • revolutionäre Tendenzen | • absolute Starrheit |

Hier eine Kurzinterpretation im Überblick:

### *A Kontakt*

0 – 1 Punkt:
Was ist mit Ihnen los? Sie stürzen sich ja auf alles, was sich bewegt, so kontaktbesessen sind Sie. Stimmt das wirklich? Können Sie nicht mal fünf Minuten für sich alleine sein?

2 – 4 Punkte:
Sie sind sehr, sehr kontaktfreudig. Das macht Sie vielen Leuten sympathisch, manche reagieren aber auch mit deutlicher Zurückhaltung darauf. Bei denen kommen Sie trotz aller Bemühungen nicht besonders gut an.

5 – 7 Punkte:
Sie sind ein wirklich aufgeschlossener und überzeugend kontaktfreudiger, sympathischer Mensch. Das spürt man, und so kommt man Ihnen gerne näher.

8 – 9 Punkte:
Sie sind kontaktfreudig, aber in Grenzen.

10 Punkte:
Bei Ihnen herrscht eine ausgewogene Balance. Sie mögen die Kontaktaufnahme mit anderen, wenn Ihnen der Sinn danach steht. Aber Sie sind auch gerne für sich.

11 – 12 Punkte:
Sie sind im Kontakt mit Ihren Mitmenschen ein wenig zurückhaltend. Warum auch nicht?

13 – 15 Punkte:
Sie sind eher abwartend, was das Anknüpfen von Kontakten betrifft. Vielleicht sind Sie nur einfach wählerisch und suchen sich Ihre Mitmenschen besonders gut aus. Oder haben Sie gewisse Hemmungen, auf andere zuzugehen?

16 – 18 Punkte:
Sie sind deutlich kontaktscheu. Dadurch wirken Sie eher kühl bzw. reserviert. Woher kommt Ihre Angst vor Menschen?

19 – 20 Punkte:
Was ist mit Ihnen los? Sind Sie eine im eigenen Haus gefangene Schnecke? Lehnen Sie wirklich alle Kontakte so rigoros ab und möchten Sie nur für sich bleiben?

### *B Leistung*

0 – 1 Punkt:
Sie sind ohne Rast und Ruhe, wie ein Löwe auf der Jagd, und wollen stets Größtes leisten. Gelingt Ihnen das wirklich oder übernehmen Sie sich damit nicht ein wenig? Zählt bei Ihnen wirklich nur Leistung?

2–4 Punkte:
Sie sind ausgesprochen stark leistungsorientiert. Ruhepausen sind nichts für Sie und Ihre Schaffenskraft. Ziele, die Sie sich vornehmen, verwirklichen Sie in der Regel – koste es, was es wolle.

5–7 Punkte:
Sie leisten etwas und fühlen sich dabei wohl. Leistung macht Ihnen einfach Spaß. Sie scheuen keine Aufgabe.

8–9 Punkte:
Leistung ist für Sie kein Fremdwort. Man kann sich diesbezüglich auf Sie verlassen.

10 Punkte:
Sie zeigen eine ausgewogene Leistungsbalance. »Nicht zu viel und nicht zu wenig« könnte Ihr Motto sein.

11–12 Punkte:
Bevor Sie darauf losarbeiten, überlegen Sie zunächst, wie Sie sich die anstehende Aufgabe erleichtern könnten.

13–15 Punkte:
Sie stehen Leistungsanforderungen kritisch gegenüber. Bevor Sie sich anstrengen, wollen Sie erst mal wissen, wofür und ob sich die Mühe denn wirklich auch lohnt.

16–18 Punkte:
Die Arbeit wurde für Sie nicht unbedingt erfunden. Wenn es nicht sein muss, kommen Sie bestens ohne aus. Leistungsvermeidung ist das Stichwort.

19–20 Punkte:
Sie stellen sich als ausgesprochen faul dar. Stimmt das denn so, sind Sie wirklich ein Leistungsverweigerer und rechter Tunichtgut? Gibt es wirklich rein gar nichts, was Sie anspornen kann?

### *C Durchsetzung*

0–1 Punkt:
So manch einer hält Sie für einen unnachgiebigen Egoisten, der sich absolut um jeden Preis durchsetzen muss. Sehen Sie sich auch so machtbesessen?

2–4 Punkte:
Sie scheinen ausgesprochen willensstark zu sein. Deshalb bestimmen Sie gerne und fast immer, wo es langgeht. Sie sind ein »Leader«-Typ.

5–7 Punkte:
Sie wissen, was Sie wollen und wie Sie es bekommen. Sie lassen sich die Butter nicht vom Brot nehmen.

8–9 Punkte:
Wenn Sie etwas Wichtiges für sich wollen, schaffen Sie es meistens auch. Sie wissen recht gut, wie Sie Ihre Vorhaben durchsetzen können.

10 Punkte:
Sie können sich einfügen oder führen – je nach Situation. Dabei haben Sie ein ausgewogenes Verhältnis zu Befehl und Gehorsam.

11–12 Punkte:
Sie sind gerne bereit sich anzupassen, wenn es Sinn macht. Damit haben Sie keine Probleme und machen keine.

13–15 Punkte:
Anpassungs- und Einordnungsbereitschaft gehört zu Ihren starken Seiten. Dabei kommt Ihr Durchsetzungsvermögen logischerweise zu kurz. Schade.

16–18 Punkte:
Sie sind wirklich extrem anpassungswillig, häufig auf Kosten Ihrer eigenen Person. Ist Ihnen das bewusst?

19–20 Punkte:
Diese unterwürfige Anpassungsbereitschaft kann bis zur (A...-)Kriecherei gehen. Haben Sie sich verrechnet?

### *D Vertrauen*

0–1 Punkt:
Sie sind das ideale Opfer für jeden Trickbetrüger und fallen wegen Ihrer hochgradigen Vertrauensseligkeit wirklich auf alles rein.

2–4 Punkte:
Ein unerschütterliches Vertrauenspotenzial zeichnet Sie aus, und mit Ihrem Glauben an das Gute können Sie Berge versetzen.

5–7 Punkte:
Ihr Vertrauen hilft Ihnen und anderen. Das gibt und macht Mut.

8–9 Punkte:
In der Beziehung zu anderen Menschen sind Sie von einer positiven, vertrauensbereiten Grundstimmung getragen.

10 Punkte:
Vertrauen und Misstrauen halten sich bei Ihnen die Waage.

11–12 Punkte:
Kein blindes Vertrauen, sondern eine gesunde Portion Skepsis beschreibt Ihre Grundhaltung.

13–15 Punkte:
Eine deutlich kritische Skepsis zeichnet Sie aus. Sicherlich haben Sie Ihre Erfahrungen gemacht.

16–18 Punkte:
»Vertrauen ist gut, Kontrolle ist besser« lautet Ihre Devise. Diese Art von ständigem Misstrauen steigert nicht gerade Ihre Beliebtheit bei anderen.

19–20 Punkte:
Sind Sie wirklich ein so misstrauischer, argwöhnischer und nörgelnder Typ? Kaum zu glauben!

### *E Ausgeglichenheit*

0–1 Punkt:
Sie sind wirklich »cool wie die Tagesschau«, nichts berührt Sie. Oder ist das alles nur »Mache«?

2–4 Punkte:
Sie haben ein dickes Fell und lassen sich überhaupt nicht aufregen. So kommt es, dass Sie mit einer ausgeprägten seelischen Robustheit durchs Leben gehen.

5–7 Punkte:
Gelassenheit ist eine Ihrer wichtigsten Charaktereigenschaften. Sie behalten die Nerven, wenn andere ihre verlieren.

8–9 Punkte:
Eine gewisse innere Ruhe nennen Sie Ihr eigen. Es gibt viele Menschen, die Sie deshalb bewundern.

10 Punkte:
Zwischen Aufregung und Ruhe halten Sie die Balance.

11–12 Punkte:
Sie können mitfühlen, ohne den Boden unter den Füßen zu verlieren.

13–15 Punkte:
Sie geraten schon mal aus dem Gleichgewicht – auch bei kleineren Anlässen.

16–18 Punkte:
Sie wissen, was Stimmungsschwankungen bedeuten – Ihre Umwelt auch. Wünschen Sie sich nicht manchmal etwas mehr seelische Stabilität?

19–20 Punkte:
Wie ein Grashalm im Wind schwanken Sie von Krise zu Krise. Sind Sie wirklich ein solches Sensibelchen?

### *F Veränderung*

0–1 Punkt:
Sie geben sich wirklich total revolutionär. Sind Sie wirklich so radikal oder möchten Sie nur so erscheinen?

2–4 Punkte:
Sie nehmen jedes Risiko auf sich und zeigen einen extremen Mut zur Veränderung. Alles Bestehende wird kritisch hinterfragt.

5–7 Punkte:
Neuem stehen Sie stets aufgeschlossen und interessiert gegenüber.

8–9 Punkte:
Auf Veränderungen reagieren Sie mit Gelassenheit. Sie kommen schon klar.

10 Punkte:
Zwischen Verändern und Bewahren halten Sie die Balance.

11–12 Punkte:
Sie sind kein großer Freund von Veränderungen. Warum auch nicht?

13–15 Punkte:
Sie lieben das Bestehende und beklagen den Wandel. Aber immerhin kommen Sie mit der Realität noch klar.

16–18 Punkte:
Sie sind erzkonservativ. Haben Sie schon einmal an eine politische Karriere gedacht? Zu großes Risiko? Klar.

19–20 Punkte:
Sie wollen nun wirklich alles beim Alten belassen und klammern sich an bestehende Verhältnisse, die möglicherweise längst passé sind. Stimmt das?

## Lügenfallen

Bisher haben Sie sich mit den 60 Items beschäftigt, die als Auswertungsgrundlage dem Ziel dienten, Licht in Ihre Persönlichkeitsmerkmale »Kontakt«, »Leistung« usw. zu bringen.

Vielleicht ist Ihnen aufgefallen, dass die letzten Items des Fragebogens (61–66) bisher noch nicht in die Auswertung einbezogen wurden. Dies wollen wir jetzt nachholen. Dabei handelt es sich um so genannte »Lügenfragen«. Damit bezeichnen die Persönlichkeitstester Items, die der Überprüfung Ihrer Glaubwürdigkeit dienen. Fangen wir an:

Da gibt es das Item 35 (aus der Persönlichkeitsdimension »Ausgeglichenheit«):

Bei mir läuft manches schief.

| | |
|---|---|
| a) oft | (2 Punkte) |
| b) manchmal | (1 Punkt) |
| c) selten | (0 Punkte) |

Für welche Ankreuzung hatten Sie sich entschieden?
Bitte vergleichen Sie jetzt dazu Ihre Ankreuzung bei Item 61:

Mir geht im Leben manches daneben.

| | |
|---|---|
| a) selten | (0 Punkte) |
| b) manchmal | (1 Punkt) |
| c) oft | (2 Punkte) |

Im Wesentlichen sind beide Aussagen gleich und Sie sollten deshalb bei den Ankreuzungen keine große Abweichung in der Punktzahl haben. Das bedeutet: Wer in Item 35 2 Punkte hat, sollte auch in Item 61 2 Punkte (wenigstens aber 1 Punkt) haben. Eine etwaige Differenz notieren Sie sich bitte auf einem gesonderten Blatt.

Bitte vergleichen Sie nun Ihre Ankreuzungen bei den folgenden 5 Item-Paaren und ermitteln Sie die etwaige Differenz in den Punktwerten:

*Vergleichen Sie Item 12 (»Kontakt«)* → *mit Item 62:*

Ich fühle mich öfters einsam.

| | |
|---|---|
| a) stimmt | (2 Punkte) |
| b) teils-teils | (1 Punkt) |
| c) stimmt nicht | (0 Punkte) |

Oftmals leide ich unter einem Gefühl des Alleinseins.

| | |
|---|---|
| a) stimmt | (2 Punkte) |
| b) teils-teils | (1 Punkt) |
| c) stimmt nicht | (0 Punkte) |

*Vergleichen Sie Item 4 (»Leistung«)* → *mit Item 63:*

Karriere ist nicht alles im Leben.

| | |
|---|---|
| a) stimmt | (2 Punkte) |
| b) teils-teils | (1 Punkt) |
| c) stimmt nicht | (0 Punkte) |

Der berufliche Aufstieg ist nicht das Wichtigste im Leben.

| | |
|---|---|
| a) stimmt | (2 Punkte) |
| b) teils-teils | (1 Punkt) |
| c) stimmt nicht | (0 Punkte) |

*Vergleichen Sie Item 5 (»Durchsetzung«)* → *mit Item 64:*

Ich vermeide es, mich mit Leuten herumzustreiten.

| | |
|---|---|
| a) ja | (2 Punkte) |
| b) manchmal | (1 Punkt) |
| c) nein | (0 Punkte) |

Ich streite nicht gern mit anderen Menschen.

| | |
|---|---|
| a) stimmt | (2 Punkte) |
| b) teils-teils | (1 Punkt) |
| c) stimmt nicht | (0 Punkte) |

| | | |
|---|---|---|
| *Vergleichen Sie Item 26 (»Vertrauen«)* | → | *mit Item 65:* |
| Es passiert mir häufiger, dass ich die Arbeit anderer kritisiere. | | Öfter kann ich an den Leistungen anderer kein gutes Haar lassen. |
| a) stimmt (2 Punkte) | | a) stimmt (2 Punkte) |
| b) teils-teils (1 Punkt) | | b) teils-teils (1 Punkt) |
| c) stimmt nicht (0 Punkte) | | c) stimmt nicht (0 Punkte) |

| | | |
|---|---|---|
| *Vergleichen Sie Item 7 (»Veränderung«)* | → | *mit Item 66:* |
| In unserer Wirtschaftsordnung sollte im Prinzip alles so bleiben, wie es ist. | | Am System der sozialen Marktwirtschaft gibt es viel zu reformieren. |
| a) stimmt (2 Punkte) | | a) stimmt (0 Punkte) |
| b) teils-teils (1 Punkt) | | b) teils-teils (1 Punkt) |
| c) stimmt nicht (0 Punkte) | | c) stimmt nicht (2 Punkte) |

Sie haben jetzt bei den sechs Item-Paaren eine maximale Differenz von 12 Punkten ausrechnen können bzw. – wenn Sie immer gleich geantwortet haben – 0 Punkte. Tragen Sie Ihren Punktwert auf der nachstehenden Skala (der sog. »Lügenskala«) ein:

| Übereinstimmung | 0 | 1 | 2 | 3 | 4 | 5 | 6 | 7 | 8 | 9 | 10 | 11 | 12 | Abweichung |
|---|---|---|---|---|---|---|---|---|---|---|---|---|---|---|
| | __ | __ | __ | __ | __ | __ | __ | __ | __ | __ | __ | __ | __ | |

Sollte Ihr Abweichungswert bis zu 4 betragen, würde man Ihnen in der Testinterpretation noch eine relativ hohe »Wahrheitstendenz in Ihrem Antwortverhalten« bescheinigen.

Bei mehr als 6 Punkten ist die »Ehrlichkeit« beim Bearbeiten des Tests in Frage zu stellen, sodass eine Interpretation eigentlich fragwürdig ist.

## Schriftlicher Englischtest

(Seite 29 ff.)

*1. Teil*

| | | | | | | | | | |
|---|---|---|---|---|---|---|---|---|---|
| **1.** b | **2.** b | **3.** c | **4.** a | **5.** c | **6.** c | **7.** c | **8.** b | **9.** a | **10.** a |
| **11.** a | **12.** c | **13.** c | **14.** b | **15.** b | **16.** a | **17.** a | **18.** c | **19.** b | **20.** a |
| **21.** a | **22.** b | **23.** b | **24.** c | **25.** a | **26.** c | **27.** c | **28.** a | **29.** b | **30.** b |
| **31.** c | **32.** a | **33.** a | **34.** c | **35.** a | **36.** b | **37.** b | **38.** b | **39.** a | **40.** c |
| **41.** c | **42.** a | **43.** b | **44.** a | **45.** b | **46.** c | **47.** a | **48.** b | **49.** c | **50.** a |
| **51.** a | **52.** c | **53.** c | **54.** c | **55.** a | **56.** b | **57.** b | **58.** c | **59.** c | **60.** a |
| **61.** b | **62.** b | **63.** b | **64.** c | **65.** c | **66.** b | **67.** c | **68.** a | **69.** a | **70.** b |
| **71.** a | **72.** c | **73.** b | **74.** a | **75.** a | **76.** c | **77.** a | **78.** b | **79.** c | **80.** c |
| **81.** b | **82.** a | **83.** a | **84.** c | **85.** b | **86.** a | **87.** c | **88.** a | **89.** c | **90.** b |
| **91.** b | **92.** a | **93.** a | **94.** c | **95.** b | **96.** b | **97.** a | **98.** c | **99.** b | **100.** b |
| **101.** a | **102.** c | **103.** a | **104.** c | **105.** a | | | | | |

*2. Teil*

| | | | | | | | | | |
|---|---|---|---|---|---|---|---|---|---|
| **1.** b | **2.** a | **3.** c | **4.** b | **5.** b | **6.** b | **7.** c | **8.** b | **9.** a | **10.** d |
| **11.** c | **12.** ab | **13.** b | **14.** b | **15.** abd | **16.** c | **17.** c | **18.** b | **19.** a | **20.** a |
| **21.** d | **22.** c | **23.** c | **24.** c | **25.** b | | | | | |

## Akustischer Englischtest

(Seite 35 ff.)

*1. Teil*

| Auf englisch genannte Zahlen | Zahlenwert |
|---|---|
| twenty-three | 23 |
| one thousand | 1.000 |
| twenty-nine | 29 |
| seventy-eight | 78 |
| one hundred and fourty-four | 144 |
| two thousand one hundred and eight | 2.108 |
| nine hundred and ninety-nine | 999 |
| sixty-five | 65 |
| two million four hundred | 2.000.400 |
| twenty thousand nine hundred and nine | 20.909 |
| ten | 10 |
| seventy-one | 71 |
| two hundred and fourty-three | 243 |
| thirteen | 13 |

| Auf englisch genannte Zahlen | Zahlenwert |
|---|---|
| twenty | 20 |
| eighty-six | 86 |
| three hundred and twenty-one | 321 |
| four hundred and fourty-two | 442 |
| five hundred and nine | 509 |
| twelve | 12 |

*2. Teil*

| Auf englisch genannte Wörter | Deutsche Übersetzung |
|---|---|
| car | Auto |
| feet | Füße |
| clearance | Freigabe |
| altitude | Flughöhe |
| arrival | Ankunft |
| descent | sinken |
| emergency | Notfall |
| runway | Start-/Landebahn |
| alarm | Alarm |
| jittery | rappelig |
| counterpoise | Gegengewicht |
| icebound | eingefroren |
| rehearse | proben |
| early | früh |
| spread | ausbreiten |
| zero | Null |
| permit | erlauben |
| interest | Interesse |
| bullet | Kugel |
| lover | Geliebter |
| stairs | Treppe |
| hawk | Falke |
| encouragement | Ermutigung |
| locker | Schließfach |
| weird | fremd |
| untidy | unsauber |
| message | Nachricht |
| graceful | hübsch |
| relief | Erleichterung |

| Auf englisch genannte Wörter | Deutsche Übersetzung |
|---|---|
| naughty | ungezogen |
| epicure | Feinschmecker |
| eiderdown | Daunendecke |
| plump | prall |
| rule | Regel |
| fate | Schicksal |
| fortune | Glück |
| slight | schwach |
| victim | Opfer |
| score | Punktestand |
| event | Ereignis |
| among | zwischen |
| subject | Subjekt |
| framework | Grundgerüst |
| pin | Nadel |
| ill | krank |
| smooth | weich |
| task | Aufgabe |
| yard | Hof |
| barn | Scheune |
| flag | Flagge |
| chat | plaudern |
| deaf | taub |
| evidence | Beweis |
| deny | verweigern |
| recently | kürzlich |
| acquire | erwerben |
| pretend | vortäuschen |
| overcrowded | überfüllt |

| Auf englisch genannte Wörter | Deutsche Übersetzung | Auf englisch genannte Wörter | Deutsche Übersetzung |
|---|---|---|---|
| savage | primitiv | survive | überleben |
| citizen | Bürger | regret | bedauern |
| astonish | erstaunen | reinforce | verstärken |
| examine | untersuchen | gap | Lücke |
| abroad | Ausland | schedule | Zeitplan |
| delay | Verspätung | successor | Nachfolger |
| several | mehrere | seldom | selten |
| plentiful | reichlich | obey | gehorchen |
| excited | aufregend | nevertheless | trotzdem |
| enraged | wütend | stamp | Briefmarke |
| immediately | sofort | pure | rein |
| eventually | schließlich | adjust | anpassen |
| indeed | tatsächlich | delight | vergnügen |
| courage | Mut | peanut | Erdnuss |
| influence | Einfluss | invite | einladen |

*3. Teil*

| | | | | | | | | | |
|---|---|---|---|---|---|---|---|---|---|
| **1.** b | **2.** b | **3.** c | **4.** a | **5.** c | **6.** c | **7.** c | **8.** c | **9.** a | **10.** a |
| **11.** a | **12.** c | **13.** c | **14.** b | **15.** b | **16.** a | **17.** a | **18.** c | **19.** b | **20.** a |
| **21.** a | **22.** b | **23.** b | **24.** c | **25.** a | **26.** c | **27.** c | **28.** a | **29.** b | **30.** b |
| **31.** c | **32.** a | **33.** a | **34.** c | **35.** a | **36.** b | **37.** b | **38.** b | **39.** a | **40.** c |
| **41.** c | **42.** a | **43.** b | **44.** a | **45.** b | **46.** c | **47.** a | **48.** b | **49.** c | **50.** a |
| **51.** a | **52.** c | **53.** c | **54.** c | **55.** a | **56.** b | **57.** b | **58.** c | **59.** c | **60.** a |
| **61.** b | **62.** b | **63.** b | **64.** c | **65.** c | **66.** b | **67.** c | **68.** a | **69.** a | **70.** b |
| **71.** a | **72.** c | **73.** b | **74.** a | **75.** a | **76.** c | **77.** a | **78.** b | **79.** c | **80.** c |
| **81.** b | **82.** a | **83.** a | **84.** c | **85.** b | **86.** a | **87.** c | **88.** a | **89.** c | **90.** b |
| **91.** b | **92.** a | **93.** a | **94.** c | **95.** b | **96.** b | **97.** a | **98.** c | **99.** b | **100.** b |
| **101.** a | **102.** c | **103.** a | **104.** c | **105.** a | | | | | |

## a,b,q-Test

(Seite 38 ff.)

| | | | | | | | | | |
|---|---|---|---|---|---|---|---|---|---|
| **1.** 9 | **2.** 13 | **3.** 10 | **4.** 8 | **5.** 7 | **6.** 5 | **7.** 6 | **8.** 11 | **9.** 14 | **10.** 5 |
| **11.** 15 | **12.** 9 | **13.** 5 | **14.** 10 | **15.** 10 | **16.** 11 | **17.** 9 | **18.** 9 | **19.** 12 | **20.** 6 |
| **21.** 1 | **22.** 4 | **23.** 3 | **24.** 4 | **25.** 3 | **26.** 3 | **27.** 4 | **28.** 4 | **29.** 2 | **30.** 5 |
| **31.** 1 | **32.** 2 | **33.** 4 | **34.** 2 | **35.** 1 | **36.** 4 | **37.** 6 | **38.** 2 | **39.** 6 | **40.** 6 |
| **41.** 1 | **42.** 5 | | | | | | | | |

## Würfel-Rechenleistungstest

(Seite 40 ff.)

*1. Block*

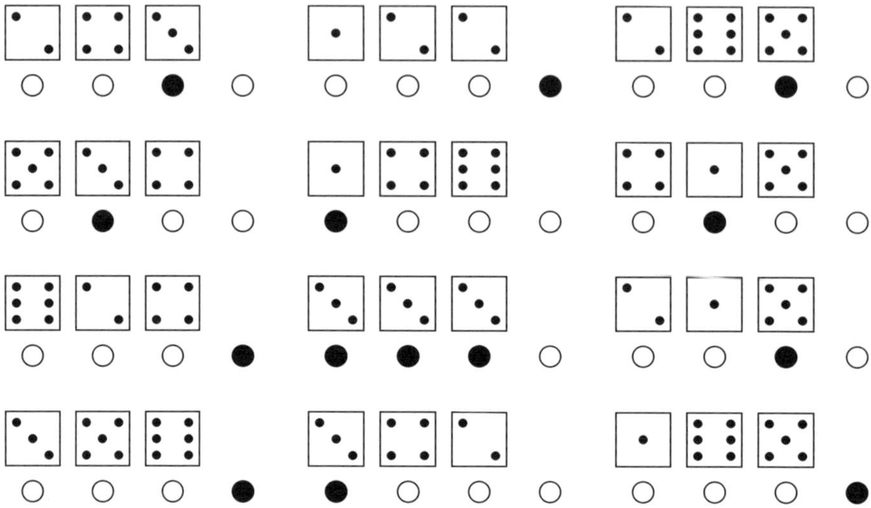

*2. Block*

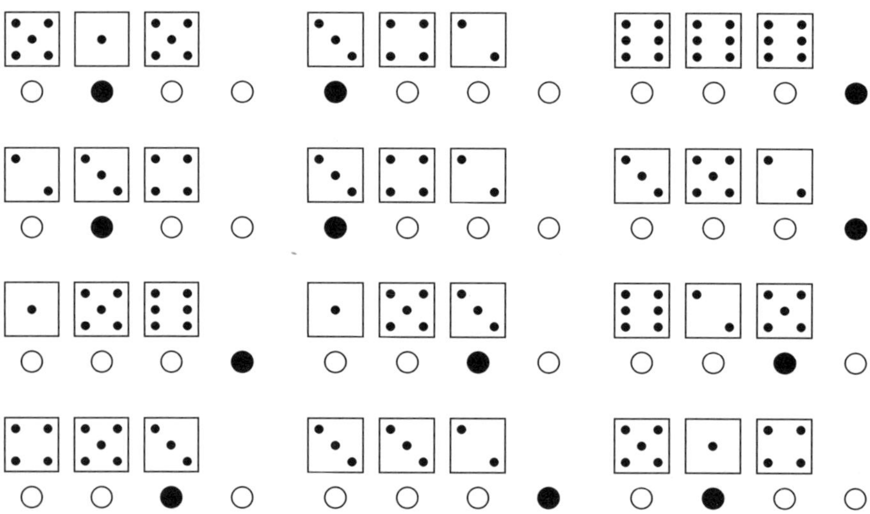

*3. Block*

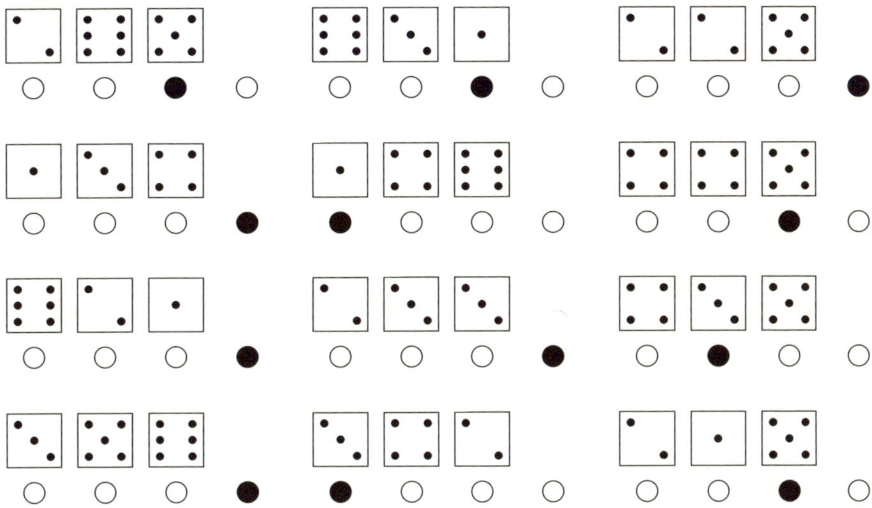

*4. Block*

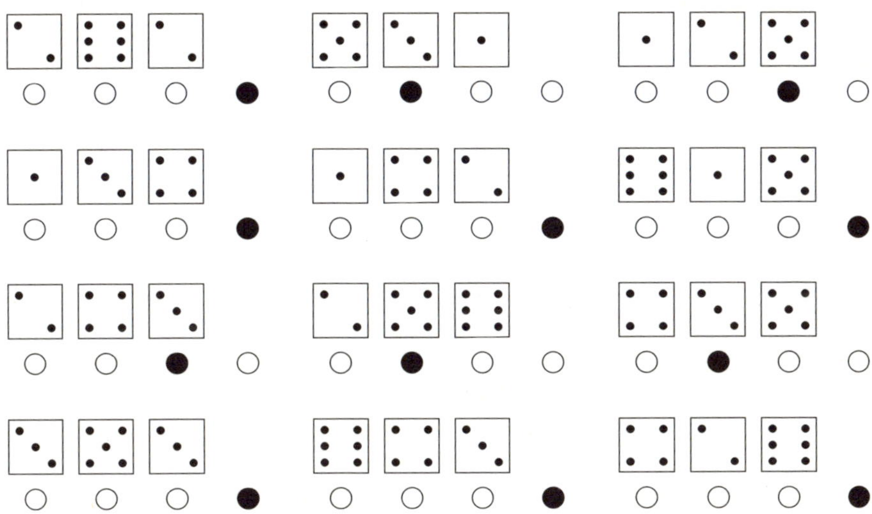

## Konzentrationsbelastungstest
(Seite 44 ff.)

*1. Block*

**Suchfeld**

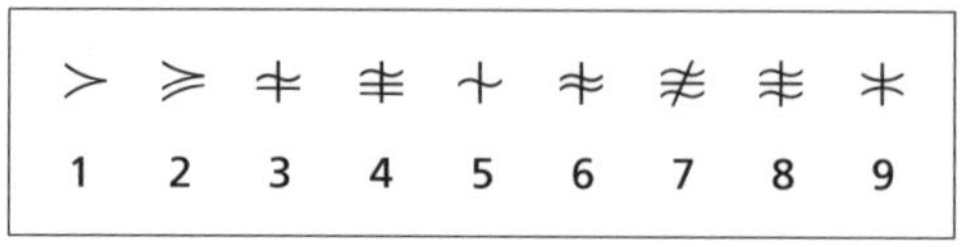


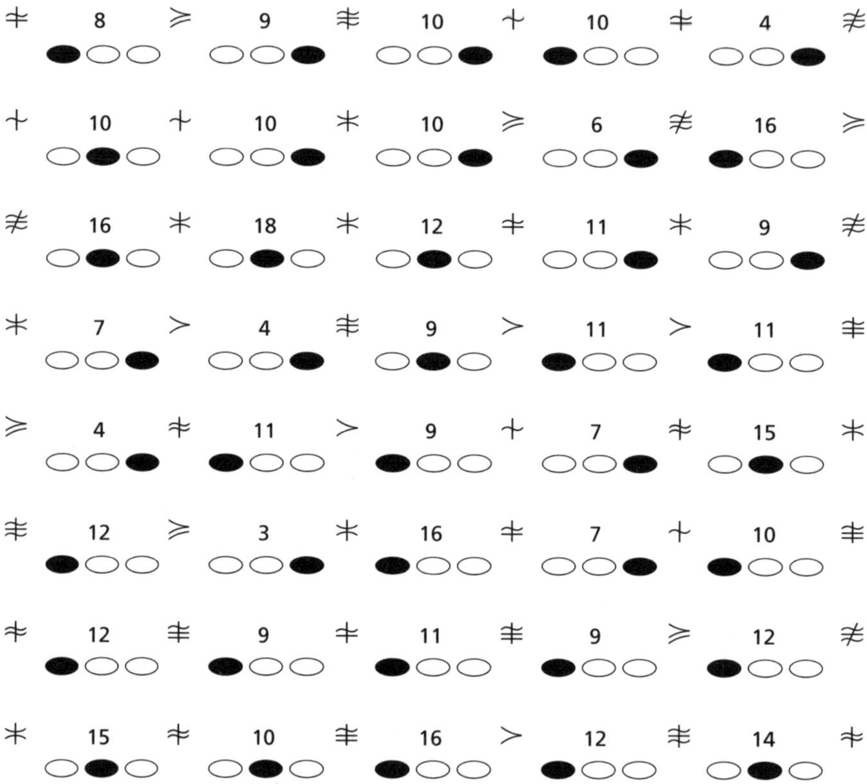

*2. Block*

**Suchfeld**

| | | | | | | | | | | | | | | | |
|---|---|---|---|---|---|---|---|---|---|---|---|---|---|---|---|
| Φ | ƒ | * | ¥ | Â | Á | À | š | + | ø | ® | © | @ | ~ | † | ✝ |
| 5 | 8 | 6 | 4 | 1 | 9 | 2 | 7 | 3 | 4 | 6 | 1 | 5 | 2 | 8 | 2 |

| | | | | | | | | | | |
|---|---|---|---|---|---|---|---|---|---|---|
| Φ | 14<br>○●○ | Á | 14<br>○●○ | Φ | 10<br>○○● | Á | 10<br>○○● | ® | 8<br>●○○ | © |
| ~ | 10<br>●○○ | + | 7<br>○●○ | ø | 9<br>●○○ | ~ | 8<br>○●○ | * | 18<br>●○○ | † |
| ¥ | 13<br>●○○ | ø | 6<br>○○● | † | 9<br>○○● | Φ | 14<br>○●○ | Á | 10<br>○●○ | Â |
| Á | 7<br>○○● | Â | 4<br>●○○ | Â | 15<br>●○○ | * | 11<br>●○○ | ø | 5<br>○○● | ~ |
| š | 4<br>○○● | ® | 15<br>●○○ | ƒ | 9<br>○○● | Φ | 7<br>○●○ | ~ | 3<br>○○● | À |
| © | 12<br>●○○ | À | 3<br>○○● | @ | 16<br>●○○ | À | 9<br>○●○ | š | 14<br>○●○ | š |
| * | 12<br>○○● | ƒ | 9<br>○○● | ¥ | 11<br>○●○ | š | 10<br>○○● | ® | 9<br>●○○ | Â |
| @ | 8<br>○●○ | + | 13<br>●○○ | Á | 9<br>○○● | ~ | 12<br>●○○ | + | 7<br>○○● | ® |

*3. Block*

**Suchfeld**

| | | | | | | | | | | | | | |
|---|---|---|---|---|---|---|---|---|---|---|---|---|---|
| ú | û | ü | ý | þ | ÿ | è | é | ê | ë | ì | í | î | ï |
| 6 | 7 | 3 | 1 | 9 | 5 | 3 | 2 | 4 | 2 | 8 | 3 | 1 | 4 |

| | | | | | | | | | | |
|---|---|---|---|---|---|---|---|---|---|---|
| ú | 15 | þ | 14 | ÿ | 10 | ê | 6 | ï | 12 | û |
| | ○●○ | | ○●○ | | ●○○ | | ○○● | | ●○○ | |
| ü | 5 | ý | 7 | ú | 9 | ê | 8 | ë | 12 | û |
| | ●○○ | | ○●○ | | ○○● | | ●○○ | | ●○○ | |
| û | 20 | þ | 12 | è | 5 | ë | 4 | ë | 2 | î |
| | ●○○ | | ○●○ | | ○●○ | | ○●○ | | ○○● | |
| î | 9 | ì | 9 | è | 15 | ì | 11 | ú | 15 | þ |
| | ○●○ | | ○○● | | ●○○ | | ○○● | | ○●○ | |
| ì | 8 | þ | 12 | ê | 9 | è | 6 | ü | 4 | é |
| | ○○● | | ○○● | | ●○○ | | ○●○ | | ○○● | |
| ÿ | 12 | ü | 10 | ì | 16 | í | 7 | ï | 12 | î |
| | ●○○ | | ○○● | | ●○○ | | ○●○ | | ●○○ | |
| ú | 9 | ü | 9 | û | 17 | þ | 10 | è | 5 | ë |
| | ○●○ | | ○○● | | ●○○ | | ○○● | | ○●○ | |
| í | 8 | é | 10 | í | 9 | ÿ | 16 | þ | 7 | û |
| | ●○○ | | ●○○ | | ●○○ | | ●○○ | | ○○● | |

## Visueller Merkfähigkeitstest

(Seite 48 ff.)

| | | | | | | | | | |
|---|---|---|---|---|---|---|---|---|---|
| **A** 78 | **B** 65 | **C** 15 | **D** 46 | **E** 82 | **F** 92 | **G** 41 | **H** 48 | **J** 62 | **K** 18 |
| **L** 37 | **M** 98 | **N** 32 | **P** 21 | **Q** 73 | **R** 50 | **S** 59 | **T** 43 | **U** 34 | **V** 26 |
| **W** 19 | **X** 40 | **Y** 77 | **Z** 89 | **a** 95 | **b** 30 | **c** 13 | **d** 57 | **e** 86 | **f** 54 |
| **g** 39 | **h** 67 | | | | | | | | |

## Akustischer Merkfähigkeitstest

(Seite 53 ff.)

| | | | | |
|---|---|---|---|---|
| **1.** | a) ●○○ | b) ○○○ | c) ○●○ | d) ●○○ |
| **2.** | a) ○○○ | b) ○●○ | c) ○●○ | d) ○○○ |
| **3.** | a) ●●○ | b) ○●○ | c) ○○○ | d) ●○○ |
| **4.** | a) ○○○ | b) ●●○ | c) ○●○ | d) ●○○ |
| **5.** | a) ○○● | b) ●●○ | c) ●○○ | d) ○○● |
| **6.** | a) ●○○ | b) ●●○ | c) ○○● | d) ○●○ |
| **7.** | a) ○●○ | b) ○○○ | c) ○●○ | d) ●●○ |
| **8.** | a) ●●○ | b) ○●○ | c) ○○○ | d) ○●● |
| **9.** | a) ○●● | b) ●○○ | c) ●○● | d) ●●● |
| **10.** | a) ●●● | b) ○○○ | c) ●●○ | d) ●●● |
| **11.** | a) ●○○ | b) ○○○ | c) ●○○ | d) ●○○ |
| **12.** | a) ●●○ | b) ●●○ | c) ○●○ | d) ○○○ |
| **13.** | a) ○○○ | b) ○○○ | c) ●●○ | d) ○○○ |
| **14.** | a) ○○○ | b) ○●○ | c) ●●○ | d) ●○○ |
| **15.** | a) ●○○ | b) ○○○ | c) ●●○ | d) ○○○ |

| | a) | b) | c) | d) |
|---|---|---|---|---|
| **16.** | ●○● | ○●● | ○○○ | ○○● |
| **17.** | ●○○ | ○○○ | ●●○ | ○○○ |
| **18.** | ○○○ | ○●● | ●○● | ○○○ |
| **19.** | ●○○ | ○●○ | ●●○ | ●○● |
| **20.** | ●●○ | ○○○ | ○○○ | ●●○ |

## Simultan-Arbeitstest

(Seite 65 ff.)

Zur besseren Überprüfbarkeit sind die Pfeile hier in eine Reihenfolge gebracht. Beim Test selbst spielt diese Reihenfolge keine Rolle.

| Aufgabe | Pfeil I | II | III | IV | V | VI | Flugnr. |
|---|---|---|---|---|---|---|---|
| 1. | 50 | 160 | 330 | | | | 1 |
| 2. | 90 | 100 | 355 | | | | 1 |
| 3. | 100 | 100 | 355 | | | | 1 |
| 4. | 200 | 270 | 345 | | | | 0 |
| 5. | 45 | 55 | 130 | | | | 1 |
| 6. | 250 | 330 | 350 | | | | 3 |
| 7. | 45 | 195 | 260 | | | | 1 |
| 8. | 10 | 125 | 125 | | | | 1 |
| 9. | 30 | 75 | 300 | | | | 1 |
| 10. | 45 | 190 | 355 | | | | 2 |
| 11. | 30 | 85 | 175 | 200 | 350 | | 0 |
| 12. | 30 | 35 | 45 | 175 | 190 | | 3 |
| 13. | 45 | 90 | 90 | 180 | 190 | | 2 |
| 14. | 45 | 100 | 190 | 340 | 355 | | 1 |
| 15. | 30 | 100 | 190 | 280 | 330 | | 0 |

## Rechentest

(Seite 73 ff.)

*1. Teil: Grundrechenarten*

**1.** d **2.** a **3.** d **4.** d **5.** c **6.** b

*2. Teil: Schätzaufgaben*

**1.** c **2.** f **3.** c **4.** b **5.** b **6.** c **7.** d **8.** c **9.** c **10.** c
**11.** a **12.** f **13.** d **14.** d

*3. Teil: Dezimal- und Bruchrechnung*

**1.** b **2.** b **3.** a **4.** e **5.** a **6.** a **7.** c **8.** d **9.** a **10.** b
**11.** a **12.** e

*4. Teil: Maße und Gewichte*

**1.** e **2.** d **3.** b **4.** b **5.** a

*5. Teil: Textaufgaben*

| | | | | |
|---|---|---|---|---|
| **1.** 15 l, 400 km | **2.** 24,75 m² | **3.** 35 | **4.** 1.187,50 € | **5.** 26,7 m |
| **6.** 36 m | **7.** 40 Minuten | **8.** 26 km | **9.** 43 m | **10.** 50 % |
| **11.** 2 Monate | **12.** 31,28 | **13.** 32 Tage | **14.** 25.000 | **15.** 120 dm³ |
| **16.** 40 Jahre | **17.** 13.000 € | **18.** 256.000 € | **19.** 60 % | **20.** 37 % |
| **21.** 50 kg | **22.** 50 % | **23.** 144-mal | **24.** 5 % | **25.** 48 € |
| **26.** 35 Cent | **27.** 280 km | **28.** 205 kg | **29.** 26 Tage | **30.** 30 |
| **31.** 70 m | **32.** 45 m | **33.** 50 € | **34.** 84 | **35.** 78 cm |
| **36.** 19 | **37.** 6 g | **38.** 75 € | **39.** 90 m | **40.** 120 Cent |
| **41.** 17 | **42.** 24 m | **43.** A:16 S: 24 B: 48 | **44.** 3 Töchter 4 Söhne | |

*6. Teil: Geometrie*

| | | | | |
|---|---|---|---|---|
| **1.** d | **2.** 2 | **3.** 24 | **4.** 10 | **5.** a |
| **6.** c | **7.** c | **8.** 2 g/cm³ | **9.** 12 Schnitte | **10.** b |

## Kopfrechentest

(Seite 84)

| | | | | |
|---|---|---|---|---|
| **1.** 1.460 | **2.** –7 | **3.** 2.464 | **4.** 46,25 | **5.** 4 |
| **6.** 25 | **7.** 456 | **8.** 86 | **9.** 3.348 | **10.** 156 |
| **11.** 515 | **12.** 143 | **13.** 195 | **14.** 7 | **15.** 142,5 |
| **16.** 371 | **17.** 124 | **18.** 181 | **19.** 12 | **20.** 8 |
| **21.** 8 | **22.** 60 | **23.** 811 | **24.** 21 | **25.** 169 |
| **26.** 144 | **27.** 1.635 | **28.** 78 | **29.** 292 | **30.** 66 |
| **31.** 37 | **32.** 289 | **33.** 27 | **34.** 576 | **35.** 144 |
| **36.** 12 | **37.** 120 | **38.** 18 | **39.** 221 | **40.** 7 |
| **41.** 4 | **42.** 16 | **43.** 112 | **44.** 52 | **45.** 9 |
| **46.** 128 | **47.** 96 | **48.** 4 | **49.** 87 | **50.** 207 |

## Technisches Verständnis
(Seite 90 ff.)

*Technisch-physikalische Bildaufgaben*

| | | | | | | | | | |
|---|---|---|---|---|---|---|---|---|---|
| **1.** d | **2.** b | **3.** b | **4.** a | **5.** d | **6.** b | **7.** a | **8.** c | **9.** b | **10.** b |
| **11.** c | **12.** a | **13.** d | **14.** a | **15.** d | **16.** c | **17.** a | **18.** b | **19.** c | **20.** b |
| **21.** c | **22.** c | **23.** b | **24.** d | **25.** c | **26.** b | **27.** a | **28.** b | **29.** a | **30.** b |
| **31.** b | **32.** c | **33.** d | **34.** b | **35.** c | **36.** a | **37.** b | **38.** c | **39.** a | **40.** d |
| **41.** a | **42.** b | **43.** c | **44.** a | **45.** c | **46.** b | **47.** d | **48.** a | **49.** d | **50.** c |
| **51.** b | **52.** a | **53.** c | **54.** a | **55.** b | **56.** c | **57.** c | **58.** a | **59.** c | **60.** b |
| **61.** a | **62.** c | **63.** a | **64.** c | **65.** d | **66.** b | **67.** a | **68.** b | **69.** b | **70.** c |
| **71.** c | **72.** b | **73.** b | **74.** c | **75.** b | **76.** a | **77.** b | **78.** a | **79.** c | **80.** b |

*80 Fragen aus den Bereichen*
*Chemie, Physik, Mathematik und Technik*

| | | | | | | | | | |
|---|---|---|---|---|---|---|---|---|---|
| **1.** c | **2.** d | **3.** a | **4.** b | **5.** d | **6.** d | **7.** c | **8.** c | **9.** d | **10.** a |
| **11.** b | **12.** c | **13.** d | **14.** c | **15.** a | **16.** b | **17.** d | **18.** c | **19.** d | **20.** d |
| **21.** a | **22.** b | **23.** c | **24.** c | **25.** a | **26.** b | **27.** d | **28.** d | **29.** a | **30.** b |
| **31.** b | **32.** c | **33.** d | **34.** b | **35.** c | **36.** c | **37.** a | **38.** d | **39.** b | **40.** c |
| **41.** a | **42.** b | **43.** d | **44.** a | **45.** c | **46.** b | **47.** c | **48.** d | **49.** b | **50.** a |
| **51.** b | **52.** c | **53.** a | **54.** d | **55.** c | **56.** b | **57.** d | **58.** a | **59.** d | **60.** c |
| **61.** a | **62.** c, d | **63.** b | **64.** b | **65.** d | **66.** d | **67.** a | **68.** c | **69.** a | **70.** b |
| **71.** a | **72.** d | **73.** d | **74.** b | **75.** a | **76.** d | **77.** a | **78.** a | **79.** a | **80.** c |

## Flugzeug-Positionierungstest
(Seite 132 ff.)

*1. Block*

| | | | | | | | | | |
|---|---|---|---|---|---|---|---|---|---|
| **1.** A | **2.** D | **3.** D | **4.** C | **5.** D | **6.** B | **7.** C | **8.** B | **9.** C | **10.** C |

*2. Block*

| | | | | | | | | | |
|---|---|---|---|---|---|---|---|---|---|
| **1.** B | **2.** C | **3.** D | **4.** B | **5.** A | **6.** D | **7.** A | **8.** B | **9.** C | **10.** D |

*3. Block*

| | | | | | | | | | |
|---|---|---|---|---|---|---|---|---|---|
| **1.** D | **2.** A | **3.** C | **4.** B | **5.** C | **6.** D | **7.** C | **8.** C | **9.** D | **10.** D |

*4. Block*

| | | | | | | | | | |
|---|---|---|---|---|---|---|---|---|---|
| **1.** B | **2.** D | **3.** B | **4.** A | **5.** B | **6.** A | **7.** A | **8.** A | **9.** D | **10.** A |

## Zweidimensionaler Vorstellungstest

(Seite 135 ff.)

1.

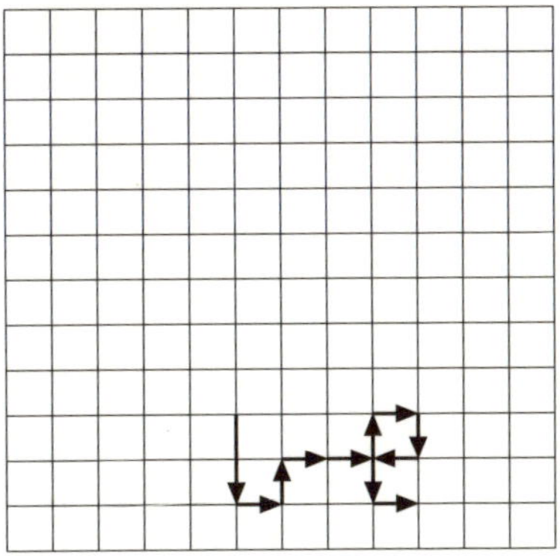

2.

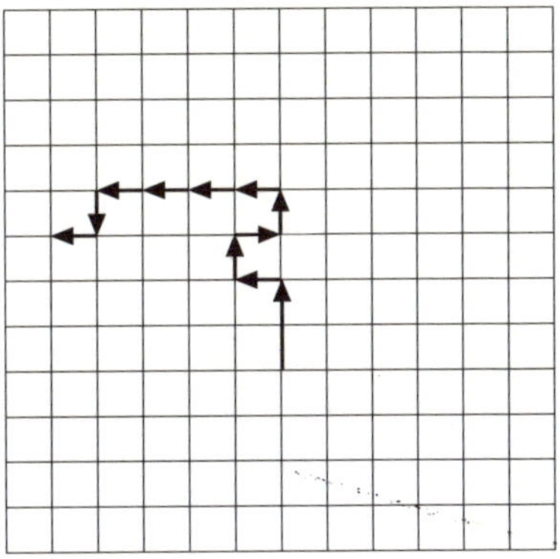

3.

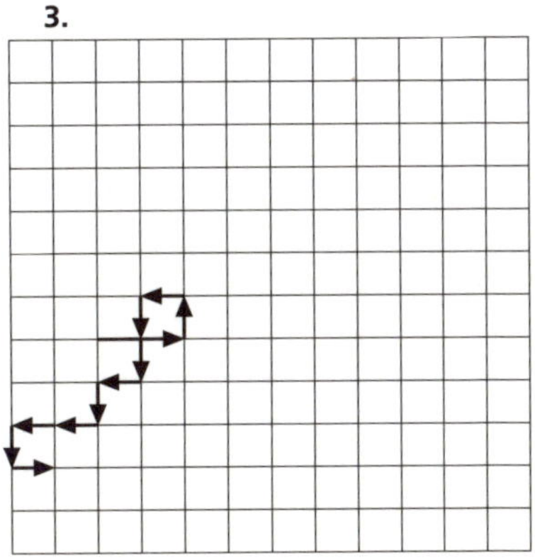

4.

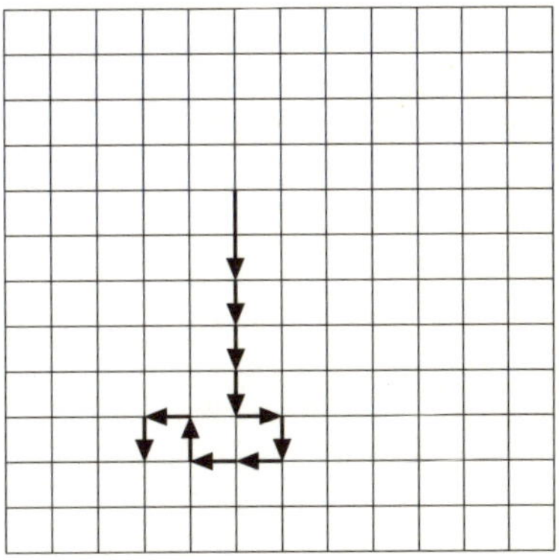

5.

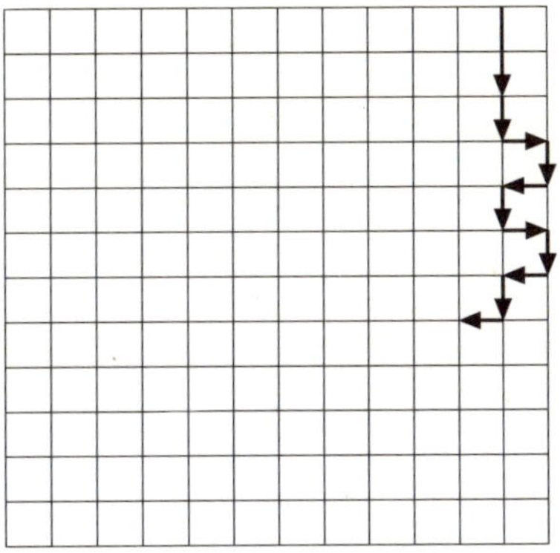

6.

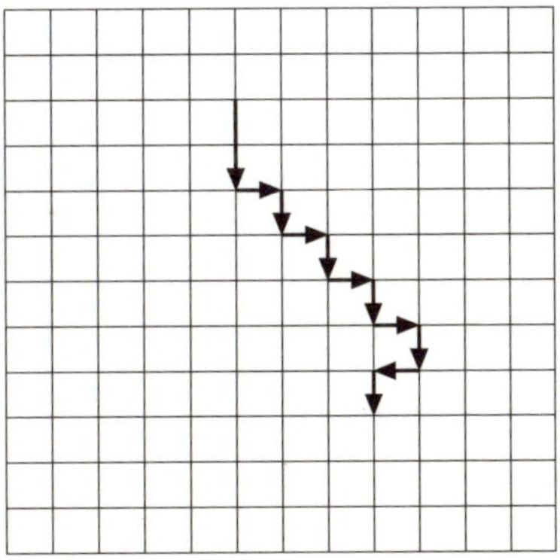

7.

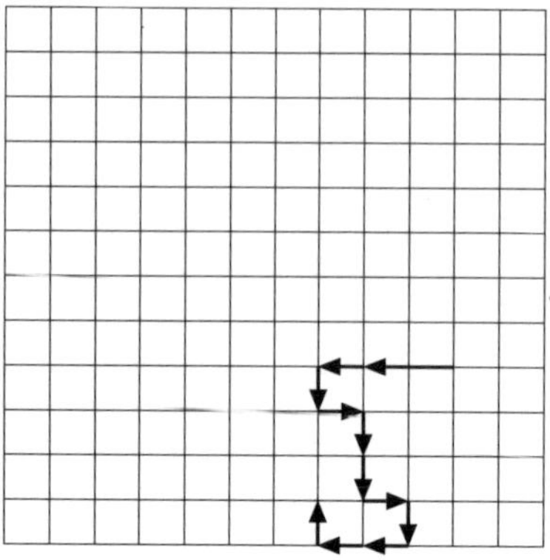

10.

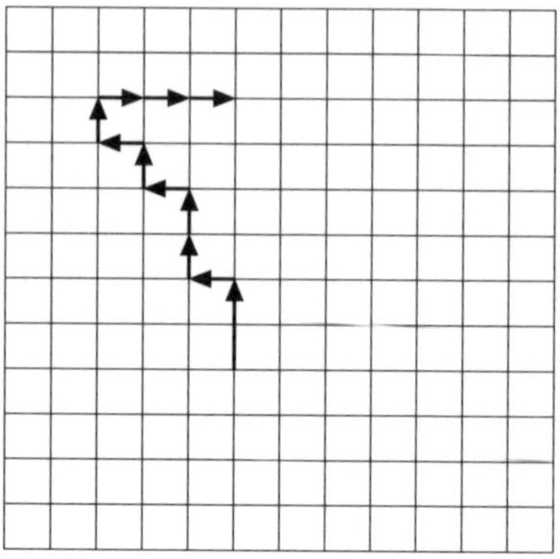

8.

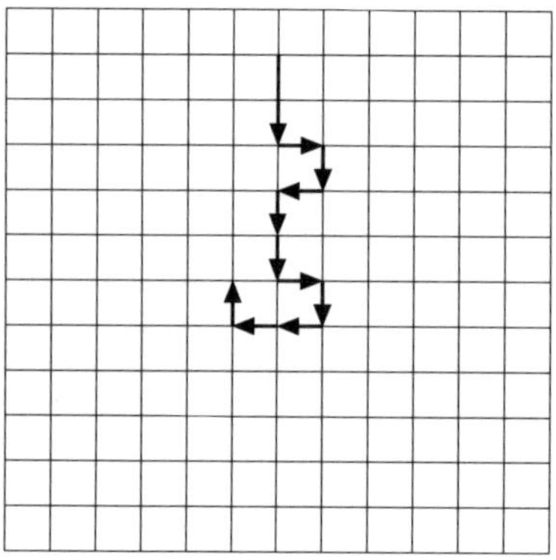

11.

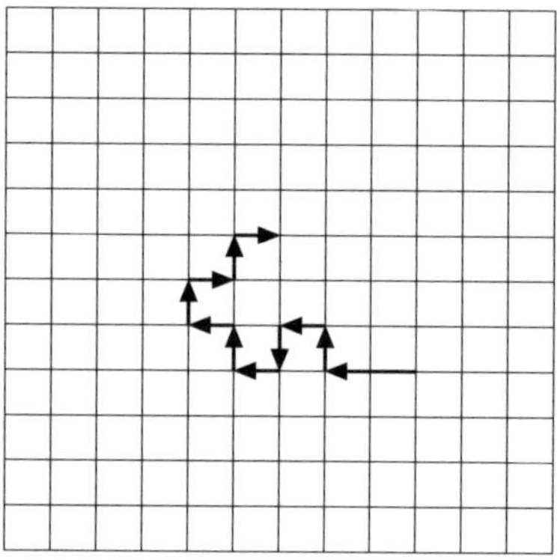

9.

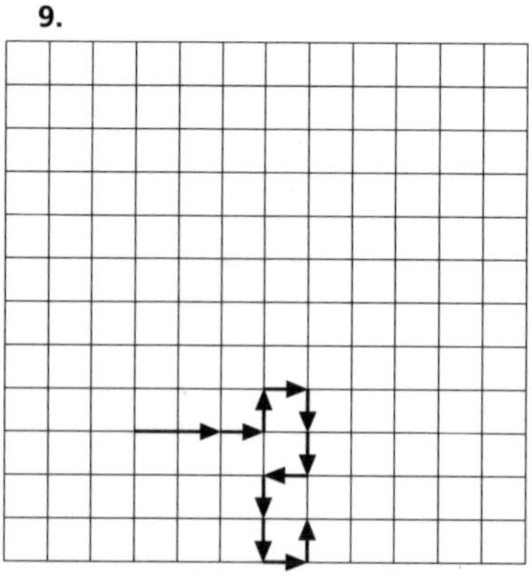

12.

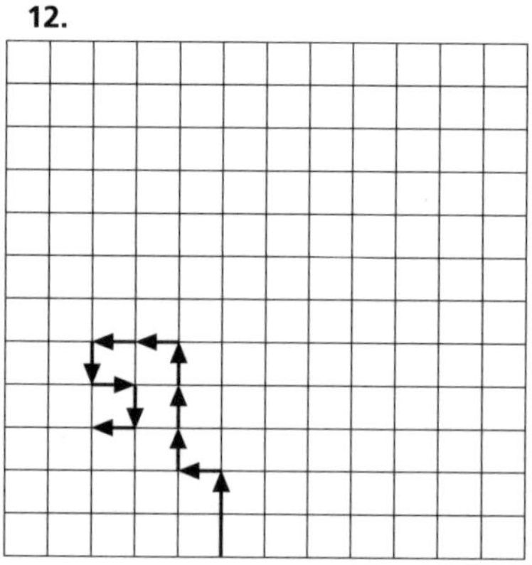

## Rechts- und Linksabbiegen

(Seite 139 ff.)

*Linkskurven*

| | | | | | | | | | |
|---|---|---|---|---|---|---|---|---|---|
| **1.** 5 | **2.** 2 | **3.** 4 | **4.** 2 | **5.** 2 | **6.** 4 | **7.** 5 | **8.** 2 | **9.** 4 | **10.** 3 |
| **11.** 4 | **12.** 4 | **13.** 8 | **14.** 4 | **15.** 4 | **16.** 6 | **17.** 4 | **18.** 5 | **19.** 3 | **20.** 4 |

*Rechtskurven*

| | | | | | | | | | |
|---|---|---|---|---|---|---|---|---|---|
| **1.** 3 | **2.** 3 | **3.** 2 | **4.** 1 | **5.** 2 | **6.** 1 | **7.** 4 | **8.** 1 | **9.** 3 | **10.** 5 |
| **11.** 4 | **12.** 2 | **13.** 4 | **14.** 2 | **15.** 3 | **16.** 3 | **17.** 3 | **18.** 4 | **19.** 3 | **20.** 5 |

## Abwicklungen

(Seite 142 ff.)

| | | | | | | | | | |
|---|---|---|---|---|---|---|---|---|---|
| **1.** d | **2.** c | **3.** b | **4.** b | **5.** a | **6.** c | **7.** b | **8.** d | **9.** a | **10.** c |
| **11.** d | **12.** a | **13.** c | **14.** b | **15.** c | **16.** a | **17.** d | **18.** c | **19.** b | **20.** d |

## Würfel-Rotationstest

(Seite 147 ff.)

| | | | | |
|---|---|---|---|---|
| **1.** unten | **2.** hinten | **3.** oben | **4.** links | **5.** hinten |
| **6.** hinten | **7.** vorne | **8.** oben | **9.** oben | **10.** oben |
| **11.** links | **12.** vorne | **13.** rechts | **14.** links | **15.** oben |
| **16.** unten | **17.** links | **18.** rechts | **19.** unten | **20.** unten |
| **21.** oben | **22.** oben | **23.** links | **24.** hinten | **25.** links |
| **26.** hinten | **27.** links | **28.** oben | **29.** rechts | **30.** rechts |

## Figuren wieder erkennen

(Seite 150 ff.)

| | | | | | | | | | |
|---|---|---|---|---|---|---|---|---|---|
| **1.** c | **2.** e | **3.** d | **4.** a | **5.** b | **6.** d | **7.** b | **8.** c | **9.** e | **10.** a |
| **11.** e | **12.** d | **13.** c | **14.** a | **15.** b | **16.** c | **17.** e | **18.** a | **19.** b | **20.** d |

## Figuren ergänzen

(Seite 152 ff.)

*1. Block*

1.

2.

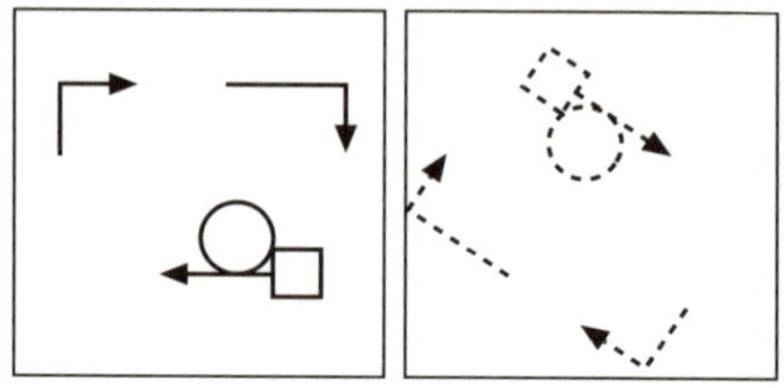

3.

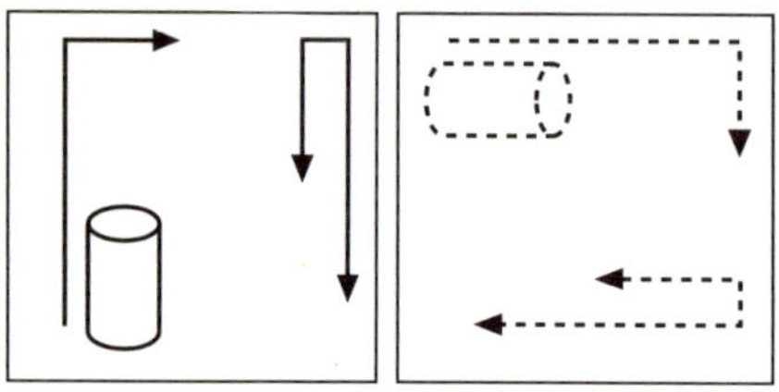

4.

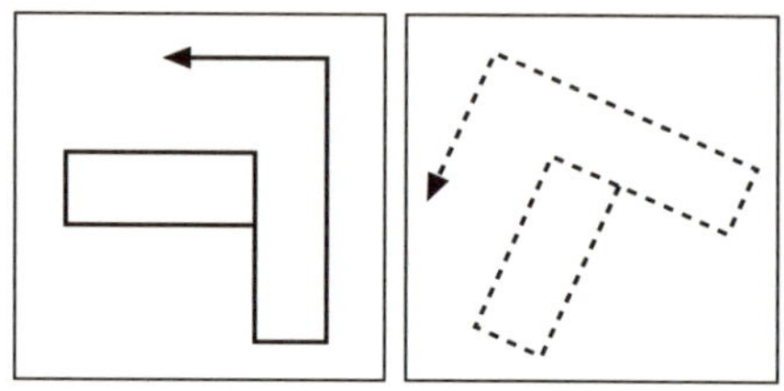

5.

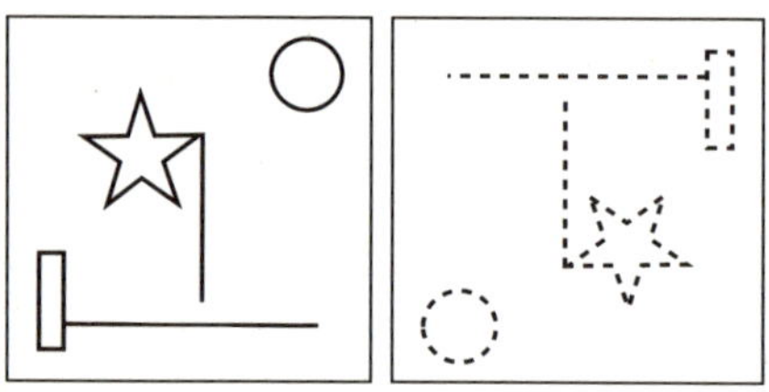

6.

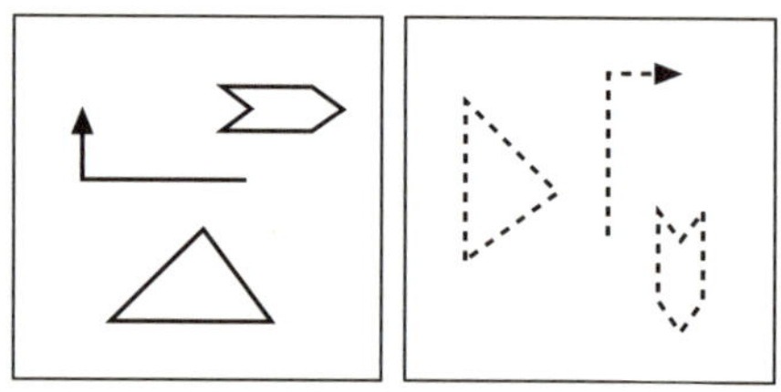

7.

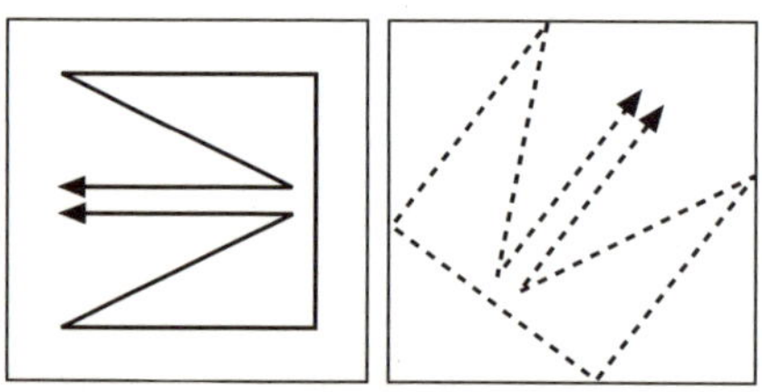

8.

9.

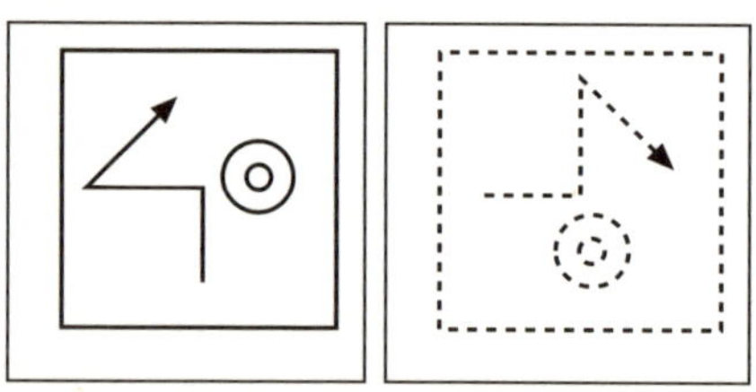

10.

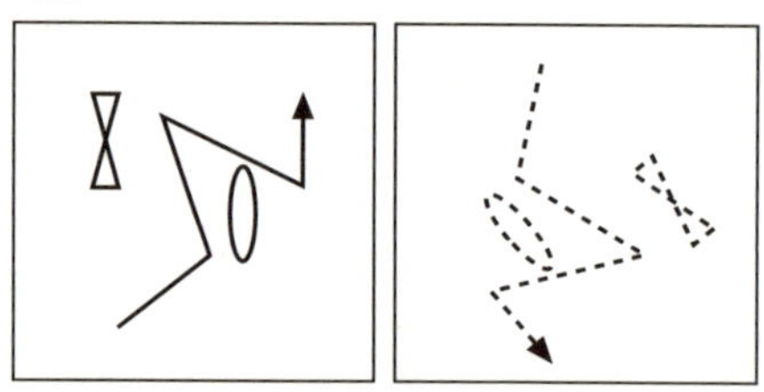

*2. Block*

**1.**

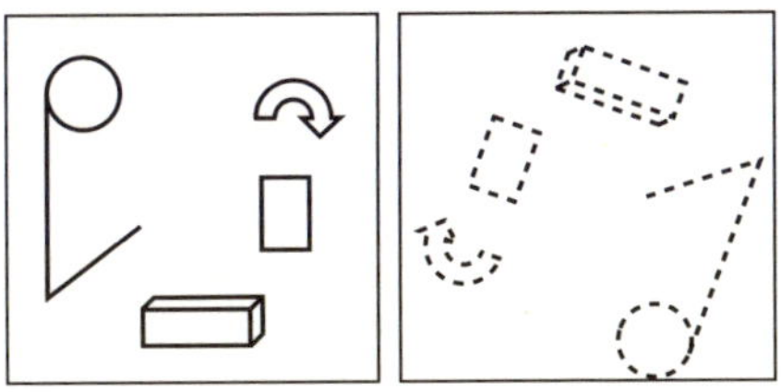

**2.**

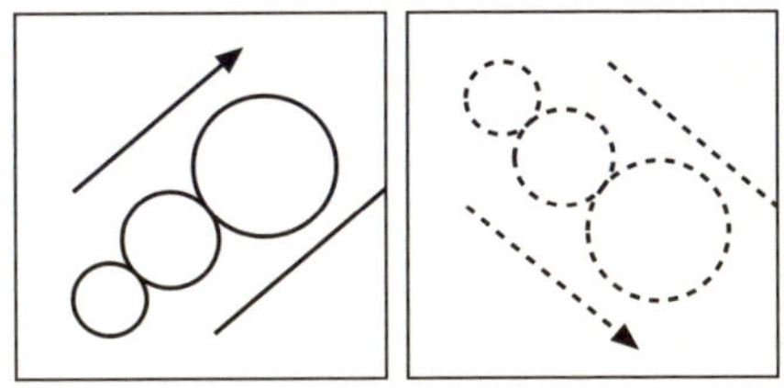

**3.**

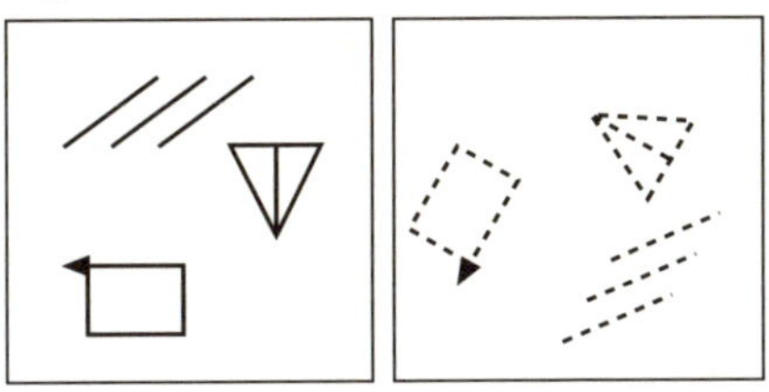

**4.**

**5.**

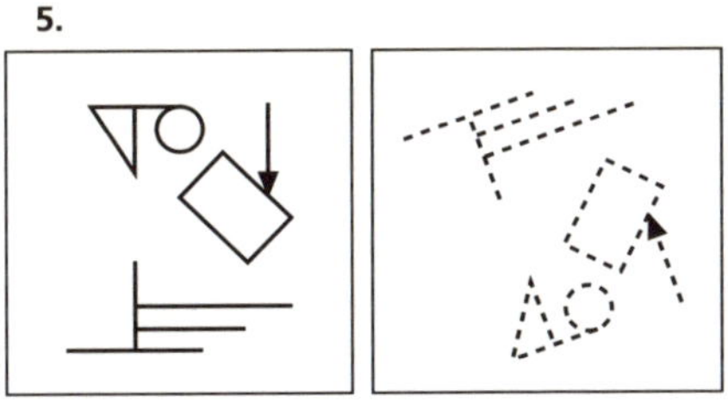

**6.**

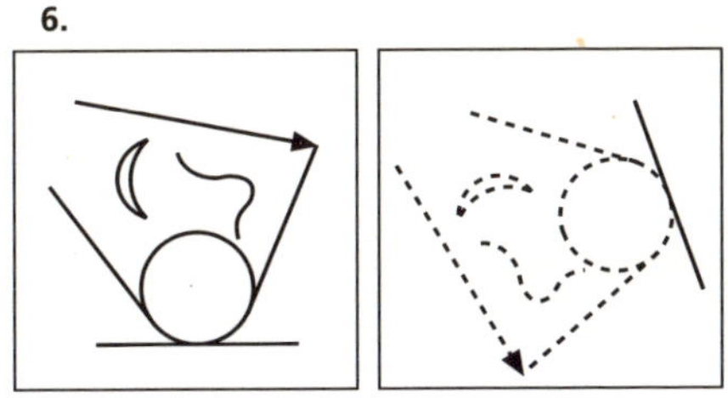

**7.**

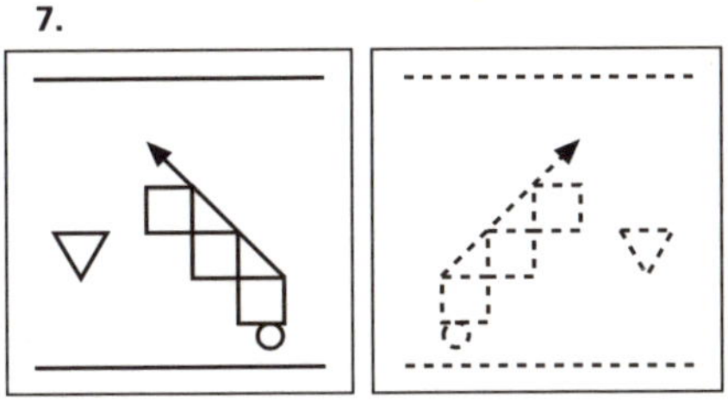

**8.**

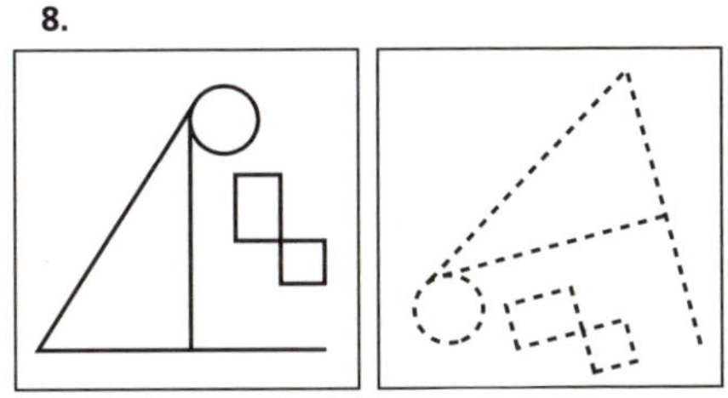

**9.**

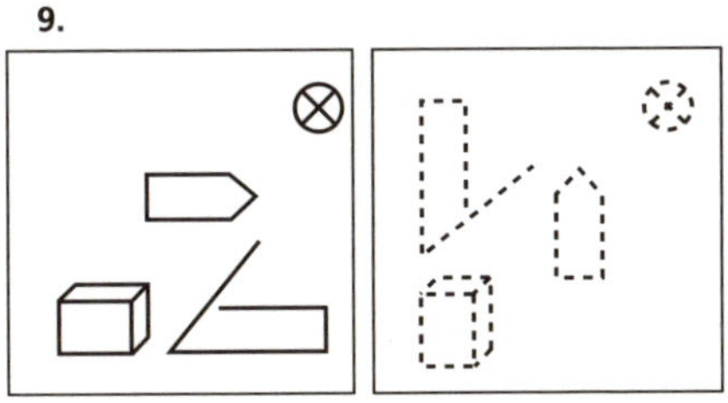

**10.**

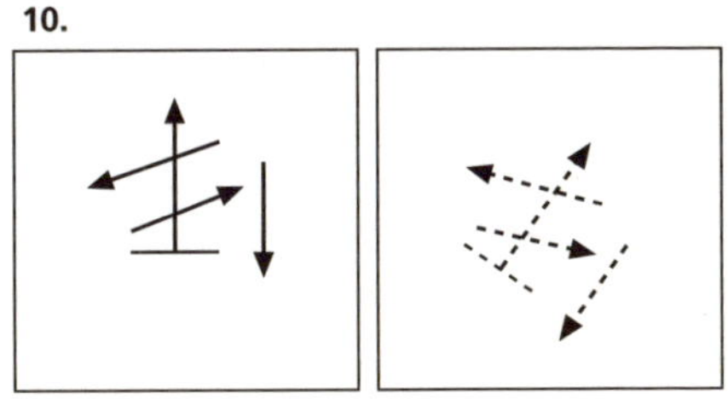

## Flugwissentest
(Seite 155 ff.)

*1. Teil*

| | | | | | | | | | |
|---|---|---|---|---|---|---|---|---|---|
| **1.** c | **2.** d | **3.** a | **4.** c | **5.** d | **6.** d | **7.** c | **8.** a | **9.** c | **10.** c |
| **11.** a | **12.** a | **13.** b | **14.** d | **15.** c | **16.** b | **17.** c | **18.** d | **19.** c | **20.** b |
| **21.** a | **22.** c | **23.** a | **24.** d | **25.** b | | | | | |

*2. Teil*

| | | | | | | | | | |
|---|---|---|---|---|---|---|---|---|---|
| **1.** a | **2.** b | **3.** d | **4.** a | **5.** a | **6.** b | **7.** d | **8.** d | **9.** b | **10.** a |
| **11.** a | **12.** c | **13.** b | | | | | | | |

## Pilotentestfragen
(Seite 162 ff.)

| | | | | | | | | | |
|---|---|---|---|---|---|---|---|---|---|
| **1.** d | **2.** a | **3.** a | **4.** b | **5.** d | **6.** b | **7.** b | **8.** b | **9.** c | **10.** b |
| **11.** b | **12.** a | **13.** c | **14.** d | **15.** c | **16.** c | **17.** b | **18.** c | **19.** c | **20.** b |
| **21.** c | **22.** b | **23.** c | **24.** c | **25.** a | **26.** b | **27.** c | **28.** d | **29.** a | **30.** b |
| **31.** d | **32.** b | **33.** b | **34.** a | **35.** b | **36.** c | **37.** b | **38.** b | **39.** a | **40.** c |
| **41.** a | **42.** b | **43.** c | **44.** b | **45.** d | **46.** d | **47.** b | **48.** d | **49.** d | **50.** b |

## Positions-Logik-Test
(Seite 171 ff.)

**1.** B
Regel 1: * immer an 2. Position in der Punktgruppe
Regel 2: * zunächst in der 1., dann in der 2., 3., 4., 5. Gruppe

**2.** C
Regel 1: * immer an drittletzter Position
Regel 2: * abwechselnd in der 2. und 3. Gruppe

**3.** A
Regel 1: * immer in der Mitte der Gruppe
Regel 2: * immer in der 2. Gruppe

**4.** B
Regel 1: * immer in der Mitte der Gruppe
Regel 2: * immer in der Gruppe, die links von einer Gruppe mit nur einem Punkt steht

**5.** B

Regel 1: * immer abwechselnd an erster und letzter Position in der Gruppe

Regel 2: * abwechselnd in 6er- und 5er-Gruppen

**6.** A

Regel 1: * zunächst an 1., dann an 2., 3., 4., 5. Position der Gruppe

Regel 2: * immer in einer 5er-Gruppe

**7.** C

Regel 1: * abwechselnd an der 3. und 4. Position der Gruppe

Regel 2: * immer in der größten Gruppe

**8.** A

Regel 1: * abwechselnd an letzter und erster Position

Regel 2: * links neben einer Dreier- und Fünfergruppe im Wechsel

**9.** B

Regel 1: * immer alleine in der Gruppe

Regel 2: * zunächst rechts von einer 5er-, dann von einer 4er-, 3er-, 2er-, 1er-Gruppe

**10.** A

Regel 1: * immer in der Mitte der Gruppe

Regel 2: * abwechselnd in der 1. und 2. Gruppe

## Türkische Vokabeln

(Seite 224)

| | | | | | | | | | |
|---|---|---|---|---|---|---|---|---|---|
| **1.** a | **2.** c | **3.** b | **4.** c | **5.** d | **6.** a | **7.** d | **8.** d | **9.** b | **10.** a |
| **11.** c | **12.** d | **13.** a | **14.** c | **15.** b | **16.** d | **17.** a | **18.** d | | |

## Telefonnummern merken

(Seite 225)

| | | | | | | | | | |
|---|---|---|---|---|---|---|---|---|---|
| **1.** d | **2.** c | **3.** a | **4.** a | **5.** a | **6.** c | **7.** d | **8.** b | **9.** b | **10.** a |
| **11.** c | **12.** a | **13.** d | **14.** c | **15.** d | **16.** b | **17.** b | **18.** c | **19.** a | **20.** a |

## Kurzgeschichte merken

(Seite 226)

| | | | | | | | |
|---|---|---|---|---|---|---|---|
| **1.** c | **2.** c | **3.** b | **4.** d | **5.** b | **6.** a | **7.** c | **8.** a |

## Speed-Rechnen
(Seite 229 ff.)

*1. Block*

| | | | | | | | | | |
|---|---|---|---|---|---|---|---|---|---|
| **A** 2 | **B** 3 | **C** 2 | **D** 8 | **E** 5 | **F** 2 | **G** 8 | **H** 3 | **I** 3 | **J** 9 |
| **K** 21 | **L** 1 | **M** 7 | **N** 5 | **O** 2 | **P** 11 | **Q** 12 | **R** 3 | **S** 3 | **T** 5 |
| **U** 13 | **V** 5 | **W** 6 | **X** 4 | **Y** 3 | **Z** 3 | | | | |

*2. Block*

| | | | | | | | | | |
|---|---|---|---|---|---|---|---|---|---|
| **A** 4 | **B** 0 | **C** 2 | **D** 3 | **E** 1 | **F** 10 | **G** 6 | **H** 0 | **I** 0 | **J** 4 |
| **K** 2 | **L** 8 | **M** 3 | **N** 4 | **O** 1 | **P** 7 | **Q** 2 | **R** 8 | **S** 7 | **T** 1 |
| **U** 6 | **V** 0 | **W** 4 | **X** 5 | **Y** 11 | **Z** 1 | | | | |

## Zahlensymbolreihen addieren
(Seite 231 ff.)

| | | | | | | | | | |
|---|---|---|---|---|---|---|---|---|---|
| ,. | 8 | :; | 11 | ,. | 8 | :) | 4 | :: | 6 |
| :; | 14 | ;) | 11 | :; | 11 | ,. | 9 | ,. | 8 |
| ;: | 10 | :; | 7 | " " | 9 | ;) | 9 | :; | 11 |
| :) | 7 | (: | 8 | ,. | 5 | :: | 7 | " " | 9 |
| ;) | 9 | ;) | 9 | (: | 11 | ;( | 5 | ,. | 12 |
| ,. | 5 | ,. | 7 | ;: | 10 | :) | 6 | ;: | 11 |
| (: | 4 | ;( | 6 | :) | 5 | :; | 11 | (: | 8 |
| (: | 6 | (: | 6 | ;( | 7 | " ;" | 9 | ;) | 9 |
| ;( | 8 | ;( | 7 | :: | 7 | ,. | 6 | ,. | 5 |
| ;( | | :: | | ;( | | ,. | | (: | |

## Persönlichkeit und Allgemeinwissen
(Seite 232 ff.)

*Geographie*

| | | | | | | | | | |
|---|---|---|---|---|---|---|---|---|---|
| **1.** b | **2.** d | **3.** a | **4.** d | **5.** d | **6.** b | **7.** c | **8.** c | **9.** b | **10.** b |
| **11.** c | **12.** b | **13.** c | **14.** b | **15.** c | **16.** a | **17.** c | **18.** b | **19.** c | **20.** b |
| **21.** c | **22.** b | **23.** b | **24.** b | **25.** c | **26.** c | **27.** b | **28.** c | **29.** d | |

*Chemie*

| | | | | | | | | |
|---|---|---|---|---|---|---|---|---|
| **1.** a | **2.** a | **3.** b, c | **4.** a | **5.** b | **6.** a | **7.** a | **8.** c | **9.** b |

## Sprachgefühl

(Seite 239 ff.)

*1. Teil*

| | | | | | | | | | |
|---|---|---|---|---|---|---|---|---|---|
| **1.** e | **2.** e | **3.** e | **4.** e | **5.** c | **6.** d | **7.** a | **8.** b | **9.** d | **10.** b |
| **11.** c | **12.** d | **13.** c | **14.** d | **15.** d | **16.** c | **17.** c | **18.** a | | |

*2. Teil*

| | | | | | | | | | |
|---|---|---|---|---|---|---|---|---|---|
| **1.** c | **2.** e | **3.** b | **4.** c | **5.** e | **6.** f | **7.** c | **8.** e | **9.** d | **10.** d |
| **11.** b | **12.** c | **13.** a | **14.** c | **15.** d | **16.** b | **17.** c | **18.** c | **19.** b | **20.** c |
| **21.** c 2 | **22.** b 3 | **23.** c 1 | **24.** b 1 | **25.** c 2 | | | | | |